普通高等教育"十二五"规划教材

Visual Basic 程序设计

主　编　白金牛　李慧萍　邢俊凤

副主编　胡广春　菅静峰　莫再峰　谢海波

中国水利水电出版社
www.waterpub.com.cn

内 容 提 要

本书是一本 Visual Basic 6.0 程序设计的入门教材，突出基础性、实用性、操作性，注重自主学习能力、实践能力的培养，内容详实、简明易懂，操作步骤清晰、图文并茂，并且符合全国计算机等级考试二级 VB 大纲的要求，例题典型实用，涉及很多方面。

本书内容主要包括 Visual Basic 程序开发环境、Visual Basic 的基本操作、数据类型及其运算、数据输入输出、常用标准控件、控制结构、数组、过程、对话框与菜单、多重窗体与环境应用、键盘与鼠标事件过程、数据文件以及数据库应用。

本书特别适合作为各类高等学校计算机类、信息类专业的 Visual Basic 程序设计教材，也适合作为高等学校非计算机类专业的参考教材，还可供从事计算机应用开发的各类人员学习参考。

本书配有电子教案，读者可以到中国水利水电出版社网站或万水书苑上免费下载，网址： http://www.waterpub.com.cn/softdown/或 http://www.wsbookshow.com。

图书在版编目（C I P）数据

Visual Basic程序设计 / 白金牛，李慧萍，邢俊凤主编. -- 北京 ：中国水利水电出版社，2011.8
普通高等教育"十二五"规划教材
ISBN 978-7-5084-8722-9

Ⅰ．①V… Ⅱ．①白… ②李… ③邢… Ⅲ．①BASIC语言－程序设计－高等学校－教材 Ⅳ．①TP312

中国版本图书馆CIP数据核字(2011)第115727号

策划编辑：陈宏华　责任编辑：李 炎　加工编辑：李 皓　封面设计：李 佳

书　　名	普通高等教育"十一五"国家级规划教材 Visual Basic 程序设计
作　　者	主 编　白金牛　李慧萍　邢俊凤 副主编　胡广春　菅静峰　莫再峰　谢海波
出版发行	中国水利水电出版社 （北京市海淀区玉渊潭南路 1 号 D 座　100038）
经　　售	网址：www.waterpub.com.cn E-mail：mchannel@263.net（万水） 　　　　sales@waterpub.com.cn 电话：（010）68367658（发行部）、82562819（万水） 北京科水图书销售中心（零售） 电话：（010）88383994、63202643、68545874 全国各地新华书店和相关出版物销售网点
排　　版	北京万水电子信息有限公司
印　　刷	北京蓝空印刷厂
规　　格	184mm×260mm　16 开本　19 印张　466 千字
版　　次	2011 年 8 月第 1 版　2013 年 2 月第 2 次印刷
印　　数	4001—7000 册
定　　价	33.00 元

凡购买我社图书，如有缺页、倒页、脱页的，本社发行部负责调换

前　　言

　　1991 年，Microsoft 公司推出了 Windows 应用程序开发工具——Visual Basic。Visual Basic 的出现使得编程技术向前迈进了一大步。如今，Visual Basic 已经成为了很多编程初学者首选的语言。Visual Basic 功能强大，内容丰富。Visual Basic 6.0 所提供的开发环境与 Windows 系统具有完全一致的界面，使用起来十分方便。

　　本书是一本 Visual Basic 6.0 程序设计的入门教材，突出基础性、实用性、操作性，注重自主学习能力、实践能力的培养，内容详实、简明易懂，操作步骤清晰、图文并茂，并且符合全国计算机等级考试二级 VB 大纲的要求，例题典型实用，涉及很多方面。

　　本书内容主要包括 Visual Basic 程序开发环境、Visual Basic 的基本操作、数据类型及其运算、数据输入输出、常用标准控件、控制结构、数组、过程、对话框与菜单、多重窗体与环境应用、键盘与鼠标事件过程、数据文件以及数据库应用。带"*"号的章节为选修内容。

　　本书特别适合作为各类高等学校计算机类、信息类专业的 Visual Basic 程序设计教材，也适合作为高等学校非计算机类专业的参考教材，还可供从事计算机应用开发的各类人员学习参考。

　　本书是在拥有多年教学经验的老师们的共同努力下完成的。全书由白金牛、李慧萍和邢俊凤任主编，胡广春、菅静峰、莫再峰、谢海波任副主编，郭静霞、宫杰、高琦、高峡、韩丽萍、何伟超、刘亮、刘清会、刘威、柳原、苗玥、彭兴芝、唐思源、王晓芹、王枝梅、徐立、杨敏、杨群、张换香、郑恩洋等老师也参与了本书的编写与程序调试工作，在此一并表示感谢！

　　由于时间仓促，加上作者水平有限，书中错误之处在所难免，恳切希望读者能够多提宝贵意见，便于我们改正和提高。

编　者

2011 年 5 月

目　　录

第 1 章　Visual Basic 程序开发环境

本章简述 Visual Basic 的发展，介绍 Visual Basic 的主要特点和它的集成开发环境。通过本章的学习，读者可以对 Visual Basic 有一个整体的了解。

1.1　Visual Basic 简述

Basic 语言起源于 20 世纪 60 年代，发明者是美国著名大学 Dartmouth 学院的两位教授 John G. Kemeny 和 Thomas Kuntz。Basic 语言最初是为了计算机教学而设计的，它的语法规则相对简单，易于掌握和理解，被许多非计算机专业编程人员和爱好者所喜欢，因而被广泛使用。

早期的 Basic 语言由于速度不快，编译起来很慢，因此得不到人们的重视与推广。这种状况直到 80 年代末才得以改观。"Visual Basic 之父"Alan Cooper 在 Basic 语言的基础上融合了许多 Windows 的编程思想与概念，将 Basic 语言简单易学的特点与可视化的编程方法结合起来，使得 Visual Basic 渐渐流行起来。如今 Visual Basic（简称 VB）已成为众多软件开发人员的强大工具与得力助手。

Visual Basic 的历史版本如下：

- 1991 年，Microsoft 公司开发出可视化、事件驱动的编程工具——Visual Basic 1.0；
- 1992 年，Microsoft 公司推出 Visual Basic 2.0；
- 1993 年，Microsoft 公司推出 Visual Basic 3.0，增加了数据库开发的功能与 OLE 对象嵌入的技术；
- 1994 年，Microsoft 公司推出 Visual Basic 4.0，改善了开发界面；
- 1996 年，Microsoft 公司推出 Visual Basic 5.0，新增了 Internet 开发、数据访问、ActiveX 控件等众多方面的功能，Visual Basic 5.0 的功能堪称强大；
- 1998 年，Microsoft 公司推出 Visual Basic 6.0，新增了 ADO 数据库访问功能，它是目前非常成熟稳定的开发系统，能让企业快速建立多层次的系统以及 Web 应用程序；
- 2002 年，Microsoft 公司采用了革命性的变化：向.NET 进军，新增了大量功能，推出 Visual Basic.NET 2002；
- 2003 年，Microsoft 公司推出 Visual Basic.NET 2003，其特点稳中求变，更加成熟；
- 2005 年，Microsoft 公司推出 Visual Basic.NET 2005，在语言上有多项改进；
- 2007 年，Microsoft 公司推出 Visual Basic.NET 2008，突出功能更强且易用的特点；
- 2010 年 10 月，Microsoft 公司宣布下一代开发平台 Visual Basic.NET 2010，包括了很多最新的功能。

1.2　Visual Basic 的特点和版本

Visual Basic 6.0 是非常成熟，且目前广泛使用的 Visual Basic 编程语言版本。虽然编程有时是单调乏味的，但 Visual Basic 能够减轻您的负担，使编程变得轻松愉快。不论是 Microsoft Windows 应用程序的专业开发人员还是初学者，Visual Basic 都为他们提供了整套的应用程序开发工具。

1.2.1　Visual Basic 的特点

1. Visual Basic 是目前最容易学习的、面向对象的程序设计语言

在 Visual Basic 集成开发环境中，用户可以设计界面、编写代码、调试和保存程序，并可以把调试好的应用程序编译成可执行文件。Visual Basic 集成开发环境有友好的用户界面、可视化的设计方法、简单的程序语句并提供最直观的程序调试方法。初学者通过短时间的学习就能够轻松编写简单的应用程序。

2. 可视化编程

在用传统程序设计语言来设计程序时，都是通过编写程序代码来设计用户界面，在设计过程中看不到界面的实际显示效果，必须编译后运行程序才能看到显示效果。如果对界面的效果不满意，还要回到程序中去修改。有时候，这种编程—编译—修改的操作可能要反复多次，大大影响了软件的开发效率。Visual Basic 提供了可视化设计工具，把 Windows 界面设计的复杂性"封装"起来，开发人员不必为了界面设计而编写大量的程序代码，只需要按照设计要求的界面布局，用系统提供的工具，在屏幕上画出各种"部件"，即图形对象，并设置这些图形对象的属性。Visual Basic 自动产生界面设计代码，程序设计人员只需要编写实现程序功能的那部分代码，从而大大提高了程序设计的效率。

3. Visual Basic 采用了面向对象的程序设计方法

面向对象的程序设计方法（Object Oriented Programming，OOP）把程序和数据封装在一起视为一个对象。在程序设计时仅仅需要设计出所需的用户界面，因而极大提高了程序设计的效率。代码设计也是针对对象，因此省去了很多复杂的程序流程。

4. Visual Basic 采用了事件驱动机制

在 Visual Basic 中有许多对象的事件，如单击（Click）事件、双击（DblClick）事件等，对象的事件驱动一段程序代码的运行。传统的面向过程的程序设计总是按照事先设计好的程序流程运行，不能随意改变程序的流向，这样的程序需要设计者进行非常周密的全盘设计。而在 Visual Basic 中，用户的操作控制着程序的流向，每个操作对象的事件都能驱动一段程序的运行。程序员只需编写响应用户动作的代码，而各个动作之间不一定有联系，这样的应用程序代码被分割成小段，便于程序的编写和维护。

5. 访问数据库

Visual Basic 具有很强的数据库管理功能，它提供的开放式数据连接，即 ODBC 功能，可以通过直接访问或者建立连接的方式使用并操作后台大型网络数据库，如 SQL Server、Oracle 等。

在应用程序中，可以使用结构化查询语言 SQL 数据标准，直接访问 Server 上的数据库，并提供了简单的面向对象的库操作指令，多用户数据库访问的加锁机制和网络数据库的 SQL 的编程技术，为单机上运行的数据库提供了 SQL 网络接口，以便在分布式环境中快速而有效地实现客户/服务器（Client/Server）方案。

6. 动态数据交换（Dynamic Data Exchange，DDE）

Visual Basic 提供了动态数据交换的编程技术，可以在应用程序中实现与其他 Windows 应用程序的动态数据交换，从而实现了不同的应用程序之间的数据通信。

7．Visual Basic 提供了强大的 ActiveX 控件和对象

这是 Visual Basic 访问对象的一种方法。利用 ActiveX 控件和对象可以把其他应用程序作为一个对象嵌入到自己的应用程序中进行各种操作，因此很容易实现声音、图像、动画等多媒体功能。

8．动态链接库（Dynamic Linking Library，DLL）

Visual Basic 是一种高级程序设计语言，不具备低级语言的功能，对访问电脑硬件的操作不易实现，但是它可以通过动态链接库技术将 C/C++或者汇编语言编写的程序添加到 Visual Basic 应用程序中，像调用内部函数一样调用其他语言编写的函数。

9．Visual Basic 有完善的帮助系统

如果在 Visual Basic 集成开发环境中安装了 MSDN，可以非常容易地获得帮助。若在联网环境中使用 Visual Basic 集成开发环境，可以更容易获取 Web 上的技术支持和帮助（如微软的官方网站 http://www.microsoft.com/china/msdn/）。在 Visual Basic 帮助窗口中显示的代码，通过复制、粘贴操作可以非常容易地加在自己的程序中，为用户的学习和使用带来极大的方便。

1.2.2　Visual Basic 的版本

Visual Basic 6.0 共有三个版本，分别是：

- Visual Basic 学习版（Learning）
- Visual Basic 专业版（Professional）
- Visual Basic 企业版（Enterprise）

Visual Basic 学习版是个入门版本，具有建立 Windows 主流应用程序所要的全部控件和工具，利用它们可以方便地建立 Windows 应用程序。该版本包括所有的内部控件以及 Grid、Tab 和 Data_Bound 控件。学习版提供的文档有《程序员指南》、联机帮助及 Visual Basic《联机手册》。

Visual Basic 专业版是针对计算机专家的，包括 ActiveX 和 Internet 控件开发工具的高级特性。专业版为专业编程人员提供了一整套功能完备的开发工具。该版本包括学习版的全部功能以及 ActiveX 控件、Internet 控件和 Crystal Report Writer 控件。专业版提供的文档有《程序员指南》、联机帮助和《部件工具指南》。

Visual Basic 企业版是最高级的版本，是针对小组环境中建立分布式应用程序的编程人员的版本。企业版包括专业版的全部功能以及自动化管理器、部件管理器、数据库管理工具和 Microsoft Visual SourceSafe TM 面向工程版的控制系统等。使得专业编程人员能够开发功能强大的组内分布式应用程序。该版本提供的文档除了包括专业版的所有文档以外，还有《客户/服务器应用程序开发指南》和 SourceSafe 用户指南。

1.2.3　开设 Visual Basic 课程的意义

计算机技术已成为 21 世纪高素质、具有国际竞争力人才必备的技能和素质。对医学专业学生而言，仅仅懂得医学知识，会开处方，会动手术而不具备计算机应用能力就可能被社会淘汰，因为计算机已经渗透到临床医学、预防医学、医学检验、医学统计和医院管理等方面，成为医学发展必不可少的工具。医学专业的学生应该具备灵活利用计算机这个工具来解决工作中实际问题的能力，同时这也是高等医学院校全面素质教育中极为重要的一个环节。而《Visual Basic 程序设计》是一门学习和使用计算机进行程序设计的入门课程，同时也是全国计算机二级考试的考试科目之一，所以学好这门课就显得尤为重要。

目前，很多软件把 VB 作为开发语言，其中在医学领域有"医院管理信息系统"、"基于 VB.NET 的医学影像计算机网络管理系统"、"医院网络数据库"等。另外，使用 VB 进行软件开发的也不乏大型公司，比如用友公司的财务软件，还有 Windows 操作系统也使用了大量的 Basic 语言。

在计算机网络信息时代，由于程序设计技术在医学领域的应用，使得医学发展迅速，知识更新速度更快。所以，对于一名医学专业的学生，在学好医学专业课的同时，学好 Visual Basic 这种程序设计语言是非常有必要的。

1.3　Visual Basic 的启动和退出

1.3.1　启动 Visual Basic

如果用户已经在 Windows 操作系统中正确安装了 Visual Basic 软件，可以使用以下的三种方法来启动 Visual Basic。

方法一：通过 Windows 界面上的"开始"按钮运行 Visual Basic。操作步骤如下：

（1）单击"开始"按钮，弹出"开始"菜单。

（2）指向"开始"菜单中的"程序"命令，弹出"程序"级联菜单。

（3）指向"Microsoft Visual Studio 6.0"，弹出下一层级联菜单。

（4）单击"Microsoft Visual Basic 6.0"，即可进入 Visual Basic 6.0 的集成开发环境。

方法二：若建立了快捷方式，可以双击 Windows 桌面上的 Microsoft Visual Basic 6.0 应用程序图标。

方法三：选择"开始"菜单中的运行项，运行浏览找到 VB 6.EXE 文件。

启动 Visual Basic 6.0 后，将显示如图 1-1 所示的"新建工程"对话框（注意：对话框中所显示的项目会因为学习版、专业版和企业版而有所不同）。

"新建工程"对话框中，"新建"选项卡内的选项用来供用户对将要编写的应用程序的工程类型进行选择。各工程类型简要介绍如下：

图 1-1　"新建工程"对话框

- 标准 EXE：选择该项工程类型，可以建立一个标准的 EXE 应用程序。

- ActiveX EXE：选择该项工程类型，可以在专业版或企业版中建立一个可执行的 ActiveX EXE 应用程序。

- ActiveX DLL：选择该项工程类型，可以在专业版或企业版中建立一个 ActiveX DLL 的动态链接库（DLL）程序。

- ActiveX 控件：选择该项工程类型，可以在专业版或企业版中建立一个用于开发用户自定义的 ActiveX 控件。

- VB 应用程序向导：选择该项工程类型，可以在开发环境中为开发自己的工程直接建立新的应用程序框架。

- VB 向导管理器：选择该项工程类型，可以帮助用户建立自己的向导程序。

- 数据工程：选择该项工程类型，可以为编程人员提供开发数据报表应用程序的框架，自动打开数据环境设计器和数据报表设计器。
- IIS 应用程序：这是 Visual Basic 6.0 版新增加的工程类型，选择该项工程类型，可以用 Visual Basic 代码来编写服务器端的 Internet 应用程序，用来响应由浏览器发出的用户需求。
- 外接程序：选择该项工程类型，可以建立自己的 Visual Basic 外接程序，并在开发环境中自动打开连接设计器。
- ActiveX 文档 EXE：选择该项工程类型，可以建立一个在超链接环境（即 Web 浏览器，如 Microsoft Internet Explore）中运行的 ActiveX EXE 程序。
- ActiveX 文档 DLL：选择该项工程类型，可以建立一个在超链接环境（即 Web 浏览器，如 Microsoft Internet Explore）中运行的 ActiveX DLL 的动态链接库（DLL）程序。
- DHTML 应用程序：选择该项工程类型，可以在专业版或企业版中建立一个用于编写响应 HTML 页面操作的 Visual Basic 代码程序，并可将处理过程传送到服务器上的 DHTML 应用程序。
- VB 企业版控件：该项工程类型不是用来建立应用程序，而是用来在工具箱中加入企业版控件图标的。选用该图标后，企业版控件将出现在工具箱中。

"新建工程"对话框中，使用"现存"选项卡，可以浏览查找范围，选择已经存在的工程文件，单击"打开"按钮，可以在 Visual Basic 6.0 集成开发环境调出选择的工程。

"新建工程"对话框中，使用"最新"选项卡，可以快速选择最近建立或打开过的工程文件，单击"打开"按钮，可以在 Visual Basic 6.0 集成开发环境调出选择的工程。

这里尝试一下进入 VB 6.0 的编程环境。在"新建工程"对话框中选择要创建的工程类型（"标准 EXE"），然后单击"打开"按钮，即可进入如图 1-2 所示的集成开发环境。

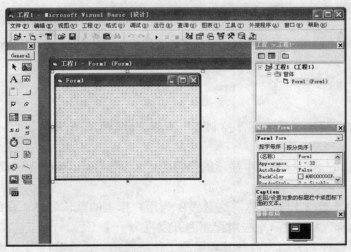

图 1-2　Visual Basic 6.0 集成开发环境

1.3.2　Visual Basic 的退出

退出 Visual Basic 6.0 有以下几种方法，用户需要注意的是，在退出 Visual Basic 之前一定要保存工程。

方法一：单击 Visual Basic 窗口的关闭按钮。

方法二：选择"文件"菜单中的"退出"命令。

方法三：当 Visual Basic 是活动窗口时，按下组合键 Alt+Q。

方法四：当 Visual Basic 是活动窗口时，按下组合键 Alt+F4。

1.4　Visual Basic开发环境的主窗口

Visual Basic 6.0 集成开发环境的用户界面与 Microsoft Office 软件类似，由常规的标题栏、菜单栏、工具栏等部分组成，工具栏按钮还有提示信息。另外还有工具箱、工程资源管理器窗口、属性窗口等几个 Visual Basic 特有的窗口。

Visual Basic 6.0 开发环境的用户界面如图 1-3 所示。

图 1-3　Visual Basic 6.0 主窗口图解

1.4.1　标题栏

标题栏位于窗口顶部，显示窗体控制菜单图标、标题和最小化按钮、最大化/还原按钮、关闭按钮。

启动 Visual Basic 后，标题栏中显示的信息为："工程 1-Microsoft Visual Basic[设计]"，如图 1-3 所示。

其中，"工程 1"是工程的名称，这是 VB 为用户指定的默认名称，存盘时用户可以为工程另起一个新的名称。VB 把一个应用程序的开发视为一个工程。

方括号中的"设计"表明当前开发环境的工作阶段是"设计阶段"。VB 的集成开发阶段分三种阶段，即"设计阶段"、"运行阶段"和"中断阶段"。随着工作阶段的不同，方括号中的信息也随之改变。

在设计阶段，VB 允许程序员设计应用程序的界面和代码。在运行阶段，VB 正在运行程序代码，程序员无法进行界面和代码的设计。在中断阶段，运行的程序停止下来，但还是可以继续运行程序，此时不能设计应用程序的用户界面，但是可以修改代码。

1.4.2　菜单栏

菜单栏位于标题栏的下方，提供"文件"、"编辑"、"视图"、"窗口"、"工程"、"帮助"等一系列菜单。每个菜单都有很多菜单项。单击任意一个菜单名，即可打开相应的菜单，或者按下 Alt 键，再按下菜单名后括号中带下划线的字母来打开下拉菜单。例如，按下 Alt+H 键，将打开"帮助"下拉菜单。如果想关闭已经打开的下拉菜单，可以单击 Visual Basic 开发环境中的任意其他位置或者按下 Esc 键。

打开下拉菜单后，只需单击相应的命令或者键入命令后括号中带下划线的字母，即可选择该命令。例如，打开"文件"菜单后，可以直接单击"新建工程"命令来新建一个工程，也可以按下字母 N 来新建一个工程。如果某个命令的右侧还带有省略号，则说明选择该命令时，将弹出一个对话框。

以下将简要介绍各菜单的主要功能：

- 文件：包括新建工程、打开工程、添加工程、移除工程、保存工程组、工程组另存为、打印、打印设置、生成 EXE 文件、退出等菜单命令。主要用于建立工程、管理工程、对 VB 文件的操作和打印等。
- 编辑：主要用于对工程项目中的文本代码进行操作，包括剪切、复制、粘贴、删除、查找、替换、插入文件等编辑命令。
- 视图：显示或者隐藏编程开发环境的各种窗口、工具栏等。
- 工程：设置工程属性，添加或删除窗体、模块、类模块、控件、用户文档等。
- 格式：用于统一控件的尺寸、对齐控件等。
- 调试：启动或终止整个程序的调试等。
- 运行：运行程序。
- 查询：运行查询结果、数据库查询、语言语法查询。
- 图表：新建、设置、添加、显示、修改图标等。
- 工具：添加过程、过程属性、菜单编辑器以及配置环境选项等。
- 外接程序：在当前工程中增加或删除外接程序。
- 窗口：排列或选择打开窗口。
- 帮助：打开帮助窗口。

1.4.3　工具栏

工具栏可以快速执行命令。工具栏中显示着以图标表示的按钮，每个按钮对应一个常用命令，把鼠标指针指向某个按钮，会弹出一个该按钮功能的简要说明，单击按钮，即可执行相应的操作。Visual Basic 开发环境提供了编辑、标准、窗体编辑器、调试和自定义工具栏。表1-1 列出了标准工具栏中各按钮及其功能说明。

表 1-1　工具栏按钮及其说明

图标	名称	功能
	添加工程	添加一个新的工程，还可以添加含有类模块的其他工程
	添加窗体	向当前工程中添加一个新的窗体，还可以添加其他类型的窗体或模块
	菜单编辑器	设计当前窗体的菜单

续表

图标	名称	功能
	打开工程	打开一个已经存在的工程，同时关闭正在编辑的所有工程
	保存工程（组）	保存当前的 Visual Basic 工程（组）文件
	剪切	把选定的内容剪切到剪贴板
	复制	将选定的内容复制到剪贴板
	粘贴	把剪贴板上的控件、文本等内容粘贴到窗体窗口或代码窗口
	查找	查找文本，在代码编辑窗口可用
	撤消	撤消上次在窗体窗口或代码窗口的操作
	重复	恢复已经用撤消命令撤消的操作
	启动	启动或继续运行工程
	中断	暂时中断正在运行的工程，调试程序时用
	结束	终止正在运行的工程
	工程资源管理器	显示工程资源管理器窗口
	属性窗口	显示属性窗口
	窗体布局	显示窗体布局窗口
	对象浏览器	显示对象浏览窗口
	工具箱	显示工具箱
	数据视图窗口	打开数据视图窗口，可以访问并且操作数据库
	可视化部件管理器	打开可视化部件管理器

1. 工具栏的显示或隐藏

如果要显示其他的工具栏，可以按照以下方法进行操作：

（1）单击"视图"菜单中的"工具栏"命令，弹出"工具栏"级联菜单。

（2）从"工具栏"级联菜单中单击要显示的工具栏名称，即可显示选定的工具栏。

如果要隐藏其他工具栏，则按照以下方法进行操作：

（1）单击"视图"菜单中的"工具栏"命令，弹出"工具栏"级联菜单。

（2）从"工具栏"级联菜单中单击要隐藏的工具栏名称，清除前面的复选标记。

2. 工具栏的移动

用户可以根据自己的需要随意移动工具栏的位置，例如把工具栏悬浮在 Visual Basic 开发环境的中间区域等。与程序窗口相连的工具栏称为固定工具栏，用户可以根据需要将工具栏定位到应用程序标题栏的下方、左侧、右侧或者程序窗口边缘的底部。浮动工具栏则不与程序窗口相连。

如果要移动固定工具栏，可以按照以下方法进行操作：

（1）将鼠标指向固定工具栏的移动柄，这时鼠标的指针将变成一个四向箭头。

（2）按住鼠标左键拖动，即可将工具栏移动到所需的位置。

1.5　其他窗口

1.5.1　窗体设计器窗口

窗体设计器窗口是屏幕中央的主窗口，在 Visual Basic 6.0 的开发环境中又称为对象窗口，在应用程序设计中简称为窗体（Form）。它可以作为自定义窗口来设计应用程序的界面。用户可以在窗体中添加控件、图形和图片来创建所希望的外观。新建一个工程文件时，Visual Basic 会自动建立一个名称为"Form1"的空白窗体，之后添加的标准窗体的默认名，则只是将 Form 后面的数字逐个加 1 来命名。在程序设计阶段，用户可以通过属性窗口的 Name（名称）属性设置来修改窗体名称。

执行"视图"菜单中的"对象窗口"命令，按 Shift+F7 键或单击"工程资源管理器窗口"中的"查看对象"按钮，可以打开当前的窗体设计器窗口。窗体设计器窗口顶部是窗体的标题栏，标题栏左边为窗体的 Caption（标题）和图标属性，标题栏右边有"最大化"、"最小化"和"关闭"三个按钮，其作用与 Windows 应用程序标题栏中的相应按钮相似。

1.5.2　工程资源管理器

工程资源管理器窗口是用来管理应用程序的组件，帮助用户管理整个工程中的每个文件，它位于 Visual Basic 开发环境窗口右侧的最上方，如图 1-3 所示。工程资源管理器窗口的顶部有三个按钮，从左到右分别为："查看代码"、"查看对象"和"切换文件夹"。

打开工程资源管理器窗口的方法有：执行"视图"菜单中的"工程资源管理器窗口"命令；按 Ctrl+R 键；单击工具栏上的"工程资源管理器窗口"按钮。

对于一个大型的工程来说，会包含有很多窗体及很多程序模块，如图 1-4 所示。

图 1-4 是一个包含有窗体、模块、设计器和文档的工程。从图 1-4 可以看到，在资源管理器窗口中，用括号括起来的内容是工程、窗体、程序模块及类模块等对象的存盘文件名。括号外面显示的是用户定义或系统默认的属性名称。在各工程名的左侧有一个小方框，当方框内为"-"号时，表明该工程处于展开状态；如果用鼠标单击"-"方框，使方框内的"-"号变为"+"号时，该工程则处于折叠状态，原来展开的内容则同时消失。

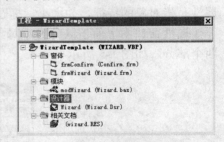

图 1-4　工程资源管理器窗口

工程资源管理器窗口中的文件可以分为六类：工程文件（.vbp）、工程组文件（.vbg）、窗体文件（.frm）、标准模块文件（.bas）、类模块文件（.cls）和资源文件（.res）。各文件的内容和作用如下所述。

1．工程文件和工程组文件

工程是一个用来建立、保存和管理应用程序中的各种相关信息的系统，也是应用程序文件的集合体。每个工程对应着一个工程文件。当一个程序包括两个以上的工程时，这些工程就构成一个工程组。

执行"文件"菜单中的"新建工程"命令可以建立一个新的工程，用"打开工程"命令可以打开一个已有的工程，而用"添加工程"命令可以添加一个工程。

2. 窗体文件

每个窗体对应一个窗体文件，窗体及其控件的属性和包括代码在内的信息都存放在这个窗体文件中。一个应用程序可以有多个窗体（最多可达 255 个），因此就有多个以.frm 为扩展名的窗体文件。

执行"工程"菜单中的"添加窗体"命令或单击工具栏中的"添加窗体"按钮可以添加一个窗体。执行"工程"菜单中的"移除 Form1"命令可以删除 Form1 窗体（如果当前窗体为 Form2，则该命令变为"移除 Form2"）。一旦删除一个窗体，工程资源管理器窗口中将少一个窗体文件。

3. 标准模块文件

标准模块文件也称程序模块文件。它为一个纯代码文件，不属于任何一个窗体。标准模块文件主要在大型应用程序中使用。

标准模块文件由程序代码组成，主要用来声明全局变量和定义一些通用过程，可以被不同窗体的程序调用。执行"工程"菜单中的"添加模块"命令，可以建立标准模块文件。

4. 类模块文件

类模块文件用来定义和保护用户根据程序设计需要建立的类代码。Visual Basic 提供了大量预定义的类，同时也允许用户根据需要定义自己的类，用户通过类模块来定义自己的类，每个类都用一个文件来保存。

5. 资源文件

资源文件是一种可以同时存放文本、图片及声音等多种资源的文件。它由一系列独立的字符串、位图及声音文件组成。资源文件是一个文本文件，可以用简单的文字编辑器编辑。

1.5.3 属性窗口

"属性窗口"用来显示某个对象的所有属性，并提供"浏览"以及"重新设置"的功能。属性是指对象的特征，如大小、标题或颜色。按 F4 键可以激活属性窗口。

属性窗口由上而下共分为"对象框"、"属性显示方式选项卡"、"属性列表"和"说明"四个部分，如图 1-5 所示。

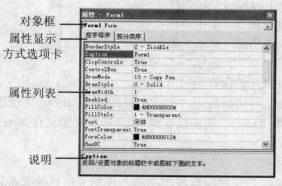

图 1-5 属性窗口

"对象框"中的内容为应用程序中每个对象的名字及对象的类型。初次启动 Visual Basic，"对象框"中仅含窗体的信息，当用户向窗体中添加控件时，将把这些控件的相关信息添加到"对象框"的下拉列表中。

"属性显示方式选项卡"可以选择"按字母序"或者"按分类序"来显示整个属性表。

"属性列表"中列出了对象的所有属性，不同的对象有不同的属性列表。属性值的改变将改变相应对象的特征。

"说明"区用来显示当前用户所选择的属性的说明，包括控件的名称和功能。例如，图 1-5 中显示了"Caption"属性的说明。

属性窗口的使用必须是在程序设计阶段，而且需要事先激活。单击属性窗口的任意部位、单击工具栏上的"属性窗口"按钮、执行"视图"菜单中的"属性窗口"命令或者按 F4 键都可以激活属性窗口。

1.5.4　工具箱

启动 Visual Basic 后，在 Visual Basic 屏幕的左侧有一个控件工具箱，每个控件用一个图标按钮来表示。一般情况下，工具箱中存放着建立应用程序所需的常用控件，也称内部控件。在窗体上设计所需要的对象，是界面设计的重要内容。在 Visual Basic 可视化程序设计中，利用工具箱中的工具，可以非常容易地在窗体上画出控件。

如图 1-6 所示是含有标准控件的工具箱。

Visual Basic 集成开发环境中除上述几种窗口外，还有窗体布局窗口、代码窗口、立即窗口、本地窗口和监视窗口等一些其他窗口。这些窗口一般都可以通过执行"视图"中的相应命令、单击工具栏上的相应按钮或者按下系统定义的快捷键来完成打开操作。具体用法可以参考 Visual Basic 集成开发环境中的菜单栏和工具栏，本章就不一一赘述。

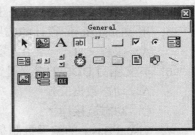

图 1-6　含标准控件的工具箱

1.6　帮助系统

Visual Basic 提供了非常强大的帮助系统，这是学习 VB 和查找资料的重要渠道。从 Microsoft Visual Studio 6.0 开始，Microsoft 将所有可视化编程软件的帮助系统统一采用全新的 MSDN（MicroSoft　Developer　Network）文档形式提供给用户。MSDN 实际上就是 Microsoft Visual Studio 庞大的知识库，完全安装后将占用超过 800MB 磁盘空间，内容包含 Visual Basic、Visual FoxPro、Visual C++和 Visual J++等编程软件中使用到的各种文档、技术文章和工具介绍，还有大量的示例代码。

Microsoft 提供的 MSDN Library Visual Studio 6.0 安装程序存放在两张光盘上，用户也可以通过 http://msdn2.microsoft.com/zh-cn/default.aspx 进行下载安装。通过光盘安装时，只要运行第一张光盘上的 setup.exe 程序，即可安装。

MSDN Library 程序安装成功后，可以用两种方法打开 MSDN Library Visual Studio 查阅器获取帮助。

方法一：选择"开始"→"程序"→"Microsoft Developer Network"→"MSDN Library Visual Studio 6.0 (CHS)"。

方法二：在 VB 窗口中，直接按 F1 键或选择"帮助"菜单下的"内容"、"索引"或"搜索"菜单项均可。

习题一

一、选择题

1. 激活属性窗口使用的快捷键是（　　）。
   A．F2　　　　　　　　B．F3　　　　　　　　C．F4　　　　　　　　D．F5

2. Visual Basic 6.0 集成开发环境中有三种工作状态，不属于三种工作状态的是（　　）。
   A．设计状态　　　　　　　　　　B．设计代码状态
   C．中断状态　　　　　　　　　　D．运行状态

3. Visual Basic 6.0 的三个版本是（　　）。
   A．学习版、标准版、企业版　　　　B．学习版、中文版、标准版
   C．学习版、中文版、企业版　　　　D．学习版、专业版、企业版

4. 用 Visual Basic 设计的应用程序，.frm 扩展名的文件是（　　）。
   A．窗体文件　　　　B．工程文件　　　　C．标准模块文件　　　　D．可执行文件

5. 用 Visual Basic 设计的应用程序，.vbp 扩展名的文件是（　　）。
   A．工程文件　　　　B．窗体文件　　　　C．标准模块文件　　　　D．可执行文件

6. 英文缩写 DDE 的含义是（　　）。
   A．动态数据交换　　　　　　　　B．对象链接与嵌入
   C．动态链接库　　　　　　　　　D．数据库库管理功能

7. Visual Basic 的编程机制是（　　）。
   A．可视化　　　　B．面向对象　　　　C．面向图形　　　　D．事件驱动

8. 不能作为容器使用的对象是（　　）。
   A．窗体　　　　B．框架　　　　C．图片框　　　　D．图像框

二、填空题

1. 面向对象程序设计方法的缩写是_____。

2. Visual Basic 规定工程文件的扩展名是_____。

3. 传统的程序设计语言主要是面向_____的，而现在的许多可视化程序设计语言主要是面向_____的。

4. Visual Basic 使用的是_____字符集。

5. 对象是将数据和程序_____起来的一个逻辑实体。

6. 事件驱动是一种适用于_____的编程方式。

7. 程序在运行模式下，按下_____可切换到中断模式下。

8. 使用 Visual Basic 6.0 开发的应用程序，最多可以有_____个窗体。

9. 可以通过_____快捷键或者_____快捷键退出 Visual Basic 6.0。

第 2 章　对象及其操作

Visual Basic 是面向对象的编程语言，它改变了传统意义上的编程机制，采用了"事件驱动"机制。在 VB 中不仅提供了大量的控件对象，而且还提供了创建自定义对象的方法和工具，为开发应用程序带来了方便。因此，对于一个学习 VB 编程的人来说，了解对象及其特点的相关概念是必要的。这一章将讨论 VB 中最基本的两种对象，即窗体和控件。

2.1　对象

对象是 VB 程序设计的核心。对象具有属性、方法和事件三个要素。在这一节里，将主要介绍有关对象的基本概念，对象的三要素及设置等知识。

2.1.1　对象的概念

对象可以是一组代码和数据的集合，用来描述自然的或抽象的实体，也可以是一切在编程中可操纵的实体。从广义上来讲，包括如窗体中的按钮、标签、文本框等控件，甚至包括屏幕、打印机、扫描仪等计算机的外接设备。

在 VB 中所说的对象，通常是指狭义上的对象，即窗体和控件。窗体即为程序设计阶段程序员操作的界面平台；而在程序运行阶段，窗体则转化为用户与应用程序交互的平台。控件是 VB 或用户预先定义好的、以图标方式存放在工具箱中的、用于完成程序设计中特定功能的工具。

在 VB 中，对象分为两种。一种是系统设计好的，称为预定义对象。用户可以直接调用或对其进行操作。另一种是由用户自定义的，称为自定义对象。

对象具有属性、方法和事件三个要素。建立了一个对象，其操作需要通过与该对象相关联的属性、方法和事件来进行。其中，属性是对象的参数，由一段预先编写的子程序代码组成。事件是由系统设置好的、能够被对象识别的动作。方法是由系统提供的用来完成特定操作的子过程和函数。我们可以把属性看成一个对象的性质，把方法看成对象要执行的操作，把事件看作对象的响应。

VB 中的"对象"与"面向对象程序设计"中的"对象"是一样的。只是在使用 C++这类面向对象的语言时，必须自己创建和设计"对象"，而在 VB 中，这些对象可以直接被使用。因此，设计 VB 应用程序就显得相当轻松了。

1. 对象属性

在日常生活中，如要订购的对象为家具城的棕色木茶几，则只需要在家具城寻找颜色属性为棕色、材料属性为木质的茶几即可。同理，可以订购黑色的玻璃茶几等。可见，属性是对象的特性，不同的对象有不同的属性。在 VB 中，对象常见的属性有 Name（名称）、Color（颜色）、Font（字体）、Enabled（有效）等。

对象的属性可以通过属性窗口来修改，也可以通过代码来修改，典型的对象属性设置语法结构如下：

　　　　对象名.属性名称＝属性值

具体的设置方法见 2.1.3 节。

2. 对象事件

事件（Event），是一种加在对象上的"作用"，该作用是由 VB 预先设置好的、能够被识别的动作。例如，在对象上 Click（单击）时，该单击操作就是一种加在对象上的"事件"。此外，在 VB 中常见的事件还有：DblClick（双击）、KeyDown（按下按钮）、KeyUp（松开按钮）、MouseMove（移动鼠标）等。

为了响应对象上的这些事件以完成某种特定的操作，程序设计人员必须预先编写好一段独立的程序代码，这样的程序代码称为事件过程。每个对象可以识别一个或者多个事件，因此可以使用一个或多个事件过程对用户或系统的事件做出响应。在程序设计中，根据应用程序的需要，编写相应的事件过程是应用程序设计的重要工作之一。

3. 对象方法

当设置对象的某些属性时，其实就是将某些数据加入对象，而事件过程是从外面加到对象身上的一段程序。对象原来内含的函数或过程叫做"方法"。

对象的"属性"或"事件过程"都可以重新设置或修改，但是"方法"的内容却是固定、不能修改的，而且是看不见的。事实上，用户也只能"调用"它，即运行对象内含的这些固定功能的程序。

对象方法的调用格式如下：

对象名称.方法名称[参数]

使用"方法"来控制 VB 中的某个对象，实质上是运行该对象的某个内部函数或过程，例如：

Button1.Enabled

以上代码将激活 Button1 控件，使 Button1 控件有效。至于让 Button1 控件从无效状态变到有效状态的细节，程序设计人员无须知道。VB 提供了大量的"方法"，有些"方法"可以适用于多种甚至所有类型的对象，而有些"方法"只能适用于少数几种对象。

2.1.2　对象的建立和编辑

1. 对象的建立

在窗体上建立对象的步骤如下：

（1）将鼠标定位在工具箱内要制作控件对象对应的图标上，单击选择。

（2）将鼠标移动到窗体所需的位置处，按住左键拖拽到所需的大小后释放鼠标。

建立对象更方便的方法是直接在工具箱双击所需的控件图标，则立即在窗体出现一个大小为默认尺寸的对象框。

2. 对象的选定

要对某对象进行操作，只要单击欲操作的对象就可选中，这时选中的对象出现八个方向的控制柄。

若要同时对多个对象进行操作，则要同时选中多个对象，有两种方法：

（1）拖动鼠标指针，将欲选定的对象包围在一个虚框内即可。

（2）先选定一个对象，按下 Ctrl 键，再单击其他要选定的控件。

3. 复制或删除对象

（1）复制对象。选中要复制的对象，单击工具栏的"复制"按钮，再单击"粘贴"按钮，这时会显示是否要创建控件数组的对话框，选择"否"则复制了标题相同而名称不同的对象。

（2）删除对象。选中要删除的对象，然后按 Del 键。

4．对象的命名

每个对象都有自己的名字，有了它才能在程序代码中引用该对象。建立的控件都有默认的名字，诸如 Form1、Form2 之类的窗体默认名等。用户也可在属性窗口通过设置 Name（名称）属性来给对象重新命名，名字必须以字母或汉字开头，由字母、汉字和数字组成，长度≤255 个字符，其中可以出现下划线。

2.1.3　对象属性设置

对象的属性设置在程序设计阶段或程序运行阶段都可以进行。

在程序设计阶段，可以通过 VB 开发环境中的属性窗口来设置对象的属性，不需要编写任何代码。对象的一些外观属性，在属性窗口设置了相应的值后，在窗体设计窗口中立即可以预览到设置效果。属性窗口主要用来设置对象属性的初始值和一些在整个程序运行过程中不进行改变的属性。

在程序运行阶段，可以通过程序中的代码来设置对象的属性值，从而实现在程序运行时改变对象属性。

在属性窗口中设置对象的属性，首先必须选择要设置的对象，然后激活属性设置窗口。以下是几种属性窗口激活的方法：

● 执行"视图"菜单中的"属性窗口"命令。

● 单击工具栏上的"属性窗口"按钮。

● 按 F4 键。

属性的设置方法一共有 3 种，下面分别来介绍这 3 种方法的具体使用。

1．直接键入属性值

对象的有些属性，如 Caption（标题）、Text（文本内容）都必须由用户输入。在建立该对象时，VB 可能为其设置好了默认值。为了提高程序的可读性，最好为其赋一个具有特定意义的名称，可以在属性窗口中键入新属性值。

例如，用户在窗体上设置了两个 Label 控件，如图 2-1 所示。其中，窗体的标题显示为 Form1 字样，两个 Label 控件显示为 Label1 和 Label2 字样，这是因为窗体的 Caption（标题）属性默认值为 Form1，而两个 Label 控件的 Caption 属性默认值分别为 Label1 和 Label2。

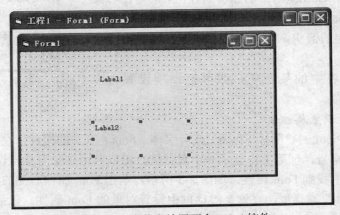

图 2-1　在窗体上放置两个 Label 控件

如果要修改图 2-1 中窗体的 Caption 属性，用户可以按照如下步骤操作：

（1）单击工具栏上的"属性窗口"按钮，出现如图 2-2 所示的属性窗口。

（2）单击属性窗口的"对象框"右边的下拉箭头，出现的下拉列表中将显示所有的对象名称和类别。

（3）搜索"Form1 Form"项（这里 Form1 为对象名称，Form 为对象类别）。

（4）确定了 Form1 对象后，在属性窗口的左边搜索 Caption 属性，在属性窗口右边的"属性设置"框中输入"改变 Caption 属性示例"。

用同样的方法，将 Label1 对象和 Label2 对象的 Caption 属性修改为"控件 1"和"控件 2"，最后结果如图 2-3 所示。

图 2-2　属性设置窗口

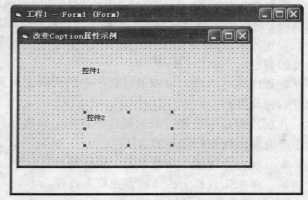

图 2-3　修改对象的 Caption 属性

2．在下拉列表中选择属性值

对象的有些属性取值是有限的，对于这样的属性，可以在下拉列表中选择所需要的属性值，例如，为了设置窗体对象的 BorderStyle（边界类型）属性，可以按如下步骤操作（如图 2-4 所示）：

（1）启动 VB，激活属性窗口。

（2）在属性窗口中找到 BorderStyle，并单击该属性条。其右侧一列显示 BorderStyle 的当前属性值，同时在右端出现一个向下的箭头。

（3）单击右端的箭头，将下拉显示该属性可能取值的列表。

（4）单击列表中的某一项，即可把该项设置为BorderStyle 属性的值。

图 2-4　从下拉列表中选择属性值

3．利用对话框设置属性值

对于和图形（Picture）、图标（Icon）或者字体（Font）有关的属性，设置框的右侧会显示省略号，单击该省略号，屏幕上将显示一个对话框，可以利用这个对话框设置所需要的属性。例如，在属性列表中找到 Font 属性，如图 2-5 所示，单击 Font 属性右侧的省略号，将显示如图 2-6 所示的"字体"对话框，在这个对话框中设置对象的 Font 属性，包括字体、字体样式、大小及效果等。

图 2-5　用对话框设置属性

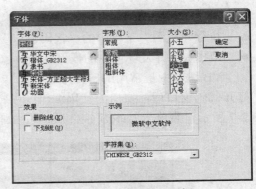

图 2-6　"字体"对话框

2.1.4　对象属性的读取

对象属性值的读取，主要是为了在执行某个操作之前得到对象的状态，必要时可以对其进行修改。如对一个 Label 控件，可以设置两个变量来读取它的宽和高，再判断一下是否符合要求。如果不符合要求，可以将其重新设置。用代码读取对象属性的典型语法结构为：

　　　变量=对象名.属性名

例如，下列语句就是将当前 Label1 控件的高度值赋给变量 a：

　　　a=Label1.Height

属性值也可以作为表达式的一部分。以下代码是将 Label 控件的高度值在原来的基础上调低一点：

　　　Label1.Height=Label1.Height-10

表达式中，10 的单位为 twip。

2.1.5　对象的事件、事件过程和事件驱动

1. 事件

对于对象而言，事件就是发生在该对象上的事情。在 VB 中，系统为每个对象预先定义好了一系列的事件。例如，单击（Click）、双击（DblClick）、改变（Change）、获取焦点（GotFocus）、键盘按下（KeyPress）等。

2. 事件过程

当在对象上发生了事件后，应用程序就要处理这个事件，而处理的步骤就是事件过程。它是针对某一对象的过程，并与该对象的一个事件相联系。VB 应用程序设计的主要工作就是为对象编写事件过程中的程序代码。事件过程的形式如下：

```
Sub 对象名_事件　([参数列表])
    …　'事件过程代码
End Sub
```

例如单击"cmdOk"命令按钮，使命令按钮的字体大小改为 20 磅，则对应的事件过程如下：

```
Sub cmdOk_Click()
cmdOK.FontSize = 20      '设置命令按钮的字体大小为 20 磅
End Sub
```

编写对象事件过程必须先打开对象所在窗体的代码窗口，然后选择对象的事件，最后为事件添加代码。

打开对象所在窗体的代码窗口方法有：

- 单击工程资源管理器窗口的"查看代码"按钮，系统会弹出代码窗口。
- 执行"视图"菜单中的"代码窗口"命令，系统也会弹出程序代码窗口。
- 双击 VB 开发环境中的任何一个对象，也可打开该对象对应的代码窗口。这种方法是 VB 编程中最常用的一种方法。

打开代码窗口后，窗口的代码编辑区中将出现与用户双击对象相对应的某一事件过程。如图 2-7 所示，为单击 Label1 控件后，系统弹出该对象事件过程。

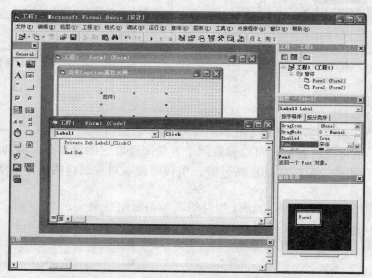

图 2-7 单击 Label1 控件后出现的程序代码编辑窗口

如果代码窗口中所出现的事件过程不是用户想要编写的事件过程，用户还可以在代码窗口中自行选择想要编写的事件过程。操作步骤如下：

（1）单击代码窗口左上方的对象列表框，在对象列表中选择要编写事件过程的对象。

（2）单击代码窗口右上方的事件列表框，在事件列表中选择要响应的事件名称。

如图 2-8 所示是对象框和事件框的操作图。对象和事件选择完毕后，在代码窗口的编辑区中将出现一个事件过程。用户就可以往该事件过程中添加事件代码了。

图 2-8 对象的选择和事件的选择

3．事件驱动程序设计

在传统的面向过程的应用程序中，应用程序自身控制了执行哪一部分代码和按何种顺序执行代码，即代码的执行是从第一行开始，随着程序流执行代码的不同部分。程序执行的先后顺序由设计人员编写的代码决定，用户无法改变程序的执行流程。

在 VB 中，程序的执行发生了根本的变化。程序的执行先等待某个事件的发生，然后再去执行处理此事件的事件过程，即事件驱动程序的设计方式。这些事件的顺序决定了代码执行的顺序，因此应用程序每次运行时所经过的代码的路径可能都是不同的。

VB 程序的执行步骤如下：

（1）启动应用程序，装载和显示窗体。

（2）窗体（或窗体上的控件）等待事件的发生。

（3）事件发生时，执行对应的事件过程。

（4）重复执行步骤（2）和（3）。

如此循环执行，直到遇到"END"结束语句结束程序的运行或单击"结束"按钮强行停止程序的运行。

2.2　窗体

窗体是 Visual Basic 中的主要对象，是图形界面的基本组成部分。窗体具有自己的属性、事件和方法。

2.2.1　窗体的结构与属性

窗体结构与 Windows 应用程序的窗口十分类似。窗体结构包含有控制菜单框、标题栏、最大化/最小化按钮、关闭按钮以及边框。

各类控件必须建立在窗体上。运行程序时，每个窗体对应一个窗口。储存结构上，一个窗体对应一个窗体模块。如图 2-9 所示，为一个窗体的示意图。

图 2-9　窗体的结构

1. 窗体的创建

启动 VB 6.0 后，在"新建工程"对话框中选择"标准 EXE"选项，单击"打开"按钮，便创建了第一个窗体。一个工程可以包含多个窗体，创建新窗体的步骤如下：

（1）执行"工程"下拉菜单中的"添加窗体"选项，打开"添加窗体"对话框。

（2）在"添加窗体"对话框中，选择"新建"选项卡，对话框的列表框中列出了各种窗体的类型，选中"窗体"选项用于建立一个空白新窗体，选择其他选项则建立一个预定义了某些功能的窗体。

（3）单击"打开"按钮，一个新窗体被添加到当前工程中。

添加新窗体后，就可以对窗体的属性进行修改。创建一个窗体如图 2-10 所示，创建多个窗体如图 2-11 所示。

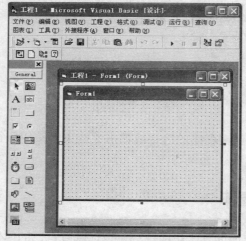 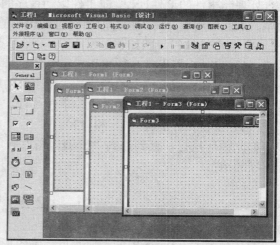

图 2-10　创建一个窗体　　　　　　　图 2-11　创建多个窗体

2. 窗体的属性

窗体属性除了可以通过属性窗口来设置之外，还可以在窗体事件过程中通过程序代码设置。这两种设置方式适用于大部分的属性，也有一些属性只能用程序代码或者属性窗口设置中的一种来设置。通常把只能通过属性窗口设置的属性称为"只读属性"，如 Name 属性。窗体的属性多达 50 多种，表 2-1 按字母顺序列出部分常用的窗体属性，供读者学习参考，如果需要更详细的窗口属性说明，请参看 MSDN 帮助系统。

表 2-1　窗体的属性

属性名	说明
Appearance	设置窗体中控件是否以三维立体方式显示。取值 1-3D 表示默认设置，以三维立体方式显示窗体上的控件；0-Flat 表示以二维方式显示窗体上的控件。该属性不能通过代码在运行时设置，必须通过属性窗口在设计时设置
AutoRedraw	设置窗体中显示的信息是否重画。当返回被其他窗体遮挡的窗体时，如果此属性设置为 True，则自动刷新或者重画窗体中的所有信息，否则不重画
BackColor	设置窗体的背景颜色
BorderStyle	设置窗体的边界样式。取值为 0-None 时表示窗体不仅没有边界，而且没有标题栏；取值为 1-Fixed Single 时表示边界是固定的单线，运行时不能改变窗体大小；2-Sizable 表示是默认设置，窗体的大小可以在运行时改变；3-Fixed Dialog 表示是固定的对话框，大小不能改变；4-Fixed ToolWindow 表示是固定的工具箱窗口，大小不能改变；5-Sizeable ToolWindow 表示是大小可变的工具窗口。该属性的设置会影响其他属性的设置值。如设置为 0、3、4 或 5 时，MinButton、MaxButton 和 ShowInTaskbar 属性将自动设置为 False，表示这类窗体没有"最小化"、"最大化"按钮
Caption	设置窗体标题栏中显示的文本内容
ClipControls	当 Paint 事件发生时，确定窗体中的内容是全部重画还是只重画最新暴露的区域。取值为 True 时表示是默认设置，重画整个窗体内容；False 表示重画最新暴露的区域
ControlBox	设置窗体左上角是否显示控制菜单图标。取值为 True 时表示默认设置，窗体中含有窗体图标和控制按钮；False 则表示窗体中不含窗体图标和控制按钮

续表

属性名	说明
DrawMode	用于设置绘图模式，以便控制图形的显示效果。默认是用窗体的前景色来画线
DrawStyle	用于设置线条的线型，默认为实线
DrawWidth	用于设置线条的宽度，默认为 1
Enable	设置窗体是否对鼠标或者键盘事件做出响应。取值为 True 时表示默认设置，对事件做出响应；False 表示对事件不产生响应。这时只能在窗体中显示文本和图形
FillColor	用于设置图形的填充颜色，默认是黑色
FillStyle	用于设置图形的填充方式，默认是透明（Transparent）
Font	设置窗体中文本显示时使用的字体、包括字体的名称和大小，以及是否为粗体、斜体或者粗斜体，是否带有删除线和下划线
FontTransparent	当窗体上要显示文本的位置已有图形或文本存在时，可以用 FontTransparent 属性来确定如何处理原来的图形或文本。取值为 True 时表示是默认设置，将要显示的内容与原来的图形或者文本重叠显示；False 表示将要显示的内容覆盖原来的图形或者文本
ForeColor	设置窗体的前景颜色。设置方法类似于 BackColor 属性
Height、Width	设置窗体的初始高度和宽度
Icon	设置窗体的图标。Icon 属性的设置值通常为图标文件名（扩展名为*.ico）
KeyPreview	如果窗体中的某个控件正使用时发生了键盘事件，则可以用 KeyPreview 属性来确定窗体是否接收键盘事件。取值为 True 表示窗体先接收键盘事件，然后再由当前正使用的控件来处理；False 表示默认设置，当前正使用的控件接收键盘事件，窗体不处理该事件
Left、Top	设置窗体的左上角位置
MaxButton	设置窗体中是否含有最大化按钮。取值为 True 表示默认设置，有最大化按钮；False 表示窗体中不含有最大化按钮
MDIChild	设置当前窗体是否是 MDI 窗体的子窗体。取值为 True 表示当前窗体为 MDI 窗体的子窗体；False 表示默认设置，不是 MDI 窗体的子窗体
MinButton	设置窗体中是否含有最小化按钮。取值 True 表示默认设置，窗体中含有最小化按钮；False 表示窗体中不含有最小化按钮。如果 BorderStyle 属性设置为 0、3、4 和 5，则此属性无效
MouseIcon	指定一个自定义的图标或者光标作为鼠标指针的形状。当 MousePointer 属性设置为 99 时，就要使用 MouseIcon 属性来确定鼠标指针的形状
MousePointer	设置鼠标指针的形状。如果将其设为 99，则可以使用 MouseIcon 属性来指定自定义的鼠标指针形状
Moveable	设置窗体是否可移动。取值为 True 表示默认设置。窗体运行时能够移动；False 表示窗体运行时不可移动
Name	设置当前窗体的名称。代码中可以通过 Name 属性设置的名称来引用相应的窗体
Picture	设置是否在窗体内显示一个图形。默认设置为 None，表示窗体中不显示图形。如果在代码中设置，要使用 LoadPicture 函数
RightToLeft	设置文本显示方向和显示外观
ScaleHeight	设置窗体绘图区域的高度。改变属性的设置值后，将重新定义新的度量单位

续表

属性名	说明
ScaleWidth	设置窗体绘图区域的宽度。改变属性的设置值后，将重新定义新的度量单位
ScaleLeft&ScaleTop	设置窗体绘图区域的左上角位置。默认为（0,0），表示窗体左上角即为原点
ScaleMode	设置窗体的度量单位，默认为点素（Twip）
ShowInTaskbar	设置窗体最小化时是否在任务栏上显示窗体图标
StartUpPosition	设置窗体首次显示时的位置
Visible	设置窗体是否可见。取值为 True 表示默认设置，窗体可见；False 表示窗体不可见
WindowState	设置程序运行时窗体的显示状态。取值为 0-Normal 表示默认设置，以正常方式显示；1-Minimized 表示以最小化方式显示；2-Maximized 表示以最大化方式（占据整个屏幕）显示

例 2.1 添加一个窗体，窗体的宽度是 3600Twip，高度是 2400Twip，窗体标题是 "Visual Basic 欢迎您"。设计步骤如下：

（1）用户界面的设计。启动 VB 后，在 "新建工程" 对话框中选择 "标准 EXE" 选项，单击 "打开" 按钮。此时出现一个窗体，这就是要设计的应用程序界面。新建窗体的名称属性和标题属性的默认值均为 Form1。

（2）改变窗体的宽度和高度。窗体的宽度和高度设置分别位于窗体的 Width 属性和 Height 属性中，改变这两个属性值就可以改变窗体的宽度和高度。选中窗体，窗体的边框上会出现 8 个控制柄（本例只有一个窗体对象，窗体中没有控件，因此窗体处于被选中状态）。打开属性窗口，在属性表的左列找到 Width，在 Width 的右列直接输入 3600，同样找到 Height，并将其值设为 2400。

（3）改变窗体的标题。窗体的标题设置通过窗体的 Caption 属性完成，在属性表的左列找到 Caption，在 Caption 的右列直接键入 "Visual Basic 欢迎您"。

按 F5 键或者单击工具栏中的启动按钮，运行程序。程序的效果图如图 2-12 所示。

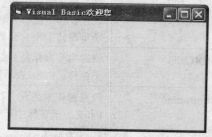

图 2-12   "Visual Basic 欢迎您" 应用程序

2.2.2 窗体事件

与窗体有关的事件较多，窗体最常用的事件有 Load（装入）、Activate（活动）和 Deactivate（非活动）、Click（单击）、DblClick（双击）、Unload（卸载）和 Paint（绘画）事件。

1. Load 事件

Load 事件用来在启动程序时对属性和变量进行初始化。在装入窗体后，只需要运行程序，就会自动触发 Load 事件，并执行窗体的 Form_Load 事件过程。Form_Load 事件过程执行完之后，如果窗体模块中还存在其他事件过程，则 VB 将暂停程序的执行，并等待触发下一个事件过程。如果 Form_Load 事件过程内不存在任何指令，则系统将显示该窗体。

2. Activate 事件

在 Load 事件发生之后，系统会自动触发 Activate 事件。Load 事件发生时窗体是不活动的，而 Activate 事件发生时窗体已经是活动的。在不活动的窗体上不能使用 Print 方法显示信息，在活动的窗体上才能使用 Print 方法。

3. Click 事件

Click 事件是单击左键时发生的事件。程序运行后，当单击窗体本身（不是窗体上的控件）的某个位置时，将触发 Click 事件，执行窗体的 Form_Click 事件过程。如果单击的是窗体内的控件，则只能调用相应控件的 Click 事件过程。

4. DblClick 事件

DblClick 事件是双击左键时发生的事件。程序运行后，当双击窗体本身（不是窗体上的控件）的某个位置时，将触发 DblClick 事件，执行窗体的 Form_DblClick 事件过程。

5. UnLoad 事件

UnLoad 事件是从内存中清除一个窗体时触发的事件。如果重新装入该窗体，则窗体中所有的控件都要重新初始化。

6. Paint 事件

当窗体被移动或放大，或者窗体移动时覆盖了另一个窗体时，触发该事件。

例 2.2　"窗体变化"实例。该实例程序的用户界面只有一个窗体。运行程序初始，该窗体的宽度为 4800Twip，高度为 3200Twip，标题为"Visual Basic 欢迎您"。单击该窗体后，窗体的宽度变为 3600Twip，高度变为 2400Twip，标题变为"窗体变化实例"。要求程序设计的过程中使用代码修改窗体的属性。

程序设计步骤如下：

（1）用户界面的设计。启动 VB，在"新建工程"对话框中选择"标准 EXE"选项，单击"打开"按钮。此时出现一个窗体，为需要设计的应用程序界面。新建窗体的名称属性和标题属性的默认值均为 Form1。

（2）代码的设计。双击窗体，在代码区出现如下语句：

```
Private Sub Form_Load()
End Sub
```

（3）该代码为窗体载入时自动触发的事件过程，在两条语句中插入设置窗体的代码，在程序运行初期完成对窗体的设置，添加的代码如下所示：

```
Private Sub Form_Load()
    Form1.Width = 4800
    Form1.Height = 3200
    Form1.Caption ="Visual Basic  欢迎您"
End Sub
```

（4）接下来实现单击该窗体后，窗体的标题、宽和高改变的过程。单击过程下拉列表框，选择 Click 事件，在代码区中将出现如下两条语句：

```
Private Sub Form_Click()
End Sub
```

（5）在两条语句中插入窗体变化的代码，如下所示：

```
Private Sub Form_Click()
    Form1.Width = 3600
    Form1.Height = 2400
    Form1.Caption = "窗体变化实例"
End Sub
```

按 F5 键运行程序，窗体如图 2-13 所示。单击窗体上的任意位置，窗体形状和标题都将发生变化，如图 2-14 所示。

图 2-13   窗体初始效果图   图 2-14   变化后的窗体

2.2.3   窗体方法

窗体上常用的方法有 Print、Cls 和 Move 等，其语法结构见 2.5 节"常用方法"。

1. Print 方法

Print 方法用来显示文本内容。

形式：[对象.]Print 表达式

2. Cls 方法

Cls 方法用来清除窗体或图片框在运行时由 Print 方法显示的文本或用绘图方法所产生的图形。

形式：[对象.] Cls

省略对象默认为窗体。

3. Move 方法

Move 方法用来移动窗体或控件对象的位置，也可改变对象的大小。

形式：[对象.] Move 左边距离[,上边距离[,宽度[,高度]]]

一般也可以由 Left 和 Top 属性更方便地实现移动的效果，但不能同时改变控件的大小。

2.3   控件

窗体和控件都是 VB 中的对象，共同构成了用户的界面。有了控件，VB 的功能变得十分强大，同时还便于操作。控件以图标的形式存放于"工具箱"中，每种控件都有特定的对应图标。启动 VB 后，工具箱位于窗体的左侧，如图 2-15 所示。

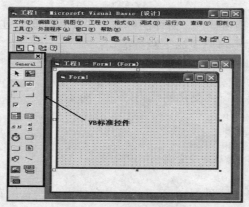

图 2-15   VB 标准控件

2.3.1 控件的分类

VB 6.0 的控件共分为 3 类：
- 标准控件（也称为内部控件），例如文本框、命令按钮以及图片框。这些控件由 VB 的.exe 文件提供。启动 VB 后，内部控件就出现在工具箱中，不能添加也不能删除。
- ActiveX 控件，也称为 OLE 控件或定制控件，是扩展名为.ocx 的独立文件，其中包括各种 VB 版本提供的控件和仅在专业版及企业版中提供的控件，另外还包括第三方提供的 ActiveX 控件。
- 可插入对象，这些对象可以添加到工具箱中，所以也可以将它们当作控件使用。其中一些对象支持 OLE，使用这类控件可以在 VB 应用程序中控制另外一个应用程序（例如 Microsoft Word）的对象。

启动 VB 后，工具箱中列出的是内部控件，如图 2-15 所示。工具箱实际上是一个窗口，称为工具箱窗口，可以通过单击其右上角的关闭按钮关闭工具箱。如果想打开工具箱，可执行"视图"菜单中的"工具箱"命令或单击标准工具栏中的"工具箱"按钮。

2.3.2 标准控件

表 2-2 列出了标准工具箱中内部控件的名称和作用。

表 2-2　标准工具箱中内部控件名称及其说明

图标	名称	功能
	PictureBox 图片框	用于显示图形、文本或者作为其他控件的容器
A	Label 标签	用于显示不被修改的文本
abl	TextBox 文本框	用于输入、显示文本，文本框中内容可以被编辑
	Frame 框架	用于作为其他控件的容器，常为选项按钮或者复选框分组
	CommandButton 按钮	用于接收事件
	CheckBox 复选框	用于接收选择，一组复选框可以选择多个，也可一个不选
	OptionButton 选项按钮	用于接收选择，一组选择按钮只能选择一个
	ComboBox 组合框	用于显示供用户选择的列表项，也可以输入新的列表项
	ListBox 列表框	用于显示供用户选择的列表
	HScroll 水平滚动条	用于提供快速水平定位或提供输入数值
	VScroll 垂直滚动条	用于提供快速垂直定位或提供输入数值
	Timer 计时器	用于按设定的时间间隔产生计时器事件
	DriveListBox 驱动器列表框	用于显示当前可用的驱动器
	DirListBox 目录列表框	用于显示目录列表
	FileListBox 文件列表框	显示当前路径下的文件名列表
	Shape 形状控件	用于在窗体上画各种类型的形状
	Line 直线控件	用于在窗体上画各种类型的直线

续表

图标	名称	功能
	Image 图像控件	用于显示位图、图标等图形
	OLE 容器控件	用于将其他应用程序的对象添加到 VB 的应用程序中
	Data 数据控件	用于连接数据库，并在窗体的其他控件中显示数据库信息

以上简单介绍了工具箱中的标准控件图标以及功能。在以后的章节中，将陆续介绍这些控件在实际应用程序中的使用。

2.3.3　控件的命名和控件值

1．控件的命名

每个控件都有一个名字。这个名字就是控件的 Name（名称）属性。一般情况下，控件的 Name 属性都有默认值，如 Command1、Text1、Picture1 等。为了增强程序的可读性，较为通常的做法是采用具有一定意义的名字作为对象的 Name 属性，以便于看出对象的类型或其他信息。因此，Microsoft 建议（不是规定）用三个小写字母作为对象的 Name 属性的前缀。表 2-3 列出了窗体和内部控件建议使用的前缀。

表 2-3　标准控件的命名示例

图标	前缀	实例
Form（窗体）	frm	frmTitle
PictureBox（图片框）	pic	picCat
Label（标签）	lbl	lblFileName
Frame（框架）	fra	fraComputer
CommandButton（命令按钮）	cmd 或 btn	cmdOK
CheckBox（复选框）	chk	chkBackup
OptionButton（单选按钮）	opt	optChinese
ComboxBox（组合框）	cbo	cboLanguage
ListBox（列表框）	lst	lstCode
HScroll（水平滚动条）	hsb	hsbDegree
VScroll（垂直滚动条）	vsb	vsbHeight
Timer（计时器）	tmr	tmrTime
DriveListBox（驱动器列表框）	drv	drvFloppy
DirListBox（目录列表框）	dir	dirHard
FileListBox（文件列表框）	fil	filExample
Shape（形状控件）	shp	shpSquare
Line（直线控件）	lin	linConnect
Image（图像控件）	img	imgHouse
TextBox（文本框控件）	txt	txtText1
OLE（容器控件）	ole	oleObject
Data（数据控件）	dat	datBiblio

2. 控件的值

一般情况下，控件的属性值设置是按照如下语法格式来进行的：

　　控件.属性

例如，一个文本文件的文本属性可以这么定义：

　　TxtText1.Text="VB6.0"

其中，"TxtText1"是控件的名称，Text 是控件的属性，该语句把"VB6.0"赋给了文本框的 Text 属性。

为了便于使用，VB 为每个控件规定了一个默认属性，在设置该属性时，不需要给出属性名，通常把该属性称为控件的值。控件值是一个控件最重要或最常用的属性。例如，文本框的控件值为 Text，在设置该控件的 Text 属性时，不需要写成"名称.Text"的形式，只要给出控件名称即可。上面例子中的语句可以改为：

　　TxtText1="VB6.0"

控件值虽然节省代码，但是影响了程序的可读性，因此用户最好不使用这种方法，而是按照"控件名称.属性"的格式来编写代码，确保程序更容易理解。

部分常用控件的值见表 2-4。

表 2-4　部分控件的控件值

控件	控件值
PictureBox（图片框）	Picture
Label（标签）	Caption
Frame（框架）	Caption
CommandButton（命令按钮）	Value
CheckBox（复选框）	Value
OptionButton（单选按钮）	Value
ComboxBox（组合框）	Text
ListBox（列表框）	Text
HScroll（水平滚动条）	Value
VScroll（垂直滚动条）	Value
Timer（计时器）	Enabled
DriveListBox（驱动器列表框）	Drive
DirListBox（目录列表框）	Path
FileListBox（文件列表框）	FileName
Shape（形状控件）	Shape
Line（直线控件）	Visible
Image（图像控件）	Picture
TextBox（文本框控件）	Text
Data（数据控件）	Caption

2.4　控件的画法和基本操作

在设计用户界面时，要在窗体上画出所需的控件，本节将介绍控件的画法和基本操作。

2.4.1 控件的画法

如果要在窗体中插入一个控件，通常有两种办法，下面以 Label 控件为例来说明。

第一种方法的步骤如下所示：

（1）单击如图 2-16 所示的工具箱中的 Label 控件按钮。

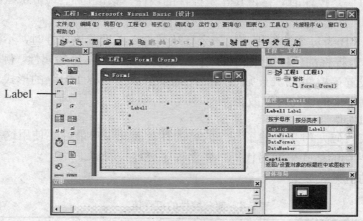

图 2-16 画出指定大小的控件

（2）将鼠标指针移到窗体上时，鼠标指针变成了十字形状。

（3）将十字形状指针移到要绘制标签控件的左上角位置，按下左键并拖曳，窗体上将出现一个方框。

（4）将鼠标向右下方移动，直到一个合适的位置，松开左键，即可在窗体上画出一个 Label 控件。

（5）如果想要在窗体编辑区拖动鼠标可画出多个对应的控件，按住 Ctrl 键，单击工具箱中的控件按钮，松开 Ctrl 键，并按照上述步骤进行绘制即可。

第二种建立控件的方法比较简单，即双击工具箱中的某个控件图标（本例为 Label 控件），就可以在窗体的中央出现一个默认大小的控件，如图 2-17 所示。与第一种方法不同的是，用第二种方法所画控件的大小和位置是固定的。

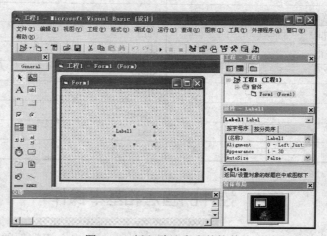

图 2-17 插入默认大小的控件

　　窗体的工作区中布满了"对齐"的小点,这些点是用来做参考的,以对齐控件。如果不想看到这些小点或想改变点与点之间的距离,可以执行"工具"菜单中的"选项"命令,在打开的对话框中单击"通用"选项卡,在"窗体网格设置"栏内设置相关的选项,设置窗口如图2-18 所示。

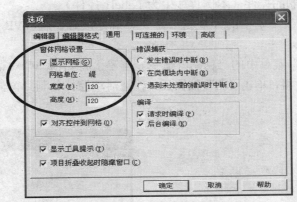

图 2-18　窗体网格设置对话框

2.4.2　控件的基本操作

　　在一个窗体上画好一个或多个控件后,它们的大小和位置可能不符合要求,但可以对控件进行缩放或移动位置等操作。

　　1. 控件的选择

　　当用户画完一个控件后,在该控件的边框上有 8 个黑色的小方块。这些小方块被称为句柄,用于调整控件的大小。

　　有时候,可能需要对多个控件进行操作,这就需要选择多个控件,常用的选择方法有:

- 按住 Ctrl 键,单击要选择的多个不连接控件。
- 按住 Shift 键,单击要选择的多个连续控件。
- 如果要选择的控件比较集中,则将鼠标指针移到要选择控件的左上角,按住左键向右下方拖动,拖动过程中会出现一个矩形框。当所有要选择的控件均包含在该矩形框中时,松开左键。

　　在被选择的这些控件中,有一个控件的周围是 8 个实心句柄(其他控件是 8 个空心句柄),该控件被称为"基准控件",如图 2-19 所示。当对被选择的控件进行对齐、调整大小等操作时,将以"基准控件"为准。

图 2-19　选择了多个 Label 控件

　　2. 控件的拖放和移动

　　控件画出后,其大小和位置不一定符合设计要求,此时可以对控件进行放大、缩小或移动其位置。

　　在前面画控件的过程中已经看到,控件的周围有 8个黑色的句柄。要缩放控件,只需将鼠标指针对准控件的句柄,出现双向箭头时,拖动鼠标即可改变控件的高度和宽度。按下 Shift+"方向箭头"键也可改变控件的大小。

　　如果要移动控件,选中控件后,单击该控件,并按下不动,拖动控件到所需的位置,然后松开左键。此外，按下 Ctrl+"方向箭头"键也可以移动控件的位置。或者在属性窗口中修改控件的 Left、Top、Width 和 Height 属性值也可以改变控件的位置。

3．控件的复制和删除

VB 允许对画好的控件进行"拷贝"，操作步骤如下：

（1）单击需要复制的控件（本例程序中为 Label1 控件）

（2）执行"编辑"菜单中的"复制"命令。执行该命令后，VB 将把目标控件拷贝到 Windows 的剪贴板中。

（3）执行"编辑"菜单中的"粘贴"命令，屏幕上将显示一个对话框，如图 2-20 所示。询问是否要建立控件数组，单击"否"按钮后，就把活动控件复制到窗体的左上角，如图 2-21 所示。

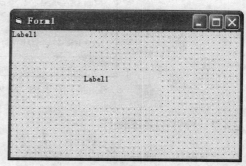

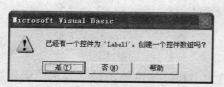

图 2-20　"询问是否创建控件数组"对话框　　　　图 2-21　复制 Label 控件

为了删除一个控件，必须先选中该控件，然后按 Del 键，即可把该控件清除。或者右键单击选中的控件，选择"删除"即可。清除后，其他某个控件周围自动产生 8 个黑色的句柄（如果存在其他控件的话），如图 2-22 所示。

4．通过属性窗口改变对象的位置和大小

在属性窗口中，使用四种属性来表示控件或者窗体对象的大小和位置，即 Width、Height、Top 和 Left。对象的位置由 Top 和 Left 属性来决定，大小由 Width 和 Height 属性来决定。其中（Top，Left）是控件或窗体相对于左上角的坐标，Width 是水平方向的长度，Height 是垂直方向的长度。它们之间的数学关系，如图 2-23 所示。

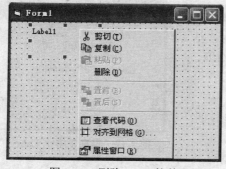

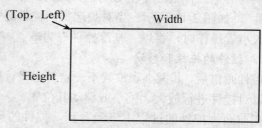

图 2-22　删除 Label 控件　　　　　　　图 2-23　对象的位置和大小

需要注意的是，对于窗体来说，（Top，Left）是相对于屏幕左上角的坐标；对于控件来说，（Top，Left）是相对于窗体左上角的坐标。

2.5　常用方法

在面向对象编程过程中，仅通过对象的属性实现对象的控制是不够的，对象对事件的响应过程需要用相应的方法来进行描述。对于不同的对象，VB 提供了不同的方法，但使用方法的语法结构是相同的。

形式：[对象.]方法[参数列表]

本节介绍常用的方法，其他一些方法在介绍相关对象时再介绍。

1. Print 方法

Print 方法的作用是在对象上输出信息。

形式：[对象.]Print[{Spc(n)|Tab(n)}][表达式列表][;|,]

其中："对象"可以是窗体、图形框或打印机。若省略了对象，则在窗体上输出。

Spc(n)函数：用于在输出时插入 n 个空格，允许重复使用。

Tab(n)函数：用于在输出表达式列表前向右移动 n 列，允许重复使用。

表达式列表：要输出的数值或字符串表达式，若省略，则输出一个空行，多个表达式之间用空格、逗号、分号分隔，也可出现 Spc 和 Tab 函数。

;（分号）：表示光标定位在上一个显示的字符后。

,（逗号）：表示光标定位在下一个打印区的开始位置处，打印区每隔 14 列开始。

注意：①Spc 函数与 Tab 函数的作用类似，可以互相替代。但 Tab 函数从对象的左端开始计数，而 Spc 函数表示两个输出项之间的间隔。②Print 方法在 Form_Load 事件过程中不起作用。

2. Cls 方法

Cls 方法用于清除运行时在窗体或图形框中显示的文本或图形。

形式：[对象.]Cls

其中："对象"为窗体或图形框，省略为窗体。

例如：

  Pictrue1.Cls '清除图形框内显示的图形或文本

  Cls   '清除窗体上显示的文本

注意：①Cls 方法只清除运行时在窗体或图形框中显示的文本或图形，不清除窗体在设计时的文本和图形。②Cls 方法使用后，CurrentX，CurrentY 属性被设置为 0。

3. Move 方法

Move 方法用于移动窗体或控件，并可改变其大小。形式如下：

[对象.]Move 左边距离[,上边距离][,宽度[,高度]]

其中："对象"可以是窗体及除时钟、菜单外的所有控件，省略对象为窗体。

左边距离、上边距离、宽度、高度是以数值表达式表示，以 twip 为单位。如果对象是窗体，则"左边距离"和"上边距离"以屏幕左边界和上边界为准，否则以窗体的左边界和上边界为准，宽度和高度表示可改变其大小。

习题二

一、选择题

1. 为了消除窗体上的一个控件，下列正确的操作是（   ）。（2005.9）

   A. 按回车键

   B. 按 Esc 键

   C. 选择（单击）要清除的控件，然后按 Del 键

   D. 选择（单击）要清除的控件，然后按回车键

2. 在 VB 集成环境的设计模式下，双击窗体上的某个控件打开的窗口是（   ）。（2010.9）

   A. 工程资源管理器窗口   B. 属性窗口

   C. 工具箱窗口   D. 代码窗口

3. 设窗体上有一个命令按钮数组，能够区分数组中各个按钮属性的是（   ）。（2010.9）

   A. Name   B. Index

   C. Caption   D. Left

4. 在 VB 集成环境中要结束一个正在运行的工程，可单击工具栏上的一个按钮，这个按钮是（   ）。（2010.3）

   A. ↻   B. ▶   C. ✂   D. ■

5. 用来设置文字字体是否斜体的属性是（   ）。（2009.9）

   A. FontUnderline   B. FontBold   C. FontSlope   D. FontItalic

6. 以下能在窗体 Form1 的标题栏中显示"VisualBasic 窗体"的语句是（   ）。（2004.9）

   A. Form1.Name="VisualBasic 窗体"

   B. Form1.Title="VisualBasic 窗体"

   C. Form1.Caption="VisualBasic 窗体"

   D. Form1.Text="VisualBasic 窗体"

7. 以下不能在"工程资源管理器"窗口中列出的文件类型是（   ）。（2003.4）

   A. bas   B. res   C. fnn   D. ocx

8. 以下叙述中错误的是（   ）。（2003.9）

   A. 在工程资源管理器窗口中只能包含一个工程文件及属于该工程的其他文件

   B. 以.BAS 为扩展名的文件是标准模块文件

   C. 窗体文件包含该窗体及其控件的属性

   D. 一个工程中可以含有多个标准模块文件

9. 以下叙述中错误的是（   ）。（2003.9）

   A. 双击鼠标可以触发 DblClick 事件

   B. 窗体或控件的事件的名称可以由编程人员确定

   C. 移动鼠标时，会触发 MouseMove 事件

   D. 控件的名称可以由编程人员设定

10. 以下不属于 VB 系统的文件类型是（   ）。（2003.9）

   A. .frm   B. .bat   C. .vbg   D. .vbp

二、填空题

1．在窗体上画一个文本框和一个图片框，然后编写如下两个事件过程：

```
Private Sub Form_Click()
Text1.Text="VB 程序设计"
End Sub
Private Sub Text1_Change()
Picture1.Print "VB Programming"
End Sub
```

程序运行后，单击窗体，则在文本框中显示的内容是_____，而在图片框中显示的内容是_____。（2005.4）

2．在窗体上画一个文本框和一个图片框，然后编写如下两个事件过程：

```
Private Sub Form_Load()
Text1.Text="计算机"
End Sub
Private Sub Text1_Change()
Picture1.Print"等级考试"
End Sub
```

程序运行后，在文本框中显示的内容是_____，而在图片框中显示的内容是_____。（2002.9）

3．在面向对象方法中，类的实例称为_____。（2005.4）

4．在窗体上画一个名称为 Command1 的命令按钮和一个名称为 Text1 的文本框。程序运行后，Command1 为禁用（灰色）。当向文本框中输入任意字符时，命令按钮 Command1 变为可用。请在_____处填入适当的内容，将程序补充完整。（2002.9）

```
Private Sub Form_Load()
Command1.Enabled=False
End Sub
Private Sub Text1_____()
Command1.Enabled=True
End Sub
```

5．在面向对象方法中，_____描述的是具有相似属性与操作的一组对象。（2006.4）

第 3 章 数据类型及其运算

本章主要介绍构成 Visual Basic 应用程序的基本元素，包括数据类型、常量、变量、内部函数、运算符和表达式等。

3.1 数据类型

在各种程序设计语言中，数据类型的规定和处理方法是各不相同的。VB 不但提供了丰富的标准数据类型，还可以有用户自定义所需的数据类型。基本数据类型主要有数值型和字符串型，此外还提供了字节、货币、对象、日期、布尔和变体数据类型。

基本数据类型

1. 数值

整数是不带小数点和指数符号的数，整数又分为整型和长整型。

整型（Integer）：占 2 个字节，其取值范围为-32768～32767。

长整型（Long）：占 4 个字节，其取值范围为-2147483648～2147483647。

浮点数也称实型数或实数，是带有小数部分的数值。它由三部分组成：符号、指数及尾数。单精度型和双精度型的指数分别用 E（或 e）和 D（或 d）来表示。例如：

123.45E4 或 123.45e+4 （单精度型，相当于 123.45 乘以 10 的 4 次幂）

123.45678D4 或 123.45678d+4 （双精度型，相当于 123.45678 乘以 10 的 4 次幂）

在以上的例子中，123.45 或 123.45678 是尾数部分，e+4（也可以写成 E4 或 e4）和 d+4（也可以是 D4 或 d4）是指数部分。

单精度型（Single）：占 4 个字节，单精度型的数据可以精确到 7 位十进制数。其负数的取值范围为-3.402823E+38～-1.40129E-45，正数的取值范围为 1.40129E-45～3.402823E+38。

双精度型（Double）：占 8 个字节，双精度型的数据可以精确到 15 位或 16 位十进制数。其负数的取值范围为 -1.797693134862316D+308 ～ -4.94065D-324，正数的取值范围为 4.94065D-324～1.797693134862316D+308。

2. 字符串（String）

字符串类型用来定义一个字符串序列，由 ASCII 字符组成。在 Visual Basic 中，字符串是放在双引号内的若干个字符，其中长度为 0（即不含任何字符）的字符串称为空字符串。

字符串通常放在引号中，例如：

"Hi"
"Visual Basic 6.0"
""（空字符串）

3．货币（Currency）

货币数据类型是为计算货币而设置的数据类型。在内存中用 8 个字节（64 位）存储，精确到小数点后 4 位（小数点前 15 位），在小数点后第 4 位以后的数字将被舍去。其取值的有效范围为-922337203685477.5808～922337203685477.5807。其类型声明符为@。浮点数中的小数点是"浮动"的，即小数点可以出现在数的任何位置，而货币类型数据的小数点是固定的，因此称为定点数据类型。

4．日期（Date）

日期型数据存储为 IEEE64 位（8 个字节）浮点数值形式。它可以表示的日期范围为公元 100 年 1 月 1 日到 9999 年 12 月 31 日，而时间从 0:00:00 到 23:59:59。任何可辨认的文本日期都可以赋值给日期变量。日期文字须以数字符号（#）括起来，例如：

#January 1, 2001#

日期型数据用来表示日期信息，其格式为 mm/dd/yyyy 或 mm-dd-yyyy，取值范围为 1/1/100 到 12/31/9999。

注意：在有些 Visual Basic 版本中，输出年份时通常只输出后两位，例如"1997"输出时为"97"。对于 2000 年以后的年份，其输出为"00"、"01"等。因此，在输出 2000 以后的年份时，应该做适当的处理（如前面加上"20"）。

5．布尔（Boolean）

布尔型数据是一个逻辑数据，用 2 个字节存储，它只取两种值，即 True（真）和 False（假）。

6．字节（Byte）

字节实际上是一种数值类型，占 1 个字节，其取值范围为 0～255。

7．对象（Object）

对象型数据用来表示图形、OLE 对象或其他对象，用 4 个字节存储。

8．变体（Variant）

变体数据类型是一种可变的数据类型，可以表示任何值，包括数值、字符串、日期/时间等。

以上我们介绍了 Visual Basic 中的基本数据类型。表 3-1 列出了这些数据类型的名称、存储空间、取值范围和它们的类型声明符。

表 3-1　Visual Basic 常用的基本数据类型

类型	类型声明符	存储空间（字节）	值的有效范围
String（字符串）	$	1	0～65535
Integer（整型）	%	2	-32768～32767
Long（长整型）	&	4	-2147483648～2147483647
Single（单精度浮点型）	!	4	负数：-3.402823E+38～-1.40129E-45 正数：1.40129E-45～3.402823E+38
Double（双精度浮点型）	#	8	负数：-1.797693134862316D+308～-4.94065D-324 正数：4.94065D-324～1.797693134862316D+308

续表

类型	类型声明符	存储空间（字节）	值的有效范围
Currency（货币）	@	8	-922337203685477.5808～922337203685477.5807
Date（日期类型）	无	8	1/1/100～12/31/9999
Byte（字节）	无	1	0～255
Boolean（布尔）	无	2	True 或 False
Object（对象）	无	4	任何对象引用
Variant（变体类型）	无	按需分配	上述有效范围之一

3.2　变量和常量

计算机在处理数据时，必须将其放入内存。在高级语言中，需要将存放数据的内存单元命名，可以通过内存单元名来访问其中的数据。被命名的内存单元，就是变量或常量。

3.2.1　变量

在计算机的高级语言中，一般将一个有名称的内存位置称之为变量，即变量代表着计算机内存中指定的存储单元，必须通过某种方式去访问它，才能执行指定的操作。Visual Basic 也不例外，也通过变量来存储数据。为了让计算机为变量留出所需要的空间，在使用变量前要对其进行命名和声明。习惯上，变量的命名称之为定义，变量类型的说明（即变量的存储方式的说明）称之为声明。在大多数情况下，变量的命名与变量类型的声明是在同一条语句中完成的。也就是说，用该语句来定义一个变量或者声明一个变量，其意义是一致的。

使用变量有三个步骤：

（1）声明变量。告诉程序变量的名称和类型。

（2）给变量赋值。赋予变量一个要保存的值。

（3）使用变量。在程序中获得变量中所存储的值。

在对变量进行命名与类型说明时，还必须对变量使用时的有效范围加以说明。在 Visual Basic 中，根据变量有效范围的不同，可以将变量分为局部变量、窗体模块级变量和标准模块级全局变量。以下，我们将具体介绍变量的命名规则。

为了使用的需要，每个变量都有一个名字以及与其相对应的数据类型，以便用户通过名字来引用该变量。数据类型可以决定该变量的存储方式。

在 Visual Basic 中，变量的命名规则如下：

（1）变量名必须以英文字母或汉字开头，最后一个字符可以是类型说明符。

（2）变量名所用的字符只能由字母、数字和下划线组成，不能含有标点和空格。

（3）变量名的有效字符为 255 个。

（4）不能用 Visual Basic 的保留字作为变量名，但是可以把保留字嵌入变量名中；变量名也不能是末尾带有类型说明符的保留字。例如，变量Print 和Print\$是非法的，但Print_sequence 是合法的。

在 Visual Basic 中，变量名以及过程名、符号常量名、记录类型名、元素名等都称为名字，它们的命名规则必须遵循上述规则。

Visual Basic 不区分变量名和其他名字中字母的大小写，Hello、HeLLO 和 hello 指的是同一个名字。换句话说，就是在定义一个变量后，只要字符相同，不管其大小写，指的都是该变量。为了便于阅读，每个单词的第一个字母一般使用大写，如 PrintDocument。

例 3.1　判断下列变量是否合法。

5ax	错误，不能以数字开头
Int　al	错误，不能出现空格
String	错误，不能使用保留字
Y-z	错误，不允许出现减号
S*t	错误，不允许出现乘号
Asd_er	正确

3.2.2　变量的显式声明和隐式声明

一个变量被命名之后，就要通过变量的声明来说明该变量的存储方式，以便系统将其值存储到计算机的内存中。在 Visual Basic 中，变量的声明可以用专用语句显式声明，也可以采用默认方式隐式声明。

1．变量的显式声明

用语句声明又可以分为以下几种方式。

（1）用 Dim 语句声明变量。

Dim 语句用来在标准模块、窗体模块或过程中声明变量。Dim 语句声明变量的格式为：

　　　　Dim 变量名 As 数据类型

例如：

　　　　Dim i as integer

一条 Dim 语句可以同时声明多个变量，但是每个变量都有其自己独立的数据类型声明，即 Dim 语句可以共用，但是数据类型不能共用。例如：

　　　　Dim i as integer,s as single　　　　等价于

　　　　Dim i%,s!

其中，i 为整型变量，s 为单精度型浮点数变量。

（2）用 Static 语句声明变量。

Static 语句用来在过程中声明静态变量。Static 语句声明变量的格式为：

　　　　Static 变量名 As 数据类型

使用 Static 声明的变量称为静态变量。它与 Dim 语句声明的变量不同之处在于：执行一个过程结束时，过程中用 Static 声明的变量的值会被保存下来，下次再调用该过程时，变量的初值是上次调用该过程结束时被保留的值；而用 Dim 语句声明的变量在过程结束时，变量的值不被保留，每次调用时都会被重新初始化。以下，我们将通过一个示例程序来说明 Static 声明与 Dim 声明的区别。

1）运行 VB，在窗体上添加一个 CommandButton 控件。

2）打开代码编辑器，添加 Command1 控件的 Click 事件过程和代码，如下所示：

```
Private Sub Command1_Click()
    Static I As Integer
    Dim J As Integer
    Print Tab(24); "I="; I, "J="; J
    I = I + 1
    J = J + 1
End Sub
```

分析以上程序代码，当第一次调用该过程时，是第一次单击"Command1"按钮，此时系统对 I 和 J 赋以默认值，均为 0。第一个过程结束后，由于变量 I 为静态变量，其值并不释放，被保留；而变量 J 的值被释放，不保留。第二次单击"Command1"按钮，即再次调用控件的 Click 过程，变量 I 的初始值变为 1，变量 J 的初始值仍为 0。按照这个规律，第 n 次调用程序时，I 的初始值为 n-1，而变量 J 的初始值仍为 0。

按 F5 键运行程序，连续单击 10 次"Command1"按钮，如图 3-1 所示。屏幕上显示了变量 I 和 J 数值的变化过程，可以看到，在第十次单击"Command1"按钮时，I 的初始值已经变为 9，而 J 值仍 0。

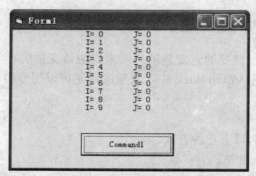

图 3-1　Static 语句与 Dim 语句声明的变量区别示例

（3）用 Public 语句声明变量。

Public 语句用来在标准模块中定义全局变量或数组。Public 语句声明变量的格式为：

Public 变量名 As 数据类型

使用 Public 声明的变量，工程中的所有模块都可以对其引用。如果一个过程或函数使它的值发生了改变，则使用它的其他过程和函数也会受到相应的影响。

以上我们介绍了 Visual Baisc 中定义变量的三种方法。在使用这些方法时，应该注意以下几点：

- 如果一个变量未被显式定义，末尾也没有类型说明符，则隐含地说明为变体（Variant）类型变量。
- 在实际应用中，应该根据需要设置变量的类型。能够使用整型变量的就不要用浮点型或货币型变量；如果要求的精度不高，尽量使用单精度变量。这样不但能够节省内存空间，还能提高处理速度。
- 用类型说明符定义的变量，在使用时可以省略类型说明符。例如，Dim 定义的语句：
  Dim aStr$

定义了一个字符串变量 aStr$，则可以使用 aStr$ 来引用这个变量，也可以用 aStr 来引用这个变量。

2. 变量的隐式声明

在 Visual Basic 中，使用变量不要求对变量都事先声明，不加声明的变量默认为变体（Variant）类型。也可以使用类型声明符（%、&、#、!、@、$）来隐含声明变量的数据类型。例如，I%是一个整型变量，C$是一个字符型变量。在程序中不经声明而使用变量，称为变量的隐式声明。隐式声明一般只适用于局部变量，模块级变量和全局变量必须在代码窗口中用 Dim 或 Public 语句显式声明。

对于初学者来说，变量的隐式声明将使其所编写的程序更加难以阅读和理解。因此，为了使程序具有较好的可读性及利于调试，建议尽量避免使用变量的隐式声明。

3.2.3 用户定义的数据类型

在 Visual Basic 中，除了上述的基本数据类型外，还为用户提供了一种自定义的数据类型。自定义数据类型虽然不能产生新的数据类型，但是可以用它来产生现有数据类型的复合类型。它可以将若干个基本数据类型组合起来成为一个整体，以利于引用。自定义数据类型使用 Type 语句来定义。它的典型形式为：

Type 数据类型名
    数据类型元素名 As 类型名
    数据类型元素名 As 类型名
    ……
End Type

其中"数据类型名"是要定义的数据类型的名字，其命名规则与变量的命名规则相同；"数据类型元素名"也遵守同样的规则；"类型名"可以是任何基本数据类型，也可以是用户定义的类型。

例如，定义一个学生信息的自定义类型：

```
Type StudentInfo
    Name As String
    StudentNumber As Integer
    Class As String
End Type
```

这里 StudentInfo 是一个用户自定义的类型，它由三个元素组成：Name、StudentNumber 和 Class。其中 Name 和 Class 是字符串型，StudentNumber 是整型。

要引用 StudentInfo 类型变量中的某个元素，可以使用以下形式：

    变量名.元素名

例如可以通过下面的形式分别引用该学生的名字、学号和班级信息：

```
Dim Student as StudentInfo
Student.Name              'Student 变量中的学生名字
Student.StudentNumber     'Student 变量中的学生学号
Student.Class             'Student 变量中学生所在的班级
```

3.2.4 常量

Visual Basic 的常量分为字符串常量、数值常量和符号常量。其中数值常量又分为整数型、长整数型、浮点数和货币型数等四种表示方式。以下将逐一介绍。

1. 字符串常量

字符串常量由字符组成，可以是除双引号和回车符之外的任何 ASCII 字符，其长度不能超过 65535 个字符。例如：

```
"$33322.00"
"学习 VB 编程"
```

2. 数值常量

数值常量共有四种表示方式，即整数型、长整数型、货币型和浮点数。

（1）整型常量。

整型常量有十进制、十六进制和八进制三种表现形式。

十进制整型常量是由一个或几个十进制数字（0～9）组成，可以带有正号或负号，其取值范围为-32768～32767。例如，122 和 221。

十六进制整型常量是由一个或几个十六进制数字（0～9 及 A～F 或 a～f）组成，前面冠以&H（或&h），其取值范围为-&HFFFF～&HFFFF。例如，&H23A。

八进制整型常量是由八进制数字（0～7）组成。前面冠以&（或&0），以&结尾。其取值范围为-&177777&～&177777&。例如，&01234&。

（2）长整型常量。

长整型常量也有十进制、十六进制和八进制三种表现形式。

十进制长整型常量的组成与十进制整型的相同，但是取值范围不同，其取值范围为-2147483648～2147483647。例如，1234567 或-2345678。

十六进制长整型常量是由十六进制数字组成。前面冠以&H（或&h），以&结尾。其取值范围（绝对值）为&H0&～&HFFFFFFFF&。例如，&H1234ABC&。

八进制长整型常量是由八进制数字组成。前面冠以&（或&0），以&结尾。其取值范围（绝对值）为&00&～&037777777777&。例如，&01234&。

（3）浮点型常量。

浮点型常量可以分为单精度浮点数和双精度浮点数。浮点数由尾数、指数符号和指数三部分组成。其中，尾数本身也是一个浮点数，指数符号为"E"和"e"（单精度）、"D"或"d"（双精度），指数必须是整数。其取值范围见表 3-1。指数符号的含义为"乘以 10 的 N 次幂"。例如：

4.35E-8

6.243D4

其中，4.35 和 6.243 为尾数，E 和 D 为指数符号，它们分别表示 4.35 乘以 10 的-8 次幂（即 4.35×10^{-8}）和 6.243 乘以 10 的 4 次幂（6.243×10^4）。

（4）货币型常量。

货币型常量是货币类型数据的常量表现形式。取值范围为-922337203685477.5808～922337203685477.5807。

3．符号常量

在 Visual Basic 中，可以定义符号常量，用来代替数值或字符串。一般格式为：

Const 常量名 = 表达式[, 常量名= 表达式]……

其中，"常量名"是一个名字，同变量的命名规则，可以加类型说明符，符号常量习惯上用大写字母进行定义。"表达式"由字符常量、算术运算符（指数运算符"^"除外）、逻辑运算符组成，可以使用字符串，但是不能使用字符串连接符、变量及用户定义的函数或内部函数。例如，使用符号常量 PI 来代替圆周率常数 3.1415926535897，可以按照如下方式定义：

Const PI = 3.1415926535897

这样，在程序中凡是用到圆周率的地方，都可以用 PI 来代替。符号常量习惯上用大写字母来书写。在使用符号常量的时候，需要注意：

在声明符号常量时，可以在常量名后面加上类型说明符，例如：

Const Ten&=10

Const Twenty#=20

前者声明为长整型常量，需要 4 个字节；后者声明为双精度常量，需要 8 个字节。如果不使用类型说明符，则根据表达式的求值结果确定常量类型。字符串表达式总是产生字符串常数；对于数值表达式，则按最简单（即占字节数最少）的类型来表示这个常数。例如，当表达式的值为整数，则该常数被作为整型常数处理。

当在程序中引用符号常量时，通常省略类型说明符。例如，可以通过名字 Ten 和 Twenty 引用上面声明的符号常量 Ten&和 Twenty#。省略类型说明符后，常量的类型取决于 Const 语句中表达式的类型。

类型说明符不是符号常量的一部分，定义符号常量后，在定义变量时要慎重。例如，声明了 Const Num=45，则 Num#、Num%、Num@、Num&和 Num！不能再被用于变量名或者常量名。

3.2.5　变量的作用域

变量的作用域指的是变量的有效范围，即变量的"可见性"。定义了一个变量后，为了能正确地使用变量的值，应当明确可以在程序的什么地方访问该变量。

前面讲过，Visual Basic 应用程序由三种模块组成，即窗体模块（Form）、标准模块（Module）和类模块（Class）。本书不介绍类模块，因此将着重介绍窗体模块和标准模块。窗体模块包括事件过程（Event Procedure）、通用过程（General Procedure）和声明部分（Declaration），而标准模块由通用过程和声明部分组成，它们之间的关系，如图 3-2 所示。根据定义位置和所使用的变量定义语句的不同，Visual Basic 中的变量可以分为三类，即局部（Local）变量、模块（Module）变量和全局（Public）变量，其中模块变量包括窗体模块变量和标准模块变量。各种变量位于不同的层次，以下将逐一介绍。

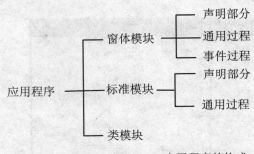

图 3-2　Visual Basic 应用程序的构成

1. 局部变量

在一个过程（事件或者通用过程）内部定义的变量就叫做局部变量，其作用域是它所在的过程。局部变量通常用来存放中间结果或者用作临时变量。某一过程的执行只对该过程的变量产生作用，对其他过程中相同名字的局部变量没有任何影响。因此，在不同的过程中可以定义相同名字的局部变量，它们之间没有任何关系。如果需要，可以通过"过程名.变量名"的形式分别引用不同过程中相同名字的变量。

以下将通过一个实例来熟悉局部变量的作用范围。在这个程序里，有一个窗体和两个命令按钮。两个命令按钮的 Click 事件过程中都定义了两个同名的局部变量 I 和 J，我们将验证两个过程中的同名局部变量 I 和 J 是互相独立的。

（1）运行 VB，在窗体上添加两个 CommandButton 控件。

（2）打开代码编辑器，添加 Form1 的 Paint 过程代码，以及 Command1、Command2 控件的 Click 事件过程和代码，如下所示：

```
'窗体的绘画过程
Private Sub Form_Paint()
    Print "      Command1 的 I 和 J 值              Command2 的 I 和 J 值"
End Sub
'命令按钮 1 的 Click 事件过程，通过点击事件对 I 和 J 变量进行累加
Private Sub Command1_Click()
    Static I As Integer
    Static J As Integer
    Print Tab(5); "I="; I, "J="; J
    I = I + 1
    J = J + 2
End Sub
'命令按钮 2 的 Click 事件过程，通过点击事件对 I 和 J 变量进行累加
Private Sub Command2_Click()
    Static I As Integer
    Static J As Integer
    Print Tab(34); "I="; I, "J="; J
    I = I + 3
    J = J + 4
End Sub
```

分析以上代码，Command1_Click 事件过程中，I 和 J 的值每运行一次，分别增加 1 和 2；而在 Command2_Click 事件过程中，I 和 J 的值每运行一次，分别增加 3 和 4。两个过程的同名局部变量 I 和 J 是分别独立的。按下 F5 键运行程序，轮流单击 Command1 和 Command2 按钮，可以验证以上结果，如图 3-3 所示。

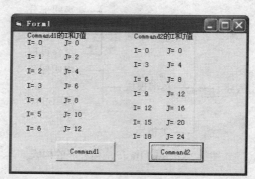

图 3-3   不同过程定义的同名局部变量是相互独立的

2. 模块变量

模块变量包括窗体变量和标准模块变量。

窗体变量可以用于该窗体内的所有过程。一个窗体包含有若干个过程（事件过程或通用过程），这些过程连同窗体一起存入窗体文件（.frm）中。当同一窗体内的不同过程使用相同的变量时，必须定义窗体变量。

在使用窗体变量前，必须先进行声明。窗体变量是不能隐式声明的。其方法是：

在程序代码窗口的"对象"框中选择"通用"，并在"过程"框中选择"声明"，然后就可以在程序代码窗口中声明窗体变量。

标准模块是只含有程序代码的应用程序文件，扩展名为.bas。建立一个标准模块，步骤如下：

（1）执行"工程"菜单中的"添加模块"命令。

（2）在"添加模块"对话框中选择"新建"选项卡。

（3）单击"模块"图标，然后单击"打开"按钮，即可打开标准模块代码窗口，在该窗口中输入代码。

标准模块中模块变量的声明和使用与窗体模块中的窗体变量类似。

在默认情况下，模块变量对该模块中的所有过程都是可见的，但对其他模块中的代码不可见。模块变量在模块的声明部分用 Private 或者 Dim 声明。例如，

   Private intMoudle As Integer

或者

   Dim intMoudle As Integer

在声明模块级变量时，Private 和 Dim 没有什么区别，但是 Private 相对来说好些，因为可以将它与声明全局变量的 Public 区分开来，使得代码具有更强的可读性。

3. 全局变量

全局变量可以被程序中任何一个模块和窗体引用，但它们必须在专门的标准模块文件中用 Public（公用）语句来定义，而不能在窗体中定义。

标准模块由全局变量声明、模块层声明及通用过程等几部分组成。其中全局变量声明放在标准模块的首部，标准模块中的全局变量声明总是在启动时执行。

全局变量声明的一般格式是：

   Public 变量名　As　数据类型

如图 3-4 所定义的全局变量

   Public I As Integer

标准模块在编辑完代码后，可以用"文件"菜单中的"保存文件"命令独立存盘，扩展名为.bas。

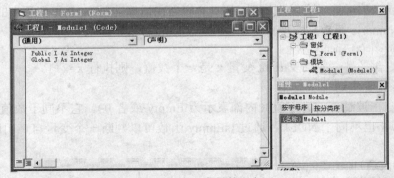

图 3-4　全局变量的定义

3.2.6　变体变量类型

与其他基本数据类型一样，用户也可以定义变体类型（Variant）的变量。

1. Variant 变量的定义

Variant 变量可以用普通数据类型变量的格式定义，也可以采用默认方式定义。例如：

   Dim Change1 As Variant

   Dim Change1

以上两种方式都可以把 Change1 定义为 Variant 变量。如果一个变量未经定义而直接使用，则该变量为 Variant 变量。

在 Variant 变量中可以存放任何类型的数据，包括数值、文本字符串、日期和时间。向 Variant 变量赋值时不必进行任何转换，Visual Basic 自动执行必要的转换。例如：

```
'存入有效字符串
Change1 = "100"
'Change1 变为数值 50
Change1 = Change1 - 50
'Change1 变为字符串 123A50
Change1 = "123A" + Change1
```

从以上代码可以看出，随着赋值的不同，变体变量的类型也在不停变化，这就是"变体数据类型"的含义。

Variant 变量用起来很方便，因为在对它赋值的时候，不需要考虑类型转换的问题。但是它的使用也存在以下一些问题：

如果对 Variant 变量进行算术运算，则需要保证变量中存放的是某种形式的数值，包括整数、浮点数、定点数或可以解释为数值的字符串。如果 Variant 变量中的内容是 ABC，则不能对其进行算术运算，因为 ABC 不是有效的数值。

运算符"+"既可以用于数值相加，也可以用于字符串连接，当在两个 Variant 变量之间使用"+"运算时，其结果将取决于两个变量的内容。为了避免这种情况的出现，在进行字符串连接时，最好使用"&"。

2．Variant 变量中的数值

在 Variant 变量中存放数值时，Visual Basic 以紧凑的方式存储。如果是较小的整数，则以 Integer 类型存储，而较大的或带有小数部分的数值则用 Long 类型或 Double 类型存储。

如果需要用指定的类型来存储 Variant 变量的值，则必须用类型转换函数。如果 Variant 变量中存放的不是数值或可以解释为数值的内容（如日期/时间或含有数字的字符串），则对其进行算术运算或函数运算时会发生错误。因此，应当在运算前对 Variant 变量中的值进行判断，这可以通过 IsNumeric 函数来实现。例如：

```
If IsNumeric(x) Then x = x + 1
```

上述语句的含义是，如果 Variant 变量 x 是一个数值，则执行 x=x+1。

3．Variant 变量中的空值

Variant 变量在被赋值前为空值（内部表示为 Empty 或者 0），它不同于数值 0，不同于空的字符串（" "），也不同于 NULL，通过 IsEmpty 函数可以判断一个变量自声明以来是否被赋值过：

```
If IsEmpty(Y) then Y=0
```

当 Variant 变量为空值时，可以用在表达式中，Visual Basic 将根据具体情况来解释为数值 0 或者空字符串。如果将一个空值 Variant 变量赋值给一个非空值 Variant 变量，后者将变为空值。

3.3   常用内部函数

Visual Basic 提供了大量的函数与语句。在这些函数中，有些是通用的，有些则与某种操作相关，大体上可以分为 5 类：数学函数、转换函数、字符串函数、日期和时间函数、随机数函数。以下将简要介绍这些函数的功能。

3.3.1 数学函数

数学函数可以用来进行一些基本的数学运算，如求三角函数、绝对值、平方根、对数、指数以及对数值进行取整处理或者符号处理等。表 3-2 列出了 Visual Basic 中常用的数学函数。

表 3-2 常用的数学函数

函数	功能
Sin(x)	返回自变量 x 的正弦值，x 为弧度值
Cos(x)	返回自变量 x 的余弦值，x 为弧度值
Tan(x)	返回自变量 x 的正切值，x 为弧度值
Atn(x)	返回自变量 x 的反正切值，单位为弧度
Abs(x)	返回自变量 x 的绝对值
Sgn(x)	返回自变量 x 的符号，即当 x 为负数时，返回-1；当 x 为 0 时，返回 0；当 x 为正数时，返回 1
Sqr(x)	返回自变量 x 的平方根，x 必须大于或等于 0
Exp(x)	返回以 e 为底，以 x 为指数的值，即求 e 的 x 次方
Fix(x)	返回参数的整数部分（向上取整）
Log(x)	以 e 为底的自然对数
Int(x)	返回参数的整数部分（向下取整）
Round(x)	四舍五入取整

说明： 三角函数的自变量 x 是一个数值表达式。其中 sin、cos 和 tan 的自变量是以弧度为单位的角度，而 Atn 函数的自变量是正切值，它返回正切值为 x 的角度，以弧度为单位。在一般情况下，自变量以角度给出，可以用以下公式转换为弧度：1 度=π/180=3.14159/180（弧度）。

例 3.2 求下列函数的值。

```
Abs(-3.5)        结果为：3.5
sqr(9)           结果为：3
sqr(-4)          出错，参数不能为负数
sin60°           Sin(3.14159/180*60)
Fix(-9.6)        结果为：-9
Int(-9.6)        结果为：-10
Round(3.5)       结果为：4
```

3.3.2 随机数函数

随机数函数 Rnd(x)主要用来产生一个随机数，其中参数 x 是一个实型数，可以省略。Rnd(x) 函数产生一个 0～1 之间（包括 0 但不包括 1）的单精度随机数。每一次要产生的随机数受参数 x 的影响。具体影响情况如下：

当 x<0 时，每次产生的随机数相同。

当 x=0 时，所产生的随机数与上次产生的随机数相同。

当 x>0 或者省略时，产生下一个随机数。

如果需要产生一个随机整数，可以通过把随机数乘以一个整数求得。例如，用语句 "Int(Rnd*整数)+1"可以产生 1～"整数"范围内的随机数。

在 Visual Basic 中，与 Rnd(x)函数配套使用的还有一个 Randomize(x)函数。Randomize(x)

函数可以消除 Rnd(x)函数使用时重复出现同一序列随机数的现象。参数 x 是一个整型数，它是随机数发生器的"种子数"，可以省略。如果省略，则 Visual Basic 取 Timer 整数（返回从午夜开始到现在经过的秒数）的时间值作为新随机数的种子数。由于内部时钟在不停地变化，所以每次执行时随机数种子数也不相同，从而可以产生不同的随机数序列。如果给出种子数（x 不省略），则产生与 x 对应的一个特定序列的随机数。

产生一定范围内的随机数，公式为：

Int(Rnd*范围+基数)

例如：产生［30～50］之间的随机数

Int(Rnd*21+30)

3.3.3 转换函数

转换函数主要用于类型或者形式的转换，如将十进制转换成十六进制，将字符转换成对应的 ASCII 码等。表 3-3 列出了 Visual Basic 中常用的转换函数。

表 3-3 常用的转换函数

函数	功能
Lcase(x)	将大写字母转换成小写字母，已符合要求的字母保持不变
Ucase(x)	将小写字母转换成大写字母，已符合要求的字母保持不变
Hex$(x)	把一个十进制数转换为十六进制数
Oct$(x)	把一个十进制数转换为八进制数
Asc(x$)	返回字符串 x$中第一个字符的 ASCII 码值
Chr$(x)	把 x 的值转换为相应的 ASCII 字符
Str$(x)	把 x 的值转换为一个字符串
Cint(x)	把 x 的小数部分四舍五入，转换为整数
Ccur(x)	把 x 的值转换为货币类型值，小数部分最多保留四位，且自动四舍五入
CDbl(x)	把 x 值转换为双精度数
CLng(x)	把 x 的小数部分四舍五入转换为长整型数
CSng(x)	把 x 值转换为单精度数
Cvar(x)	把 x 值转换为变体类型值
Val(x)	把字符串转换成数值

例 3.3 求下列函数的值。

```
Asc("A")              结果：65
Chr(97)               结果：a
Asc(Chr(122))         结果：122
Asc("Abcd123")        结果：65
Asc("asdf")           结果：97
str(256)              "_256"
str(-256.90000)       "-256.9 "
val("1.2sa10")        1.2
val("abc123")         0
val("-1.2e3eg")       -1200
val("-1.2ee3eg")      -1.2
```

3.3.4　字符串函数

字符串函数主要用于对字符串进行操作和处理。例如，取得字符串长度、删除字符串中的空格以及截取字符串等。表 3-4 列出了 Visual Basic 中常用的字符串函数。

表 3-4　常用的字符串函数

函数	功能
LTrim$(字符串)	去掉字符串左边的空格
RTrim$(字符串)	去掉字符串右边的空格
Left$(字符串,n)	取字符串左边的 n 个字符
Right$(字符串,n)	取字符串右边的 n 个字符
Mid$(字符串,p,n)	从位置 p 开始取字符串的 n 个字符
Len(字符串)	测试字符串的长度
String$(n,字符串)	返回由 n 个字符组成的字符串
Space$(n)	返回 n 个空格
InStr(字符串 1,字符串 2)	在字符串 1 中查找字符串 2

例 3.4　求下列函数的值

Left("ABCDE",2)	结果为："AB"
Right("ABCDE",2)	结果为："DE"
Mid("ABCDE",2,3)	结果为："BCD"
Len("ABCDE")	结果为：5
String(3, "ABC")	结果为：AAA
Instr("ABCDEFG", "CDE")	结果是：3

3.3.5　日期和时间函数

日期和时间函数主要用于对日期和时间进行处理。表 3-5 列出了 Visual Basic 中常用的日期和时间处理函数。

表 3-5　日期和时间处理函数

函数	功能
Day(Now)	返回当前的日期
WeekDay(Now)	返回当前的星期
Month(Now)	返回当前的月份
Year(Now)	返回当前的年份
Hour(Now)	返回小时（0～23）
Minute(Now)	返回分（0～59）
Second(Now)	返回秒（0～59）

3.4　运算符与表达式

运算（即操作）是对数据的加工。最基本的运算形式可以用一些简洁的符号来描述，这些符号称为运算符或操作符，被运算的数据称为运算量或操作数。由运算符和操作数组成的表达式描述了对哪些数据，以何种顺序进行什么样的操作。操作数可以是常量也可以是变量，还可以是函数。例如：I+1、J+Cos(x)、X=I+J、PI*r*r 等均为表达式，此外单个变量或常量也可以看成是表达式。

Visual Basic 提供了丰富的运算符，可以构成多种表达式。

3.4.1　算术运算符

算术运算符是最常用的运算符，用来执行简单的算术运算。Visual Basic 提供了 8 种算术运算符，见表 3-6。

表 3-6　算术运算符

算术运算	运算符	表达式例子	优先级
指数运算	^	X^Y	1
取负运算	−	−X	2
乘法运算	*	X*Y	3
浮点除法运算	/	X/Y	3
整数除法运算	\	X\Y	4
取模运算	Mod	X Mod Y	5
加法运算	+	X+Y	6
减法运算	−	X-Y	6

在 8 种运算符中，除取负运算符是单目运算符外，其他均为双目运算符（即需要两个操作数）。加、减、乘、除运算符与数学中的含义基本相同，下面介绍其他几种运算符的操作。

1. 指数运算

指数运算用来计算乘方和方根，其运算符为^，2^3 表示 2 的 3 次方，而 2^(1/3)是计算 2 的 3 次方根。当指数是一个表达式时，必须加上括号，如 x 的 y+z 次方，必须写作 x^(y+z)，而不能写成 x^y+z，后者的含义是 x 的 y 次方值与 z 相加。例：5^2 的结果为 25。

2. 浮点数除法与整数除法

浮点数除法运算符"/"执行标准除法操作，其结果为浮点数，例如，表达式 3/2 的结果是 1.5，与数学中的除法一样。整数除法运算符"\"执行整除运算，结果为整型值。因此，表达式 3/2 的结果是 1，而不是 1.5。整数除法的操作数一般是整型值，当操作数带有小数时，首先被四舍五入为整型数或长整型数，然后进行整除运算，运算结果被截断为整型数或长整型数，不进行四舍五入处理。例：10/3 的结果为：3.33333；10\3 的结果为：3。

3. 取模运算

取模运算符 Mod 又称为求余运算符，其结果为第一个操作数整除第二个操作数所得的余数。例如，如果用 7 除 4，余数为 3，则 7 Mod 4 的结果为 3。再如表达式 13.3 Mod 2.99，首先通过四舍五入把 13.3 和 2.99 分别变为 13 和 3，故上式的结果为 1。

4. 运算符的优先级

Visual Basic 规定了运算符的优先级和结合性，在表达式求值时，先按运算符的优先级高低次序执行。在表 3.6 中列出的 8 种运算符中，其优先级从上往下依次降低，其中乘和浮点除是同级运算符，加和减是同级运算符。当一个表达式中含有上述多种运算符时，必须严格按照上述顺序求值，如先乘除后加减，在表达式 a-b*c 中，左侧为减号，右侧是乘号，而乘号优先于减号，因此，该表达式相当于 a-(b*c)。此外，如果表达式中含有括号，则先计算括号中的表达式；有多层括号时，先计算内层括号内表达式的值。

3.4.2　关系运算符和逻辑运算符

关系运算符也称为比较运算符，用来对两个表达式的大小进行比较，比较的结果是一个逻辑值，即真（True）或假（False），用关系运算符将关系表达式或逻辑量连接起来就是关系表达式。Visual Basic 提供了 6 种关系运算符，见表 3-7。

表 3-7　关系运算符

运算符	测试关系	表达式例子
=	等于	X=Y
<>	不等于	X<>Y
<	小于	X<Y
>	大于	X>Y
<=	小于或等于	X<=Y
>=	大于或等于	X>=Y
Like	比较样式	Visual Basic 6.0 新增的比较符
Is	比较对象变量	Visual Basic 6.0 新增的比较符

用关系运算符连接的两个算术表达式所组成的式子称为关系表达式。关系表达式的运算结果是一个布尔值，即 True 或 False。Visual Basic 把任何非 0 值都认为是"真"，但一般以"-1"表示真，以"0"表示假。关系运算符既可以进行数值的比较，也可以进行字符串的比较。

关于优先次序，前两种关系运算符(=, <>)的优先级别相同，后 4 种关系运算符(<, >, <=, >=)的优先级别也相同。但前两种关系运算符的优先级别低于后四种关系运算符。

关系运算符的优先级低于算术运算符。

关系运算符的优先级高于赋值运算符(=)。

字符串比较，则按字符的 ASCII 码值从左到右一一比较，直到出现不同的字符为止。例：

"ABCDE" > "ABRA"　　结果为 False

3.4.3　逻辑运算符

逻辑运算也称为布尔运算，其作用是将操作数进行逻辑运算，结果是逻辑值 True（真）或 False（假）。用逻辑运算符将关系表达式或逻辑量连接起来的式子称为逻辑表达式，也称布尔表达式。Visual Basic 提供的逻辑运算符有 5 种，见表 3-8。

表 3-8　逻辑运算符

运算符	说明
Not	非，由真变假或由假变真
And	与，两个表达式同时为真时值为真，否则为假
Or	或，两个表达式都为假时值为假，否则为真
Xor	异或，两个表达式同时为真或同时为假，值为假，否则为真
Eqv	等价，两个表达式同时为真或同时为假，值为真，否则为假

3.4.4 字符串运算符

字符串运算符有两个："&"和"+"，它们都是将两个字符串拼接起来。注意：变量与&之间要加一个空格。

例 3.5

```
"123" + "456"        结果 "123456"
"123" & "456"        结果 "123456"
```

区别："+"两边的操作数必须是字符串，只要有一个不是字符串，则进行加法运算。当进行加法运算时，如无法转换为数值型，则出错。"&"不管两个操作数是什么类型都将进行连接运算。

例 3.6

```
"abcdef" + 12345       出错
"abcdef" & 12345       结果为 "abcdef12345"
"123" + 456            结果为 579
"123" & 456            结果为 "123456"
```

3.4.5 表达式

在 Visual Basic 中，与运算符相对应，表达式有算术表达式、关系表达式和逻辑表达式三种。

算术表达式由算术运算符、数值型常量、变量、函数和圆括号组成，其运算结果为数值。在算术表达式中，如果操作数具有不同的数据精度，那么按照 Visual Basic 的规定，运算结果的数据类型采用精度高的数据类型。还可由字符串常量、字符串变量、字符串函数和连接运算符组成算术表达式中的特例——字符串表达式。

关系表达式是用关系运算符将两个表达式连接起来，并对两个表达式的值进行比较的式子，比较的结果是一个布尔值（True 或 False）。

逻辑表达式是用逻辑运算符连接若干个关系表达式或布尔值构成的式子，运算结果是一个布尔值（True 或 False）。

3.4.6 表达式的执行顺序

一个表达式可能含有多种运算，计算机按照一定的顺序对表达式进行求值。一般运算顺序如下：

（1）先进行函数运算。

（2）然后进行算术运算。算术运算的顺序为：

幂（^）→取负（-）→乘、浮点除（*、/）→整除（\）→取模（Mod）→加、减（+、-）→连接（&）。

（3）进行关系运算（=、>、<、<>、<=、>=）。

（4）进行逻辑运算，顺序为：Not→And→Or→XOR。

在进行运算的时候，需要注意以下几点：

● 当乘法和除法同时出现在表达式中时，按照它们从左到右出现的顺序进行计算。用括号可以改变表达式的优先顺序，强制某些低级的运算优先执行。括号内的运算总是优先于括号外的运算。

- 字符串连接运算符（&）不是算术运算符，它的优先顺序位于所有算术运算符之后，而在所有关系运算符之前。
- Like 的优先顺序与所有关系运算符都相同，实际上是模式匹配运算符。Is 运算符是对象引用的关系运算符。它并不将对象或者对象的值进行比较，而只是确定两个对象引用是否参照了相同的对象。
- 上述操作顺序有一个例外，就是当幂和负数相邻时，负号优先。
- 乘号（*）不能省略，也不能用"·"代替。
- 在一般情况下，不允许两个运算符相连，应当用括号隔开。
- 括号可以改变运算顺序。在表达式中只能使用圆括号，不能使用方括号或大括号。
- 幂运算符表示自乘，如 A^B 表示 A 的 B 次方，即 B 个 A 连乘。当 A 和 B 不是单个常量或者变量时，用括号括起来，例如(A+B)^(C+D)。

3.5　常用语句

3.5.1　赋值语句

赋值语句是程序设计中最基本、最常用的语句。用赋值语句可以把指定的值赋给某个变量或者带有属性的对象。赋值语句的一般使用格式有以下三种：

1. 给变量赋值

该过程是将右边表达式的值赋给左边的变量，形式如下：

变量=表达式

例如：

```
Dim A As Integer
Dim B As Integer
A = Val("10")    '将字符串"10"转化为数值
B = 3.14159    'B 为整型变量，系统进行强制转换时，自动将浮点数进行四舍五入，结果 B 的值为 3
```

2. 为对象的属性赋值

在 Visual Basic 应用程序的设计中，可以在程序中用赋值语句为对象的属性设置属性值。形式如下：

对象名.属性名=属性值

例如，可以为命令按钮 Command1 的 Caption 属性设置一个新值：

```
Command1.Caption = "显示"
```

也可以把数值变量 A 转换为字符串赋给带有 Text 属性的对象：

```
Text1.Text=Str$(A)
```

3. 为用户自定义类型声明的变量的各元素赋值

为用户自定义类型声明的变量的各元素赋值，其形式如下：

变量名.元素名=表达式

例如，本章节中所定义的自定义类型 StudentInfo，先进行变量声明"Dim student as StudentInfo"，定义了 StudentInfo 类型的自定义变量后，就可以通过以下赋值语句给 student 变量中的 Name（姓名）成员赋值了：

```
student.Name = "李四"
```

3.5.2 注释语句

为了便于对程序的阅读和理解，通常编程人员会在程序的适当位置加上必要的注释。Visual Basic 中的注释语句以 Rem 或'开头，之后紧跟注释内容。其一般格式为：

Rem 注释内容
'注释内容

例如：

'This is a rem
Rem 这是一个注释内容

注释语句是非执行语句，用来对程序的有关语句进行注释。虽然在程序清单中注释内容会被完整的列出，但它不被解释和编译。任何字符（含中文字符）都可以放在注释行中作为注释内容。注释语句一般放在过程或模块的开头作为标题用，可以放在一些执行语句的后面作为备注。放在执行语句后面时，注释语句必须是最后一个语句。此外还需要注意的是，注释语句不能放在续行符的后面。

3.5.3 暂停语句

暂停语句是用来暂停程序的执行，也就是 Stop 语句。暂停语句的作用类似于执行"运行"菜单中的"中断"命令。当执行暂停语句时，将自动打开立即窗口。暂停语句的使用格式如下：

Stop

在 Visual Basic 的解释系统中，暂停语句保持文件打开，并且不退出 Visual Basic 开发环境。因此，可以在调试程序时使用 Stop 语句设置断点，以便对程序进行检查和调试。但是，如果在可执行文件（扩展名为.exe）中含有 Stop 语句时，所有文件都将关闭。因此，当一个应用程序通过编译并且能够正常运行、不需要再进入中断模式时，最好删去程序源代码中的所有 Stop 语句，然后再编译程序，并生成新的可执行文件。

3.5.4 结束语句

结束语句通常用来结束一个程序的执行，即 End 语句。结束语句的使用格式如下：

End

例如：

Private Sub Command1_Click()
    End
End Sub

Command1 控件的 Click 过程用来结束程序，即单击 Command1 控件时，程序将结束。

结束语句除了用来结束程序外，还可以用于其他一些方面。例如，用于结束一个 Sub 过程（End Sub）、结束一个 Function 过程（End Function）、结束一个 If 语句块（End If）、结束自定义类型的定义（End Type）和结束情况选择语句（End Select）等。

习题三

一、选择题

1. 执行语句 Dim x, y As Integer 后，（   ）。（2009.3）

A．x 和 y 均被定义为整型变量

B．x 和 y 均被定义为变体类型变量

C．x 被定义为整型变量，y 被定义为变体类型变量

D．x 被定义为变体类型变量，y 被定义为整型变量

2．以下关系表达式中，其值为 True 的是（ ）。（2009.3）

A．"XYZ">"XYz"　　　　　　　　B．"VisualBasic"<>"visualbasic"

C．"the"="there"　　　　　　　　D．"Integer"<"Int"

3．执行以下程序段

```
a$ = "Visual Basic Programming"
b$ = "C++"
c$ = UCase(Left(a, 7) & b & Right(a, 12))
```

后，变量 C 的值为（ ）。（2009.3）

A．Visual BASIC Programming

B．Visual C++ Programming

C．VISUAL C++ PROGRAMMING

D．VISUAL BASIC PROGRAMMING

4．若变量 a 未事先定义而直接使用（例如：a = 0），则变量 a 的类型是（ ）。（2008.9）

A．Integer　　　B．String　　　C．Boolean　　　D．Variant

5．表达式 2*3^2+4*2/2+3^2 的值是（ ）。（2008.09）

A．30　　　　　B．31　　　　　C．49　　　　　D．48

6．为把圆周率的近似值 3.14159 存放在变量 pi 中，应该把变量 pi 定义为（ ）。（2008.9）

A．Dim pi As Integer　　　　　　B．Dim pi(7) As Integer

C．Dim pi As Single　　　　　　D．Dim pi As Long

7．在 Visual Basic 中，表达式 3*2\5 mod 3 的值是（ ）。（2008.4）

A．1　　　　　B．0　　　　　C．0　　　　　D．出现错误提示

8．以下选项中，不合法的 Visual Basic 的变量名是（ ）。（2008.4）

A．a5b　　　　B．_xyz　　　　C．a_b　　　　D．andif

9．下列可以正确定义 2 个整型变量和 1 个字符串变量的语句是（ ）。（2007.4）

A．Dim n, m As Integer, s As String

B．Dim a%, b$, c As String

C．Dim a As Integer, b, c As String

D．Dim x%, y As Integer, z As String

10．下列表达式中不能判断 x 是否为偶数的是（ ）。（2007.4）

A．x/2=Int(x/2)　　　　　　　　B．x Mod 2 = 0

C．Fix(x/2) = x/2　　　　　　　D．x\2 = 0

11．设 a=2，b=3，c=4，下列表达式的值是（ ）。（2006.9）

Not a <= c Or 4 * c = b ^ 2 And b <> a + c

A．-1　　　　　B．1　　　　　C．True　　　　　D．False

12．有下列用户定义类型：

```
Type student
    number As String
```

```
        name As String
        age As Integer
    End Type
```

则下列正确引用该类型成员的代码是（　　　　）。（2006.9）

A.　student.name = "李明"

B.　Dim s As student
　　　s.name = "李明"

C.　Dim s As Type student
　　　s.name = "李明"

D.　Dim s As Type
　　　s.name = "李明"

二、填空题

1．描述"X 是小于 100 的非负整数"的 Visual Basic 表达式是_____。（2006.9）

2．下列语句的输出结果是_____。（2006.4）
　　Print Format(Int(12345.6789 * 100 + 0.5) / 100, "00,000.00");

3．Print DateDiff("m", #2002/09/24#, #2002/09/25#)输出结果为_____。

第 4 章 数据输入输出

一个计算机程序通常可分为三部分，即输入、处理和输出。Visual Basic的数据输入与输出有着十分丰富的内容和形式，它提供了多种手段，并可通过各种控件实现输入与输出操作，使输入与输出灵活、多样、方便、形象直观。计算机通过输入操作接收数据，然后对数据进行处理，并将处理完的数据以完整有效的方式提供给用户，即输出。在这一章里，将主要介绍窗体的输入与输出操作。

4.1 数据输入 InputBox 函数

InputBox 函数的作用是打开一个对话框，等待用户输入内容，函数返回所输入的值。其返回值的类型为字符串，使用的一般格式为：

InputBox(prompt[,title][,default][,xpos,ypos])

以上语句中，各参数的含义如下：

- prompt：是一个字符串表达式，其值作为提示信息显示在输入框上，不可省略。如果提示信息占用多行，则可插入回车换行操作符"Chr(13)+Chr(10)"。
- title：字符串表达式，其值作为对话框的标题显示在对话框顶部标题区，可省略。
- default：字符串表达式，可省略，其值作为默认内容显示在文本框中，如果省略 default，则文本框初始值为空。
- xpos 与 ypos：可省略，都是数值表达式，成对出现，分别指对话框的左边与屏幕左边的水平距离和对话框的上边与屏幕上边的垂直距离。如果省略 xpos，则对话框会在水平方向居中，如果省略 ypos，则对话框会在屏幕垂直方向距上边大约三分之一的位置。

例如以下代码，将实现 InputBox 窗口的弹出和显示：

```
Private Sub Form_Click()
    t = "输入您的药品名称" & Chr(13) + Chr(10) + "输入完毕后，请您按下回车键确认"
    InputBox (t)
End Sub
```

运行程序后，单击窗体，将弹出如图 4-1 所示的对话框。

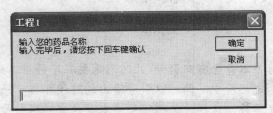

图 4-1 InputBox 函数对话框

使用 InputBox 函数需要注意以下几点：

- InputBox 函数返回一个字符串类型的值，因此，如果要使用 InputBox 函数输入数值，在进行运算前要用 Val 函数将其转换为相应类型的数值。如果对接收其返回值的变量类型进行了声明（或添加类型声明符），则不必进行类型转换。

4.2　数据输出

在 Visual Basic 中，数据的输出主要通过 Print 方法来实现。该方法可以用于窗体，也可以用于其他对象。以下将详细介绍 Print 方法的应用，尤其是在窗体中的应用。

4.2.1　Print 方法

Print 方法主要用于在窗体、图片框或打印机上输出文本字符串、表达式的值等信息。Print 方法的使用格式为：

[对象名.]Print[表达式][,|;]

Print 方法可以用于输出操作。其中：

- 对象名指的是窗体（Form）、图片框（PictureBox）或打印机（Printer）等对象，也可以是立即窗口（Debug），如果缺省该项，则默认对象为代码所在的当前窗体。例如：
  ①Picture1.Print "Welcome to Bao Tou Medical College"
  ②Print " Welcome to Bao Tou Medical College "
  ③Debug.Print "Welcome to Bao Tou Medical College "
  ④Printer.Print "Welcome to Bao Tou Medical College "

执行语句①，将在 Picture1 控件上显示"Welcome to Bao Tou Medical College"字符串。如果省略"对象名称"，则在当前窗体上输出，如语句②。如果在立即窗口或打印机中输出字符串，则执行语句③或④。

- "表达式"是一个或者几个表达式，可以是数值表达式或者字符串，如果省略"表达式"，默认输出一个空行。如果是数值表达式，则输出表达式的值；如果是字符串，则原样输出。

当输出多个表达式时，各表达式之间用";"或者","分隔。如果各表达式之间用";"分隔，则按照紧凑格式输出，即各表达式之间无间隔。如果各表达式之间用的是","分隔，则按照标准格式显示数据项，即各表达式之间间隔 14 列。例如：

Print "a", "b", "c", "abc"; "A"; "B"; "C"
Print
Print "a", "b", "c", "abc"; "A"; "B"; "C"

执行以上语句，输出结果为：

a　　　　　b　　　　　c　　　　　abcABC

a　　　　　b　　　　　c　　　　　abcABC

注意：

- 如果输出的字符串本身含有双引号，此时则需要在字符串本身的基础上添加两对双引号（在字符串的定界符中，两对双引号输出的时候相当于一对双引号）。然后再加上字符串本身的定界符，这样才使得字符串本身包含的双引号输出。例如：

Print """ABC"""
输出为：
"ABC"

- Print 方法同时具有计算和输出的双重功能，但没有赋值功能。用 Print 方法输出一个表达式时，程序将先计算表达式的结果，然后再输出。

Print 1+2

输出结果为：

3

- 在一般情况下，每次 Print 方法被执行后会自动换行，为了仍在同一行上显示，可以在表达式末尾加上一个分号或逗号。例如：

Print "1+2=",
Print 1 + 2
Print "1+2=";
Print 1 + 2

输出结果为：

1+2=　　　　　　　3
1+2= 3

例 4.1　在当前窗体输出如图 4-2 所示的四行四列的三角形图。

```
Private Sub Form_Click()
Print "▲▲▲▲"
Print "▲▲▲▲"
Print "▲▲▲▲"
Print "▲▲▲▲"
End Sub
```

图 4-2　print 方法输出星状图示例

注意：此例中，对象是窗体，事件是 Click，使用的方法是 Print，结果在窗体中显示，若 Load 事件与 Print 方法结合使用时，则必须将窗体的"AutoRedraw"属性设置为 True，该属性的默认值为 False。

例 4.2　分析以下语句的输出结果。

```
Print   Int(12345.6789*100+0.5)/100
```

解析：12345.6789*100+0.5=1234568.39,Int(12345.6789*100+0.5)=1234568，最后结果为 12345.68。

答案：12345.68

4.2.2　与 Print 方法有关的函数

为了使数据的输出更加灵活和多样化，Visual Basic 还提供了几个与 Print 方法配合使用的函数，Tab、Spc 以及 Space。以下将详细介绍这些函数。与 Print 相关的定位函数后面往往采用";"间隔，表示后面输出的表达式的值将在刚定位的位置上输出。

1. Tab 函数

格式：**Tab(n)**

Tab 是绝对定位函数。在 Print 方法中使用该函数表示将输出内容的位置定位到第 n 列，如果该函数所处位置的前一项已经输出到第 m 个字符的位置上，而 n 的值小于等于 m，则输出位置定位到下一行的第 n 列。

- 当在一个 Print 方法中有多个 Tab 函数时，每个 Tab 函数对应一个输出项，各输出项之间用";"分隔。

例 4.3　通过一个显示个人信息的程序来熟悉 Tab 函数的使用。

（1）用户界面的设计。启动 VB，在"新建工程"对话框中选择"标准 EXE"选项，单击"打开"按钮。此时新建窗体的名称属性和标题属性的默认值均为 Form1。为程序添加一个 Picture 控件和一个 CommandButton 控件。

（2）代码的设计。双击 Command1 命令按钮控件，在代码区添加如下语句：

```
Private Sub Command1_Click()
    Picture1.FontName = "黑体"
    Picture1.FontSize = 13
    Picture1.Print Tab(5); "专业"; Tab(15); "姓名"; Tab(30); "年龄"
    Picture1.Print
    Picture1.Print Tab(5); "临床"; Tab(15); "张三"; Tab(30); "19"
End Sub
```

以上程序的主要功能是为了在 Picture1 控件中按照一定的格式输出某个人的信息。按 F5 键运行程序，显示的结果如图 4-3 所示。

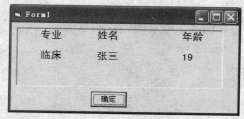

图 4-3　Tab 函数输出结果示例

2. Spc 函数

格式：**Spc(n)**

在 Print 输出中，用 Spc 函数可以跳过 n 个空格。

例 4.4　将上面 Tab 函数的例子中的 Tab 函数换成 Spc 函数。

```
Private Sub Command1_Click()
    Picture1.FontSize = 13
    Picture1.Print Tab(5); "专业"; Tab(15); "姓名"; Tab(30); "年龄"
    Picture1.Print
    Picture1.Print Spc(5); "临床"; Spc(15); "张三"; Spc(30); "19"
End Sub
```

运行程序，显示的结果如图 4-4 所示。

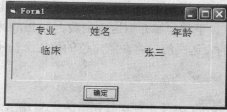

图 4-4　Spc 函数和 Tab 函数的输出结果比较

注意：Tab 函数从对象的左端开始计数，而 Spc 函数值表示两个输出内容之间的空格。

3. 空格函数 Space

格式：**Space(n)**

Space 函数产生指定数量的空格，有返回值，可以进行字符串之间的连接；而 Spc 函数产生跳过指定数量的空格，没有函数返回值。若定义 a 为字符型变量，则可以有表达式 a=Space(5)，不可以出现 a=Spc(5)。

4. 格式输出函数 Format

格式：**Format(表达式，格式字符串)**

Format 函数的作用是使"表达式"按照"格式字符串"指定的格式输出。

表达式：要格式化的数值、日期和字符串类型的表达式。

格式字符串：表示按其指定的格式输出表达式的值。分为三类：数值格式、日期格式和字符串格式，格式字符串两旁要加双引号。具体的格式说明见表 4-1。

表 4-1　Format 函数格式说明字符

字符	作用	例句	输出结果
#	数字；不在前面或后面补 0	Print Format(1234 , "########")	1234
0	数字；在前面或后面补 0	Print Format(1234 , "00000000")	00001234
.	小数点	Print Format(123.4, "###.#")	123.4
,	千位分隔符	Print Format(1234.5, "#,###.##")	1,234.5
%	百分比符号	Print Format(0.123, "00.0%")	12.3%
$	美元符号	Print Format(123.4, " $###0.00")	$123.40
–	负号	Print Format(123.4, "-###0.00")	-123.40
+	正号	Print Format(123.4, "+###0.00")	+123.40
E+	指数符号	Print Format(123.4, "0.00E+0")	1.23E+02
E–	指数符号	Print Format(123.4, "0.00E-0")	1.23E02

对于表 4-1 中的结果，可以用以下代码来验证：

```
Private Sub Command1_Click()
    Print Format(1234, "########")
    Print Format(1234, "00000000")
    Print Format(123.4, "###.#")
    Print Format(1234.5, "#,###.##")
    Print Format(0.123, "00.0%")
    Print Format(123.4, "$###0.00")
    Print Format(123.4, "-###0.00")
    Print Format(123.4, "+###0.00")
    Print Format(123.4, "0.00E+00")
    Print Format(123.4, "0.00E-00")
End Sub
```

运行上述代码，输出结果如图 4-5 所示。

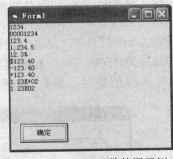

图 4-5　Format 函数使用示例

4.2.3　其他方法

1. Cls 方法

格式：**[对象.]Cls**

功能：清除由 Print 方法显示的内容或在图片框中显示的图形，并把光标移到对象的左上角。这里的"对象"是窗体或图片框，如果省略"对象"，则清除当前窗体内的显示内容。

说明：当窗体的背景是用 Picture 属性输入的图形时，不能用 Cls 方法清除，只能通过

LoadPicture 函数清除。

2．Move 方法

格式：**[对象.]Move 左边距离[,上边距离[,宽度[,高度]]]**

Move 方法用来移动窗体和控件对象，并可改变其大小。其中"对象"可以是窗体及除计时器（Timer）、菜单（Menu）之外的所有控件，如果省略"对象"，则表示要移动的是窗体，移动的单位是"twip"。如果"对象"是窗体，则移动的基准是屏幕，如果"对象"是控件，则移动的基准是窗体。关于 Move 方法中涉及到的边距和宽度等属性，如图 4-6 所示。

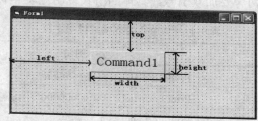

图 4-6　Move 方法参照的属性

例 4.5　通过一个实例演示来说明如何移动一个 Label 控件和一个 TextBox 控件。

（1）用户界面的设计。新建工程，在窗体上添加一个 Label 控件和一个 TextBox 控件。两个控件的位置可以任意摆放，如图 4-7 所示。

（2）代码的设计。在代码区添加如下语句：

```
Private Sub Form_Click()
    Move 1000, 1000, 4000, 2500
    Text1.Move 200, 500, 1500, 200
    Label1.Move 2000, 500, 1500, 1000
    Label1.Caption = "  Been Changed"
    Text1.Text = ""
End Sub
```

以上程序的主要功能是通过代码实现窗体内控件大小和位置的重新排列。该过程首先把窗体移动到屏幕的（1000,1000）处，并且设置窗体的宽度和高度分别为：4000、2500。然后，程序将 Text1 控件和 Label1 控件分别移动到（200,500）、（2000,500）的位置，Text1 控件的宽度和高度为 1500、200，Label1 控件的宽度和高度为 1500、1000。最后程序修改 Text1 控件和 Label1 控件的属性。按 F5 键运行程序，单击窗体，显示的结果如图 4-8 所示。

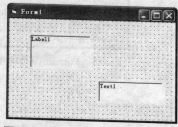

图 4-7　程序界面（窗体初始化）

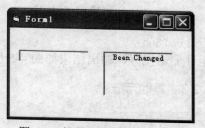

图 4-8　控件和窗体的重新排列

3．TextHeight 和 TextWidth 方法

格式：**[对象.]TextHeight（字符串）**

　　　[对象.]TextWidth（字符串）

用来辅助设置坐标。其中 TextHeight 方法返回一个文本字符串的高度，而 TextWidth 方法返回一个文本字符串的宽度值，单位均为"twip"。当字符串的字体、大小不同时，所返回的值也不一样。对象包括窗体和图片框，如果省略，则默认为当前窗体。

以下我们将通过一段代码来熟悉 TextHeight 和 TextWidth 方法的使用：

```
Private Sub Form_Click()
    FontSize = 15
    Print "Welcome to BaoTou Medical College"
    Print
    x = TextHeight("Welcome to BaoTou")
    y = TextWidth("Medical College")
    Print "x="; x, "y="; y
End Sub
```

分析以上过程，首先程序设置窗体中字符的大小为 15，并在窗体中显示字体大小为 15 的字符串"Welcome to BaoTou Medical College"。然后用 TextHeight 方法求出字符串"Welcome to BaoTou"的高度，用 TextWidth 方法求出字符串"Medical College"的宽度，最后输出二者的值。运行程序，单击窗体，显示的效果如图 4-9 所示。

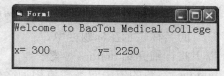

图 4-9　TextHeight 方法和 TextWidth 方法示例

4.2.4　MsgBox 函数和 MsgBox 语句

VB 提供了专门用于显示信息的消息框，可以通过执行 MsgBox 函数和 MsgBox 语句在程序运行的过程中弹出。

1. MsgBox 函数

MsgBox 函数的格式如下：

MsgBox(prompt[,buttons][,title])

说明：

- Msgbox 的作用是打开一个消息框，等待用户选择一个按钮。
- prompt：字符串，其值显示在消息框上作为提示信息，不可省略，用法和 InputBox 函数中的相应参数相同。
- buttons：数值表达式，决定消息框按钮的数目、类型及出现在消息框上的图标类型，其设置见表 4-2。如果省略，默认值为 0。

表 4-2　buttons 参数（1）

类别	值	符号常量	作用
按钮	0	vbOKOnly	只显示"确定"按钮
	1	vbOKCancel	显示"确定"和"取消"按钮
	2	vbAbortRetryIgnore	显示"放弃"、"重试"和"忽略"按钮
	3	vbYesNoCancel	显示"是"、"否"和"取消"按钮
	4	vbYesNo	显示"是"和"否"按钮
	5	vbRetryCancel	显示"重试"和"取消"按钮

续表

类别	值	符号常量	作用
图标	16	vbCritical	显示"临界信息"图标
	32	vbQuestion	显示"警告查询"图标
	48	vbExclamation	显示"警告消息"图标
	64	vbInformation	显示"信息消息"图标
默认	0	vbDefaultButton1	第一个按钮为默认按钮
	256	vbDefaultButton2	第二个按钮为默认按钮
	512	vbDefaultButton3	第三个按钮为默认按钮
	768	vbDefaultButton4	第四个按钮为默认按钮
强制	0	vbApplicationModal	应用程序模式：用户必须响应消息框才能继续在当前应用程序中工作
返回	4096	vbSystemModal	系统模式：在用户响应消息框前，所有应用程序都被挂起

- title：可选，显示在消息框标题栏中的字符串表达式。如果省略 title，则将应用程序的名称显示在标题栏中。

以下将详细介绍 buttons 参数。

buttons 参数的值由四类数值相加产生，这四类数值分别代表按钮的类型、显示图标的类型、活动按钮的位置及强制返回。

buttons 参数由上表所列的四种类型数值组成，组成原则是：从每类中选择一个数值，然后把这几个数值相加即得到 buttons 的值，在大部分情况下，只使用前三种值（按钮类型、图标类型和默认类型）。例如：547=512+3+32。

查询表 4-2 可以得知，该参数指定对话框中将显示 3 个按钮，分别是"是"、"否"和"取消"按钮。该参数也可以写成：vbDefaultButton3+vbYesNoCancel+vbQuestion。

除了表 4-2 所列出来的四种常用数值类型外，buttons 参数还可以取一些其他值，这些值不是很常用，见表 4-3。

表 4-3　buttons 参数（2）

值	符号常量	作用
16384	vbMsgBoxHelpButton	将 Help 按钮添加到消息框
65536	VbMsgBoxSetForeground	指定消息框窗口作为前景窗口
524288	vbMsgBoxRight	文本右对齐
1048576	vbMsgBoxRtlReading	指定文本在希伯来和阿拉伯语系统中从右到左显示

MsgBox 函数的返回值是一个整数，这个整数与所选择的命令按钮有关。MsgBox 函数所显示的对话框有 7 种命令按钮，因此返回值共有 7 种，见表 4-4。

表 4-4　MsgBox 函数返回值

值	符号常量	作用
1	vbOK	确定
2	vbCancel	取消
3	vbAbort	放弃

续表

值	符号常量	作用
4	vbRetry	重试
5	vbIgnore	忽略
6	vbYes	是
7	vbNo	否

例 4.6 设计一个程序来熟悉 MsgBox 函数的使用，在具有"是"及"否"按钮的对话框中显示一条严重错误信息。缺省按钮为"否"，MsgBox 函数的返回值视用户按哪一个按钮而定。

（1）用户界面的设计。新建工程中的窗体就是需要设计的应用程序界面。

（2）代码的设计。双击窗体，在代码窗口编写窗体的 Click 事件过程，全部代码如下：

```
Private Sub Form_Click()
    Dim Msg, Style, Title, Help, Ctxt, Response, MyString
    Msg = "Do you want to continue ?"                          ' 定义信息
    Style = vbYesNo + vbCritical + vbDefaultButton2            ' 定义按钮
    Title = "MsgBox Demonstration"                             ' 定义标题
    Response = MsgBox(Msg, Style, Title)
    Print Response                           '输出 MsgBox 的函数返回值，可查询表 4-4
End Sub
```

按 F5 键运行程序，程序将弹出一个对话框，如图 4-10 所示。单击"是"按钮或者"否"按钮，将在窗体中显示运行结果，如图 4-11 所示。

图 4-10 消息显示对话框

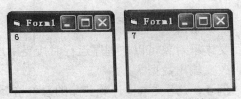

图 4-11 显示消息对话框点击的结果

2. MsgBox 语句

MsgBox 语句与 MsgBox 函数相类似，但也有区别，区别在于 MsgBox 函数有函数值，而 MsgBox 语句不提供返回值。

MsgBox 语句的典型格式如下：

MsgBox   prompt[,buttons][,title]

或

Call   MsgBox   (prompt[,buttons][,title])

例 4.7 设计一个"判断用户操作"应用程序来学习 MsgBox 语句的使用。要求该程序设计一个窗体，窗体上有一个 Label 控件、一个 Picture 控件和一个命令按钮。单击窗体上的任意控件，消息框将显示用户所单击的控件。

（1）用户界面的设计。启动 VB，在"新建工程"对话框中选择"标准 EXE"选项，单击"打开"按钮。为窗体添加一个 Label 控件、一个 CommandButton 控件和一个 Picture 控件。

（2）代码的设计。双击窗体，在代码窗口编写命令按钮 Command1 的 Click 事件过程，代码如下：

```
Private Sub Command1_Click()
        Dim Msg, Style, Title, Help, Ctxt, Response, MyString
        Msg = "Do you want to continue ?"                    '定义信息
        Style = vbYesNo + vbCritical + vbDefaultButton2      '定义按钮
        Title = "MsgBox Demonstration"                       '定义标题
        MsgBox Msg, Style, Title
        '用 MsgBox 语句显示结果，区别于 MsgBox 函数，此句也表示成 Call MsgBox(Msg, Style, Title)
End Sub
```

按 F5 键运行程序，程序将弹出一个对话框，如图 4-10 所示。单击"是"按钮或者"否"按钮，窗体上没有显示任何返回值。

4.2.5　用标签输出数据

标签（Label）对象在程序执行过程中显示文本，主要为其他对象添加标注性质的描述文字。Label 对象在程序运行时不可以输入数据，但可以用代码改变 Caption 属性值，从而输出数据。

　　例 4.8　用标签计算药品的总价格。程序如下：

```
Private Sub Form_Click()
        t1 = InputBox("请输入药品名称")
        t2 = InputBox("请输入药品单价")
        t3 = InputBox("请输入药品总数")
        Label1.Caption = t1
        Label2.Caption = t2
        Label3.Caption = t3
        Label4.Caption = t1 & "药品总价" & t2 * t3
End Sub
```

4.2.6　利用文本框输入输出数据

文本框对象可以在程序运行时接受用户的键盘输入，又由于其本身 Text 属性，可以通过代码改变输出数据。

　　例 4.9　用文本框计算药品的总价格。

　　界面设计如图 4-12 所示。代码如下：

```
Private Sub Form_Click()
        Text4.Text = Val(Text2.Text) * Val(Text3.Text)
End Sub
```

按 F5 键运行程序，在 Text1、Text2 和 Text3 中分别输入 vc 银翅片、128 和 0.5，单击窗体，在 Text4 显示结果 64，如图 4-12 所示。

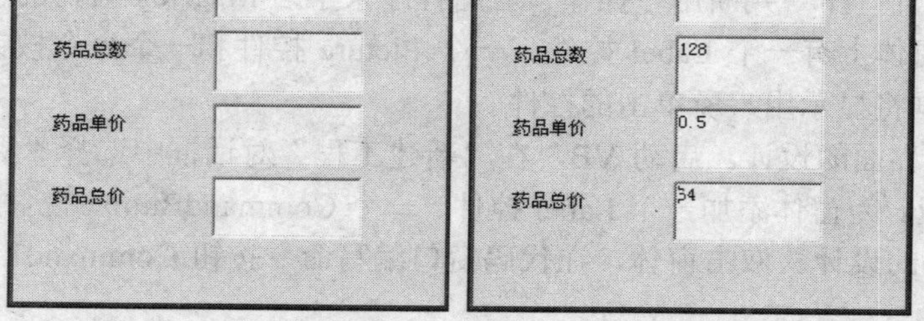

图 4-12　文本框输入输出数据

4.3　字形

Visual Basic 可以输出 Windows 系统安装的各种字体，包括英文字体和中文字体，并可以通过设置字符的属性来改变字体、字号、笔画的粗细、显示方向、删除线、下划线和重叠显示等。以下将介绍 Visual Basic 编程过程中，字符格式的设置。其中，字体和字号大小是字形设置最基本的操作，也是介绍的重点。

4.3.1　字体

字体可以通过 FontName 属性来设置。FontName 的主要功能是返回/设置在控件中或在运行时画图或打印操作中，显示文本所用的字体，其一般格式为：

[对象名称.]FontName[="字体"]

● 对象名称指的是窗体、控件或者打印机等对象。

● 字体指的是可以在 Visual Basic 中使用的英文字体或者中文字体。可以使用的字体数量取决于 Windows 系统的配置、显示设备和打印设备。与字体相关的属性只能设置为真正存在的字体的值。

例 4.10　以下一段代码可以实现使用指定字体输出每种字体的名称，程序运行前后效果如图 4-13 所示。

```
Private Sub Form_Click ()
    FontName = "黑体"
    Print "黑体"
    Command1.FontName = "华文彩云"
    Command1.Caption = "华文彩云"
    Text1.FontName = "华文隶书"
    Text1.Text = "华文隶书"
End Sub
```

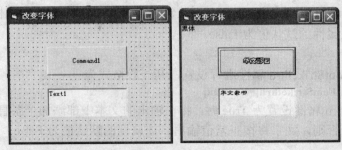

图 4-13　改变字体

4.3.2　字号

可以通过 FontSize 属性的设置来改变字号。FontSize 属性返回或设置对象在编辑、运行、画图、打印操作中显示文本所用的字号，其一般格式如下：

[对象名称.]FontSize[="Points"]

其中，Points 是数值表达式，以磅为单位指定所用的字号。FontSize 的缺省值由系统决定。FontSize 的最大值为 2160 磅。

例 4.11　以下一段代码可以实现每单击一次鼠标，就在窗体中输出两种不同字号的文本，程序运行效果如图 4-14 所示。

```
Private Sub Command1_Click()
        FontSize = 24                    '设置字号(FontSize)
        Print "This is 24-point type."   '使用大字体输出
        FontSize = 8                     '设置 FontSize
        Print "This is 8-point type."    '使用小字体输出
End Sub
```

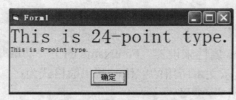

图 4-14　改变字号

4.3.3　其他属性

VB 的字形属性除了字体和字号属性可以设置外，还有一些其他属性可供用户进行设置，这样使得文字的输出变得更加丰富。

1. 粗体字

粗体字通过 FontBold 属性进行设置，其一般格式为：

[对象名称.]FontBold[=Boolean]

该属性可以取两个值：True 或 False。当 FontBold 属性为 True 时，文本以粗体字输出；当 FontBold 属性为 False 时，文字按正常值输出。该属性的默认值为 False。

2. 斜体字

斜体字通过 FontItalic 属性进行设置，其一般格式为：

[对象名称.]FontItalic[=Boolean]

当 FontItalic 属性设置为 True 时，文本以斜体字输出；当 FontItalic 属性为 False 时，文字按正常值输出。该属性的默认值为 False。

3. 删除线

删除线通过 FontStrikethru 属性进行设置，其一般格式为：

[对象名称.]FontStrikethru[=Boolean]

当 FontStrikethru 属性设置为 True 时，将在输出的文本中部添加一条直线，直线的长度与文本的长度相同；否则，文字将按正常值输出。该属性的默认值为 False。

4. 下划线

下划线通过 FontUnderline 属性进行设置，其一般格式为：

[对象名称.]FontUnderline[=Boolean]

当 FontUnderline 属性设置为 True 时，将在输出的文本下方添加下划线，直线的长度与文本的长度相同；否则，文字将按正常值输出。该属性的默认值为 False。

5. 重叠显示

重叠显示用于使新显示的信息与背景重叠，换句话说，即在保留原来背景的情况下，显示新的文本信息。重叠显示的功能通过 FontTransParent 属性进行设置，使用格式为：

[对象名称.]FontTransParent[=Boolean]

当 FontTransParent 属性设置为 True 时，前景的文本将与背景重叠显示；否则，背景文字将被前景的文字覆盖。

6. 颜色设置

为文本添加各种颜色，可以使文本变得美观大方。文字的颜色可以通过 ForeColor 属性和 BackColor 属性进行设置。前者返回或设置在对象里显示图片和文本的前景颜色，后者返回或设置对象的背景颜色。二者的使用格式为：

[对象名称.]ForeColor[=Color]
[对象名称.]BackColor[=Color]

其中，Color 值为常数，用于确定对象前景或背景的颜色。VB 颜色的显示使用 Microsoft Windows 运行环境的红绿蓝（RGB）颜色方案。标准 RGB 颜色的有效取值范围是 $0 \sim 16,777,215$（&HFFFFFF）。在该范围内，高字节数为 0；较低的 3 个字节，从最低字节到最高字节依次决定红、绿和蓝的量。红、绿和蓝的成分，分别由一个介于 $0 \sim 255$（&HFF）之间的数来表示。如果最高字节不为 0，VB 将使用系统颜色。

在 Visual Basic 中，除了通过以上所讲的属性设置来处理窗体或者控件的字形外，还可以在设计阶段通过字体对话框来设置字形。具体操作步骤如下：

（1）在 VB 开发环境中，选择需要设置字体的窗体或者控件，激活该对象的属性窗口。

（2）单击对象属性窗口中的 Font，再单击右端的"…"按钮将打开"字体"对话框。

（3）在该对话框中选择对象的字形进行设置。设置的内容与本节所述的字形设置属性相同，这里就不一一赘述了。

4.4　打印机输出

前面几节介绍的输出操作，都是在屏幕（或者窗体）上输出信息。如果把输出对象改为打印机（Printer），就可以在打印机上输出这些信息了。Visual Basic 使用在安装 Windows 时设置的打印机，其分辨率、字形等与 Windows 下的状态完全一致。

将数据从打印机上打印出来，有两种方式：

- 直接将打印数据送到打印机上。
- 先将打印数据送到窗体上，然后将窗体打印出来。

4.4.1　打印机直接输出

将数据直接输送到打印机上，是非常容易实现的，其一般格式如下：

[Printer.]Print [表达式表]

其中，Print 以及 Print 之后附带的表达式的含义如前面所述。执行上述语句后，"表达式"的值将直接通过打印机打印出来。例如：

```
Private Sub Form_Click()
    s = "打印机输出"
    FontSize = 24
    FontName = "宋体"
    Printer.Print "打印机输出示例: "; s
    Printer.EndDoc
End Sub
```

该代码操作的对象为打印机 Printer。所有的属性设置均针对打印机，Print 方法中的字符串直接送往打印机，EndDoc 方法用来结束文件的打印。打印机的属性有多个，接下来将详细讲解打印机对象的属性。

1. Page 属性

Page 属性用来设置页号，其格式为：

Printer.Page

Printer.Page 在打印时被设置成当前页号。每当一个应用程序开始执行时，Page 属性就被设置为 1，打印完一页后，Page 属性值自动增 1。在应用程序中，通常用 Page 属性打印页号。例如：

Printer.Print "页号:" + Str$(Printer.Page)

2. NewPage 方法

NewPage 方法用来实现换页操作，其格式为：

Printer.NewPage

在一般情况下，打印机打印完一页后换页。如果使用 NewPage 方法，则可强制打印机跳到下一页打印，在执行到 NewPage 方法时，打印机退出当前正在打印的页，把退出信号保存在打印机管理程序中，并在适当的时候发送到打印机。执行 NewPage 后，属性 Page 的值自动增 1。例如：

Printer.Print "页号:" + Str$(Printer.Page)
Printer.NewPage
Printer.Print "页号:" + Str$(Printer.Page)
Printer.NewPage

执行以上程序代码，会在第一页上打印"页号:1"，在第二页上打印"页号:2"。

3. EndDoc 方法

EndDoc 方法用来结束文件打印，其格式为：

Printer.EndDoc

执行 EndDoc 方法，表明应用程序内部文件打印的结束，并向 PrinterManager（打印机管理程序）发送最后一页的退出信号，Page 属性重置为 1。

EndDoc 方法可以将所有尚未打印的信息都送出去。如果在执行打印的程序代码最后没有加上 EndDoc 方法，则只能从执行状态回到设计状态（即执行"运行"菜单中的"结束"命令）后，Visual Basic 才能把尚未打印的信息送到打印机。如果出现其他故障，则有可能使打印信息不完整。

当需要打印的文本较长时，可以用 NewPage 方法实现换页，用 Page 属性打印页码。

4.4.2 窗体输出

前面介绍了直接在打印机上打印信息的操作。在 Visual Basic 中，还可以用 PrintForm 方法通过窗体来打印信息，其一般格式如下：

[窗体.]PrintForm

直接输出是把要打印的每行信息直接在打印机上打印出来，而窗体输出是先把要输出的信息输出到窗体上，然后用 PrintForm 方法把窗体上的内容打印出来。格式中的"窗体"是要打印的窗体名。如果打印当前窗体的内容，或仅对一个窗体操作，则窗体名可以省略。

由于 PrintForm 是将屏幕上的像素（Pixel）直接输送到打印机上，因此当打印机的分辨率高于屏幕时（例如激光打印机），打印出来的效果并不是很好。例如：

Form1.FontName = "宋体"

```
Form1.FontSize = 20
Form1.Print "窗体输出"
Form1.PrintForm
```

执行以上代码打印出来的效果，就比不上将 TrueType 字体直接送到打印机上的效果：

```
Printer.FontName = "宋体"
Printer.FontSize = 20
Printer.Print "窗体输出"
```

使用窗体输出功能，需要注意以下几个方面：

● 窗体输出比直接输出要更加实用，因为窗体输出可以先在屏幕上修改要输出的内容格式，然后再在打印机上打印出来，这样可以减少不必要的纸张浪费，同时可以节省时间。

● 为了使用窗体输出，必须在属性窗口中把要输出窗体的"AutoRedraw"属性设置为True，因为该属性的默认值为 False。

● 窗体输出方法不但可以打印窗体上的文本,还可以直接打印窗体上任何图形及可见的控件。

习题四

一、选择题

1. 假定有如下的窗体事件过程：

```
Private Sub Form_Click()
    a$ = "Microsoft Visual Basic"
    b$ = Right(a$, 5)
    c$ = Mid(a$, 1, 9)
    MsgBox a$, 34, b$, c$, 5
End Sub
```

程序运行后单击窗体，则在弹出的信息框中的标题栏中显示的信息是（   ）。（2005.4）

A．Microsoft Visual   B．Microsoft

C．Basic   D．5

2. 为了使命令按钮（名称为 Command1）右移 200，应使用的语句是（   ）。（2005.4）

A．Command1.Move -200

B．Command1.Move 200

C．Command1.Left= Command1.Left+200

D．Command1.Left= Command1.Left-200

3. 在窗体上画一个文本框，然后编写如下事件过程：

```
Private Sub Form_Click()
x = InputBox("请输入一个整数")
Print x + Text1.Text
End Sub
```

程序运行时，在文本框中输入 456，然后单击窗体，在输入对话框中输入 123，单击"确定"按钮后，在窗体上显示的内容是（   ）。（2005.4）

A．123   B．456   C．579   D．23456

4．假定在图片框 Picture1 中载入一个图形，为了清除该图形（不删除图片框），应采用的正确方法是（   ）。(2005.4)

  A．选择图片框，然后按 Del 键

  B．执行语句 Picture1.Picture＝LoadPicture("")

  C．执行语句 Picture1.Picture＝""

  D．选择图片框，在属性窗口中选择 Picture 属性条，然后按回车键

5．设 x=4，y=6，则以下不能在窗体上显示出"A=10"的语句是（   ）。(2006.4)

  A．Print A=x+y   B．Print "A=";x+y

  C．Print "A="+Str(x+y)   D．Print "A="&x+y

6．假定有如下的命令按钮（名称为 Command1）事件过程：

```
Private Sub Command1_Click()
x=InputBox("输入：", "输入整数")
MsgBox "输入的数据是：", , "输入数据：" + x
End Sub
```

程序运行后，单击命令按钮，如果从键盘上输入整数 10，则以下叙述中错误的是（   ）。(2006.4)

  A．x 的值是数值 10

  B．输入对话框的标题是"输入整数"

  C．信息框的标题是"输入数据：10"

  D．信息框中显示的是"输入的数据是："10

7．窗体上有一个名称为 Command1 的命令按钮，其事件过程如下：

```
Private Sub Command1_click()
x = "VisualBasicProgramming"
a = Right(x, 11)
b = Mid(x, 7, 5)
c = MsgBox(a, , b)
EndSub
```

运行程序后单击命令按钮，以下叙述中错误的是（   ）。(2008.4)

  A．信息框的标题是 Basic

  B．信息框中的提示信息是 Programming

  C．c 的值是函数的返回值

  D．Msgbox 的使用格式有错

8．以下不能输出"Program"的语句是（   ）。(2008.9)

  A．Print Mid("VBProgram"3,7) B．Print Right("VBProgram",7)

  C．Print Mid("VBProgram",3) D．Print Left("VBProgram",7)

9．执行下列语句

  strInput=InputBox("请输入字符串","字符串丢画框","字符串")

将显示输入对话框。如果此时直接单击"确定"按钮，则变量 strInput 的内容是（   ）。(2008.9)

  A．"请输入字符串"   B．"字符串对话框"

  C．"字符串"   D．空字符串

10．下面不能在信息框中输出"VB"的是（   ）。(2010.3)

A．MsgBox "VB"　　　　　　　　B．x=MsgBox("VB")

C．MsgBox("VB")　　　　　　　　D．Call MsgBox "VB"

二、填空题

1．在窗体上画一个命令按钮，然后编写如下代码：

```
Private Sub Command1_Click()
    a&=InputBox("请输入第一个数")
    b&=InputBox("请输入第二个数")
Print b& + a&
End Sub
```

程序运行后，单击命令按钮，在两个输入对话框中先后输入 12345 和 54321，程序的输出结果是_____。（2009.4）

2．语句 Print Format$(5689.36, "000,000.000")的输出结果为_____。（2010.9）

3．设 a=3，b=3，c=4，d=5，则下面语句的输出是_____。（2011.3）

```
Print 3>2*b or a=c And b<>c or c>d
```

4．VB 要产生一个消息框，可用_____函数来实现。

5．下列程序执行的结果为_____。

```
x=25: y=20: z=7
Print "S("; x + z * y; ") "
```

第 5 章　常用标准控件

控件是构成用户界面的基本元素，只有掌握了控件的属性、事件和方法，才能灵活编写应用程序。

Visual Basic 中的控件分为两类，一类是标准控件（或者称为内部控件），另一类是 ActiveX 控件。Visual Basic 启动后，工具箱中只有 20 个标准控件。本章将系统而深入地介绍部分标准控件的用法，包括：标签、文本框、命令按钮、单选按钮、复选框、框架、图片框、图像框、直线和形状、水平滚动条、垂直滚动条、列表框、组合框、计时器，最后还将介绍 Tab 与焦点顺序。

5.1　文本控件

Visual Basic 的文本控件主要有标签与文本框。其中，标签仅仅用于显示文本信息，而不能用于编辑处理文本；文本框既可以用来显示文本信息，也可以用来输入与编辑文本信息。标签与文本框都是 Visual Basic 应用程序中实现接收和显示信息的主要控件。

5.1.1　标签（Label）

标签（Label）控件，主要作用在于显示文字信息，如：大家比较熟悉的程序安装界面，在某个软件安装过程中，常常会显示一些帮助信息或与产品相关的介绍信息。而这些信息的介绍，大多是用标签控件制成。标签中显示的内容，只能用 Caption 属性来修改，而不能直接在应用程序界面上进行编辑。

标签的属性共有 30 多个，但是其中大多数属性的默认值设置能够满足一般情况下的需求，只有少数的属性值需要用户进行修改。这些常用的、需要修改的属性值除了前面已经介绍过的常用标准控件的公共属性 Name、Font、Caption、Color、Visible、Enabled 以及大小和位置等外，还包含如下属性：

（1）Alignment（对齐）属性。Alignment 属性用来确定标签中内容的放置方式，可以取值为 0、1 和 2。取值为 0 时，表示内容靠标签的左边显示（0 为缺省值）；取值为 1 时，表示内容靠标签的右边显示；取值为 2 时，表示内容在标签的中间显示。

（2）AutoSize（自动尺寸）属性。AutoSize 属性用来判断标签是否根据 Caption 属性值自动调整大小。如果该属性值为 True，则标签将根据 Caption 属性值自动调整大小，如果为 False（缺省值），则标签保持设计时定义的大小，在这种情况下，如果内容太长，则只能显示其中的一部分。

（3）BorderStyle（边界）属性。BorderStyle 属性的缺省值为 0，表明标签无边框，改变该属性的值可以改变标签的边框类型，如设为 1，则为固定的单边框（fixed single）。

（4）BackStyle（背景类型）属性。BackStyle 属性用来设置标签的背景，可以取两种值：0 和 1。系统默认的值为 1，文本将覆盖背景；如果该值修改为 0，则背景为"透明"。

（5）WordWrap（字换行）属性。WordWrap 属性确定标签的 Caption 属性的显示方式。

该属性的缺省值为 False，表示标签上的标题不能自动换行；如果设为 True，则标签将在垂直方向上变化大小，以使其与标题文本相适应，而水平方向的大小与标签原来定义的大小相同。为了使该属性起作用，应将 Autosize 属性设为 True。

例 5.1　在窗体上载入一幅图片作为背景，当单击窗体时，窗体变宽；当双击窗体时，则退出。使用标签控件，提示操作方法"请单击窗体改变窗体的宽度，双击窗体退出应用程序！"。

```
Private Sub Form_click( )          '单击窗体
    Form1.Width = Form1.Width + 1000
End Sub
Private Sub Form_DblClick( )     '双击窗体
    End
End Sub
```

按 F5 键运行程序，程序运行界面如图 5-1 所示。

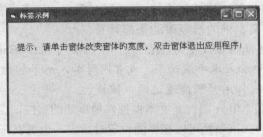

图 5-1　程序运行界面

5.1.2　文本框（TextBox）

文本框（TextBox）控件是显示和输入文本的主要控件，它是 Windows 用户界面中最常用的元素。文本框是个小型的文本编辑器，提供了所有基本的文本处理功能，如文本的插入和选择，显示区放不下文本时文本的滚动，以及通过剪贴板与其他应用程序的文本交换等。

文本框控件是个相当灵活的数据输入工具，可以输入单行文本，如数字或口令，还可以通过设置 MultiLine 属性来输入多行文本。以下将详细介绍文本框的各种属性和方法。

1. 文本框属性

一些常用标准控件的公共属性也适用于文本框，这些属性有：BorderStyle、Enabled、FontBold、FontItalic、FontName、FontSize、FontUnderline、Height、Left、Name、Top、Visible、Width 等。此外，文本框还有以下属性：

（1）Locked（锁定）属性。Locked 属性的设置用来决定文本框是否可以编辑。其默认值为 False，表示可以编辑文本框中的文本；当设置为 True 时，可以滚动和选择控件中的文本，但是不能进行编辑，这时文本将变成和标签控件中作用一样的只读文本。

（2）MaxLength（最大长度）属性。MaxLength 属性限制了文本框中可以输入字符个数的最大限度。通常该属性值默认为 0，表示文本框所能容纳的字符数没有限制。文本框所能容纳的字符个数是 32K，如果超过这个范围，则应该用其他控件来代替文本框控件。

这与 Windows 中用记事本打开文件一样，当文件过大，系统会自动调用写字板来打开，而不是用记事本。文本框控件 MaxLength 属性既可以在界面设置过程中予以指定，也可以在设计时予以改变，例如：

```
文本框控件名.Maxlength = X          'X 为阿拉伯数字，如 10、20、57 等等
```

（3）MultiLine（多行）属性。MultiLine 属性决定了文本框是否可以显示或输入多行文本。当该属性值为 True 时，文本框可以容纳多行文本，最多可以输入 32K 字节的文本，并且输入或输出的文本超过文本框边界时会自动换行；当值为 False 时，文本框只能容纳单行文本，最多能输入 2048 个字符。该属性只能在界面设置时指定，程序运行时不能加以改变。

（4）PasswordChar（占位符）属性。PasswordChar 属性主要用来作为口令功能进行使用。例如，若希望在密码框中显示星号，则可在"属性"窗口中将 PasswordChar 属性指定为"*"。这时，无论用户输入什么字符，文本框中都显示星号。

在 Visual Basic 中，PasswordChar 属性的默认符号是星号，但也可以指定为其他符号。注意，如果文本框控件的 MultiLine（多行）属性为 True，那么文本框控件的 PasswordChar 属性将不起作用。

（5）ScrollBars（滚动条）属性。ScrollBars 属性可以设置文本框是否有滚动条。当该属性值为 0 时，文本框无滚动条；属性值为 1 时，只有横向滚动条；属性值为 2 时，只有纵向滚动条；属性值为 3 时，文本框的横竖滚动条都具有。

注意：只有 MultiLine 属性被设置为 True 时，才能使用 ScrollBars 属性在文本框中设置滚动条。此外，当在文本框中加入水平滚动条（或者同时加入水平和垂直滚动条）后，文本框中文本的自动换行功能将不起作用，只能通过回车键换行。

（6）Text（文本）属性。Text 属性是文本框控件最重要的属性，也是文本框的默认属性，用来显示文本框中的文本内容。该属性可以在界面设置时指定，也可以在程序中动态修改，例如：

    文本框控件名.Text = "显示的文本内容"

（7）SelText（选中文本）属性。SelText 属性返回或设置当前所选文本的字符串，如果没有选中的字符，那么返回值为空字符串。注意，本属性的结果是个返回值，或为空，或为选中的文本。

一般来说，选中文本属性跟文件复制、剪切等剪贴板（在 Visual Basic 中，剪贴板用 Clipboard 表示）操作有关。例如要将文本框选中的文本拷贝到剪贴板上，可以通过如下代码实现：

    Clipboard.SetText 文本框名称.SelText

（8）SelStart（选择的起始位置）与 SelLength（选择的长度）属性。SelStart 属性定义了选中文本的起始位置，返回的是选中文本的第一个字符的位置。

SelLength 属性定义了当前选中文本的长度，返回的是选中文本的字符串个数。

例如：文本框 TxtContent 中有如下内容：

    跟我一起学习 Visual Basic 编程

假设用选中"一起学习"四个字，那么 SelStart 返回的值为 3，SelLength 返回的值为 4。

2. 文本框控件响应的事件

文本框所能响应的事件共有十几个，除了常用标准控件的公共事件，例如，Click、DblClick、MouseDown、MouseUp、MouseMove、KeyPress、KeyDown 以及 KeyUp 等事件外，还有 Change、GetFocus 和 LostFocus 等重要的事件。

（1）Change（改变）事件。当用户向文本框中输入新内容，或当程序把文本框控件的 Text 属性设置为新值时，触发 Change 事件。程序运行后，在文本框中每键入一个字符就会触发一次 Change 事件。

（2）GotFocus（获得焦点）事件。所谓获得焦点，其实就是指处于活动状态。在电脑日常操作中，我们常常用 Alt+Tab 键在各个程序间切换，处于活动中的程序获得了焦点，不处于活动的程序则失去了焦点。

（3）LostFocus（失去焦点）事件。当用户使用 Tab 键或者单击窗体上的其他对象时，使得该文本框失去焦点，触发该事件。

　　3．文本框控件常用方法

SetFocus（设置焦点）是文本框控件常用的方法，可以用该方法把鼠标移动到指定的文本框上，使该文本框具有焦点。

焦点只能在可视的窗体或者控件上存在，只有当一个对象的 Enabled 和 Visible 属性均为 True 时，它才能接收焦点。要在程序代码中设置焦点则可以使用 SetFocus 方法，其一般格式为：

　　　　控件名.SetFocus

TextBox 控件的主要作用为：接受用户输入的文本，文本框可以带有滚动条。所以，Text、MultiLine、ScrollBars、Alignment、Locked 这几个属性就显得非常重要，而 PasswordChar 等属性，又对 TextBox 控件的功能作了扩充。TextBox 控件是 Visual Basic 中的常用控件，掌握该控件的属性对今后的程序开发将大有帮助。当然，除了本节所学的属性外，也不能忽视与窗体 Form 相同的常用属性，如 Name、BackColor、Enabled 等。

　　例 5.2　设计一个窗体说明文本框的基本应用方法。

首先在工程中添加一个窗体,在其中创建两个标签（Label1 和 Label2）和两个文本框（Text1 和 Text2）。标签用于显示提示信息，其标题分别为"密码"和"明码"。Text1 文本框用于输入密码，密码输入时以"*"形式显示出来，该文本框的基本属性如下：

Name	Text1
Appearance	1-3D
BackColor	&H00FFFFFF&
ForeColor	&H80000008&
PasswordChar	"*"

　　Text2 文本框用明码方式显示在第一个文本框中输入的内容。为此，在文本框 Text1 上设计如下事件过程：

```
Private Sub Text1_Change()
    Text2.Text = Text1.Text
End Sub
```

　　本例窗体的设计界面如图 5-2 所示。运行该窗体，在第一个文本框中输入"87861654"，这时在第二个文本框中显示该明码，其执行界面如图 5-3 所示。

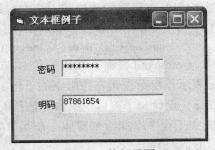

　　　图 5-2　设计界面　　　　　　　　　　图 5-3　执行界面

5.2　命令按钮

在大多数 Windows 应用程序中，用户都可以看到命令按钮（Command），并且可以单击按钮执行某个操作。单击时，按钮不仅能够执行相应的操作，而且看起来就像是被按下和松开一样，因此有时称其为下压按钮。

在应用程序中，一般需要使用一个或者多个命令按钮。在窗体上添加命令按钮的方法与添加其他控件一样，可以用鼠标调整命令按钮的大小，也可以通过设置按钮的 Height 和 Width 属性进行调整。由于前面已经多次使用到了命令按钮，下面将简要介绍命令按钮的一些重要属性和应用。

1. 命令按钮属性

（1）Cancel（取消）属性。当一个命令按钮的 Cancel 属性被设置为 True 时，按 Esc 键与单击该命令按钮的作用相同。其使用语法如下：

　　　　Object.Cancel[=True 或 False]

在一个窗体中，只允许有一个命令按钮的 Cancel 属性被设置为 True。

（2）Caption（标题）属性。设置命令按钮的标题，即命令按钮上显示的文字。其使用语法如下：

　　　　Object.Caption[=字符串]

（3）Default（默认）属性。设置命令按钮是否为默认按钮，即当运行程序时，用户按回车键时，就激活按钮。其使用语法如下：

　　　　Object.Default[=True 或 False]

为 True 时表示该命令按钮为默认按钮；为 False（默认值）时表示该命令按钮不是默认按钮。

（4）Enabled（操作）属性。设置命令按钮是否能被按下。其使用语法如下：

　　　　Object.Enabled=True 或 False

为 True（默认值）时表示该命令按钮能被按下并执行特定功能；为 False 时表示该命令按钮不能被按下，不能执行特定功能。

（5）Picture（图形）属性。设置命令按钮上显示的图形。其使用语法如下：

　　　　Object.Picture[=图形文件名]

（6）Style（类型）属性。设置命令按钮的类型。其使用语法如下：

　　　　Object.Style[=0 或 1]

取 0 时表示为标准按钮；取 1 时表示为图形按钮，这时会在标题文本的上方显示由 Picture 属性指定的图形。

2. 命令按钮响应的事件

命令按钮没有特殊的事件和方法，它最重要的事件就是 Click 事件。

（1）Click（单击）事件。当用户在命令按钮上单击鼠标时触发。其基本语法如下：

　　　　Sub Command_Click([Index As Integer])

其中，Command 是命令按钮的名称。Index 是一个整数，若该命令按钮属于一个控件数组，则 Index 表示该命令按钮在数组中的下标，否则不需要这一参数。

例 5.3　设计一个窗体说明命令按钮的基本应用方法。

首先在工程中添加一个窗体。在其中放置两个命令按钮（Command1、Command2）和一个标签（Label1）。

对两个命令按钮（Command1、Command2）进行如下表的属性设置：

命令按钮 Command1		命令按钮 Command2	
Caption	"命令按钮一"	Caption	"命令按钮二"
FontName	"宋体"	FontName	"宋体"
FontSize	14	FontSize	14
Style	1	Style	默认值

在这两个命令按钮上分别设计以下事件过程：

```
Private Sub Command1_Click()
    Label1.Caption = "你单击了命令按钮一"
End Sub
Private Sub Command2_Click()
    Label1.Caption = "你单击了命令按钮二"
End Sub
```

本窗体的设计界面如图 5-4 所示。运行本窗体，单击命令按钮 Command2，其界面如图 5-5 所示。

图 5-4　设计界面

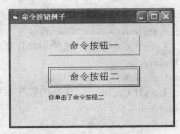

图 5-5　执行界面

5.3　单选按钮和复选框

如果有很多选择项目，而且一次只能选其中一项时，就必须使用单选按钮来实现。

复选框可以表示某件事情的状态为 ON 或者 OFF。想设置为 ON，只需要在其上单击，使得框中出现对勾符号；再次单击，对勾符号消失，表示 OFF 状态。

复选框控件与单选按钮控件的相同之处在于，都是用来指示用户所做的选择；不同之处在于，对一组单选按钮，一次只能选择其中一个，而对复选框控件，可以同时选择任意多个项目。

5.3.1　单选按钮

单选按钮是 Visual Basic 提供的用于选择的标准控件之一，一般单选按钮以组的形式出现，只允许用户在其中选择一项。当用户选定一个单选按钮时，同组中的其他单选按钮将自动失效。

单选按钮有两个状态：选中（单选按钮左侧的小圆圈中出现一个圆黑点标志）和不选（单选按钮左侧的小圆圈中空白）。每单击一次单选按钮，它的状态就在选中和不选之间切换。

1．单选按钮属性

（1）Caption（标题）属性。设置显示标题，说明单选按钮的功能。默认状态下显示在单选按钮的右方，也可以用 Alignment 属性改变 Caption 的位置。

（2）Alignment（对齐）属性。设置文字的对齐方式，其取值如下：

0（默认值）：左对齐，即圆形按钮位于控件的左边，文字显示在右边。

1：右对齐，圆形按钮位于控件的右边，文字显示在左边。

（3）Value（设置和返回值）属性。设置单选按钮在执行时的两种状态：

True：表示选中，运行时该单选按钮的圆圈中出现一个黑点。

False（默认值）：表示未选中。

2．单选按钮响应的事件

选中单选按钮时，将触发 Click 事件，当单击单选按钮时自动改变状态。是否有必要响应此事件，与应用程序的功能有关。例如，当希望通过更新 Label 控件的标题，向用户提供有关选定项目的信息时，对此事件作出响应是很有益的。

3．单选按钮的禁用

如果要禁用单选按钮，只要将其 Enabled 属性设置成 False。运行时，被禁用的单选按钮将变灰，即代表单选按钮失效。

例 5.4　设计一个窗体说明单选按钮的基本应用方法。

新建一个工程，在窗体中放置一个标签 Label1 和 3 个单选按钮 Option1，Option2 和 Option3。在该窗体上设计如下事件过程：

```
Private Sub Option1_Click()
    Label1.Caption = "选择的操作系统：DOS"
End Sub
Private Sub Option2_Click()
    Label1.Caption = "选择的操作系统：Windows"
End Sub
Private Sub Option3_Click()
    Label1.Caption = "选择的操作系统：Linux"
End Sub
```

执行本窗体，单击第二个单选按钮，运行结果如图 5-6 所示。

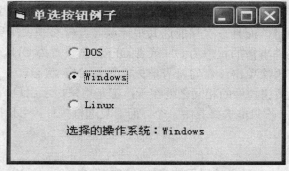

图 5-6　执行界面

5.3.2　复选框

复选框又称"检查框"、"选择框"。复选框有两种状态：选中（复选框中出现一个对勾标志）和不选（复选框空白）。每单击一次复选框，其状态就在选中和不选之间切换。复选框的选中和不选状态可以在运行期间改变。

　　复选框的功能类似于单选按钮，也允许在多个选项中做出选择。但不同的是：一系列单选按钮中只允许选定其中的一个；而在一系列复选框中却可以选择多个。

　　1．复选框属性

　　复选框的属性有 30 多种，前面已经介绍过一些常用的标准控件的公共属性，如 Name、Alignment、Font、Caption、Color 等，以及在命令按钮介绍过的 Style 等属性，都适用于复选框，其使用方法也基本相同，需要注意的是，当复选框的 Style 属性值为 1 时，复选框控件的外观类似于命令按钮，但其作用与命令按钮是不一样的，使用时表现方式也与命令按钮不同。在使用时，单击类似于命令按钮的复选框，按钮处于被按下、并且尚未弹起的状态，即为凹陷状态；再次单击时，按钮弹起，按钮外观恢复原来的形状。即每单击一次复选框，复选框的状态会在凹凸之间来回切换。

　　本节将重点介绍复选框的一些常用属性。

　　（1）Caption（标题）属性。设置显示标题，与一般控件不同，复选框的标题一般显示在复选框的右侧，用来告诉用户复选框的功能。

　　（2）Value（设置和返回值）属性。设置复选框在执行时的三种状态，分别是：

　　0（默认值）：表示未复选，处于这种状态的复选框在运行时复选框前没有"√"标志。

　　1：表示选中，执行时复选框呈现"√"标志。

　　2：表示灰色，复选框呈现"√"标志，但以灰色显示，表示已经处于选中状态，但不允许用户修改它所处的状态。

　　2．复选框响应的事件

　　复选框的常用事件为 Click。复选框的方法很少使用。

　　Click 事件：当用户在一个复选框上单击按钮时发生。

　　3．复选框的应用

　　这里，将通过用复选框来控制一个文本框内文字显示的状态来熟悉复选框的应用。本程序将设计一个由文本框和复选框组成的用户界面，用户可以通过复选框来控制文本框中输入文字的状态，如字体、字号和显示效果。

　　（1）运行 VB，新建一个工程，在窗体上添加 1 个文本框控件和 4 个复选框控件。将文本框的 MultiLine 属性设为 True，然后分别将四个复选框的 Caption 属性设为"黑体"、"粗体"、"斜体"和"下划线"。程序的初始界面如图 5-7 所示。

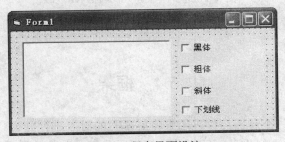

图 5-7　程序界面设计

　　（2）双击 Form1 窗体，打开代码窗口。在文本框控件的 Change 事件中编写如下代码。该过程定义了文本框输入时，文本的字号和字体。

```
Private Sub Text1_Change()
    Text1.FontSize=24
```

```
        Text1.FontName="宋体"
    End Sub
```

（3）在 Check1 复选框的 Click 事件中编写将文本框中文本字体变为黑体的事件过程：

```
    Private Sub Check1_Click( )
        If Check1.Value=1 then
            Text1.FontName="黑体"
        Else
            Text1.FontName="宋体"
        End If
    End Sub
```

（4）与 Check1 复选框的过程相类似，分别编写 Check2、Check3、Check4 复选框的 Click 事件过程，这三个过程分别代表将字体变成粗体、斜体以及为字体加下划线：

```
    Private Sub Check2_Click()
        Text1.FontBold = Not Text1.FontBold
    End Sub
    Private Sub Check3_Click()
        Text1.FontItalic = Not Text1.FontItalic
    End Sub
    Private Sub Check4_Click()
        Text1.FontUnderline = Not Text1.FontUnderline
    End Sub
```

程序设计完毕。按 F5 键运行程序，用户可以先向文本框中输入一段文字，这里输入"学习 Visual Basic 控件的使用"，这段文本将在文本框中显示，字体为宋体，字号为 24 点。

单击"黑体"复选框，可以看到该复选框左侧的小方块中将出线一个对勾符号，表示该复选框已经被选中。此时，文本框中显示的字形发生了改变，字体由宋体变成了黑体。如图 5-8 所示。同样，选中其他复选框也有类似的变化。

图 5-8　选中"黑体"复选框后的效果

当四个复选框都被选中时，文本框中的文字为黑体显示，字形为斜体加粗，并有下划线。读者可以自行验证。

5.4　框架

框架（Frame）是一个容器控件，用来将屏幕上的对象进行分组。不同的对象可以放在一个框架中，框架在视觉上提供了不同对象的按组区分以及总体的激活/屏蔽特性。

框架的属性包括 Enabled、FontBold、FontName、FontUnderline、Height、Left、Top、Visible 和 Width。此外，Name 属性用于在程序代码中标识一个框架，而 Caption 属性定义了框架的可见文字部分。

对于框架而言，通常把 Enabled 属性设置为 True，这样才能够保证框架内的对象是"活动"

的。如果将框架的 Enabled 属性设置为 False，则框架的标题将变灰，框架中的所有对象，都将被屏蔽。

使用框架的主要目的是为了对控件进行分组，把指定的控件放入框架中。为此，必须先画出框架，然后在框架内画出需要成为一组的控件，这样才能使框架内的控件成为一个整体，和框架一起移动。如果在框架外面画一个控件，然后将其拖入到框架内，则该控件不是框架的一部分，当框架移动时，该控件不随框架一起移动。

有时候，可能需要对窗体上（不是框架内）已有的控件进行分组，并把它们放到一个框架中，可以按照如下步骤操作：

（1）选择需要分组的控件。

（2）执行"编辑"菜单中的"剪切"命令（或者按 Ctrl+X 组合键），把选择的控件放入剪贴板。

（3）在窗体上画一个框架控件，并保持其活动状态。

（4）执行"编辑"菜单中的"粘贴"命令（或者按 Ctrl+V 组合键）。

这样，就实现了将所选择的控件放入框架中，作为一个整体移动或删除的目的。

框架常用的事件是 Click 和 DblClick，它不接受用户输入，不能显示文本和图片，也无法与图形相连。

前面介绍了单选按钮。当窗体上有多个单选按钮时，如果选择其中的一个，其他单选按钮将自动关闭。但是，当需要在同一个窗体上建立几组相互独立的单选按钮时，则必须通过框架为单选按钮分组，使得在一个框架内的单选按钮为一组，每个框架内的单选按钮的操作不影响其他组的按钮。

以下将通过一个设置字体类型和大小的实例来熟悉 Frame 中单选按钮的操作。

（1）运行 VB，新建一个工程，在窗体上添加 1 个 TextBox 控件和 2 个框架。每个框架内画两个单选按钮。调整各控件的位置和大小，如图 5-9 所示。

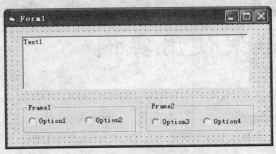

图 5-9　程序设计界面

（2）打开代码窗口，在 Form 窗体的 Load 事件过程中对控件进行初始化：

```
Private Sub Form_Load()
    Frame1.Caption = "字体类型"
    Frame2.Caption = "字体大小"
    Option1.Caption = "宋体"
    Option2.Caption = "楷体"
    Option3.Caption = "20"
    Option4.Caption = "28"
    Text1.Text = "框架使用实例"
End Sub
```

（3）为四个单选按钮的 Click 事件编写事件过程，这些事件过程将处理 TextBox 控件中文本的字体类型和大小。代码如下：

```
'TextBox 控件中的文本显示为宋体
Private Sub Option1_Click( )
    If Option1.Value = True Then
        Text1.FontName = "宋体"
    End If
End Sub
'TextBox 控件中的文本显示为楷体
Private Sub Option2_Click( )
    If Option2.Value = True Then
        Text1.FontName = "楷体_GB2312"
    End If
End Sub
'TextBox 控件中的文本字体大小为 20
Private Sub Option3_Click( )
    If Option3.Value = True Then
        Text1.FontSize = "20"
    End If
End Sub
'TextBox 控件中的文本字体大小为 28
Private Sub Option4_Click( )
    If Option4.Value = True Then
        Text1.FontSize = "28"
    End If
End Sub
```

程序设计完毕，按 F5 键运行程序。程序运行后，选择所需要的字体类型和大小，即可改变文本框中的文本显示效果。运行结果如图 5-10 所示。

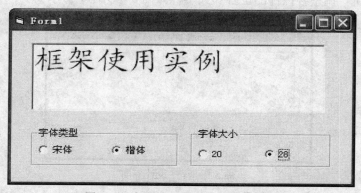

图 5-10　框架中单选按钮的应用实例

5.5　图形控件

Visual Basic 中与图形有关的标准控件有四种：图片框（PictureBox）、图像框（Image）、直线（Line）和形状（Shape）。图片框和图像框是用来显示图片的两种基本控件，用于在窗体的指定位置显示图片。直线和形状可以丰富窗体上的显示内容。以下将详细介绍。

5.5.1　图片框

图片框用于在窗体的特殊位置上放置图形信息，也可以在其上放置多个控件，因此它可作为其他控件的容器。

1. 图片框属性

（1）Picture（图形）属性。返回/设置图片框控件中显示的图形。在设置时，设计阶段可直接利用属性窗口指定，运行阶段可使用 LoadPicture 函数加载。

在设计阶段通过属性窗口的设置，可以把图片载入图片框控件中。下面介绍载入图片的操作步骤：

1）在窗体上创建一个图片框。

2）在属性窗口中找到 Picture 属性，如图 5-11 所示。选择 Picture 属性，并单击该属性栏右侧的"…"按钮。

3）单击省略号后，将弹出如图 5-12 所示的对话框。在对话框中选择一种图形文件类型。从文件列表框中选择要装入的图形文件，然后单击"打开"按钮，完成载入图形文件过程。

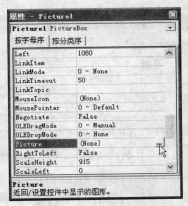

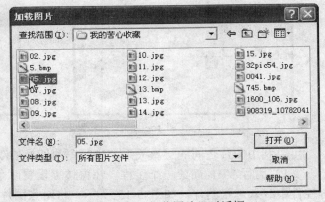

图 5-11　Picture 属性窗口　　　　　　图 5-12　"加载图片"对话框

4）如果需要删除已经载入的图形，只需要选定图片框，然后在 Picture 属性窗口中，将 Picture 框中的内容删除。

Visual Basic 支持以下格式的图形文件：

- .bmp 位图文件。
- .gif 文件。
- .jpg 文件。
- .wmf（Windows Meta File）文件，即通常所说的"绘图命令替代文件"。
- .ico 图标文件或者.cur 指针文件。
- .dib 文件与装置规格无关的位图，这种图形文件不论是在彩色还是在单色屏幕上都可以清晰地显示出来。

在程序运行期间，可以用 LoadPicture 函数把图形文件载入图片框或图像框中。语句格式如下：

对象名.Picture = LoadPicture("[filename]")

其中，[filename]为被载入图片的完整路径和文件名。

（2）AutoSize（自动尺寸）属性。决定控件是否能自动调整大小以显示所有的内容。

（3）Left（左边界）和 Top（顶端）距离属性。Left 和 Top 属性决定了对象的位置。Left 相当于 X—横坐标，Top 相当于 Y—纵坐标，如图 5-13 所示。

只要增加 Left 属性的值，整个对象就会自动往右移动。例如：

```
Private Sub Form_Click()
        Picture1.Left = Picture1.Left + 100
    End Sub
```

每次单击窗体，图片框就会往右边移动 100 个单位（twip）。如果要将图片框往左边移动，只需要减少 Left 属性的值。

另外，减少图片框的 Top 属性，图片框将往上移动；增加图片框的 Top 属性，图片框将向下移动。

如果在窗体上设置 3 个图片框，它们之间还会自动形成一个"上、中、下"的层次关系：第一张在最底层，第二张在中间，第三张在最上方。如果移动第二张图片，使其在第一张和第三张之间穿梭，程序将只改变第二张图的"Top"属性和"Left"属性，而不改变三张图片之间的层次关系，如图 5-14 所示。

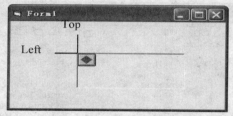

图 5-13　Left 和 Top 属性

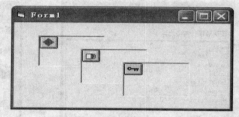

图 5-14　图片之间的层次关系

可以利用图片之间的层次关系，进行图片切换的动画设计。下面将介绍一个简单的实例。

（1）运行 VB，新建一个工程，在窗体上设置两个图片框 Picture1 和 Picture2，每个图片框控件中载入一张图片，如图 5-15 所示。将两张图片重叠在一起，使用户只能看到 Picture2 的图片。

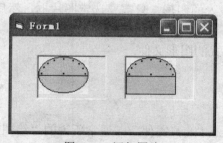

图 5-15　添加图片

（2）为 Picture1 和 Picture2 控件添加 Click 事件过程的代码：

```
Private Sub Picture1_Click()
Picture2.Visible = True
End Sub
Private Sub Picture2_Click()
Picture2.Visible = False
End Sub
```

（3）按 F5 键运行程序，单击 Picture2 控件时，Picture2 自动隐藏，用户就可以看到 Picture1 的图像。单击 Picture1 控件时，Picture2 再次显示，并且覆盖 Picture1 控件，这样就产生了一个切换图片的视觉效果。

（4）Height（高度）及 Width（宽度）属性。图片框分别用 Height 及 Width 两个属性来设置高度及宽度。在加载图片时，如果图片的实际大小比图片框的默认大小还要大，超出的部分是看不到的。不过，如果事先将图片框的 AutoSize 属性设置为 True，则图片框的默认大小会根据图片的实际大小而自动调整。

但是，如果以后运行缩小图片框的语句，即将图片框的宽度减少，整个图片将有一部分看不到，因为该操作只是调整图片框，而不是调整图片的大小，所以不会使整张图片跟着缩小。如果要让图片能够跟着放大、缩小，就必须使用图像框（Image）。

（5）BorderStyle（边界）属性。图片框的 BorderStyle 属性有两种设置值。如果设置值为 0，则没有边框线；如果设置值为 1，则为单线。

（6）ToolTipText（工具提示文本）属性。除了窗体之外，几乎所有的控件都有 ToolTipText 属性。ToolTipText 即"工具提示文本"，它可以让用户马上就能够熟悉应用程序界面上的元素意义。当鼠标指向应用程序界面上的某个元素时，将弹出一个文本提示框，如图 5-16 所示。

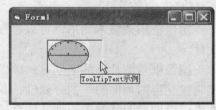

图 5-16　ToolTipText 的演示

2．twip 计量单位

Visual Basic 开发环境中，图像是以像素（pixel）为单位的。在 640×480 分辨率下画出来的正方形，如果切换到 800×600 或者 1024×768，正方形就不再像正方形了。此外，在 1024×768 的分辨率下，一个"512×384"的图形相当于 1/4 个屏幕；但是，在 640×480 或者 800×600 的分辨率下，该图形却大于 1/4 个屏幕。

为了解决以上的两个问题，Visual Basic 使用了一种与屏幕分辨率没有关系的计量单位，即 twip。屏幕上的 1440twips 相当于打印机上打印出来的 1 英寸，而 567twips 相当于 1 厘米。

如果程序使用 1440twips×1440twips 画一个正方形，不管该程序将来是在 640×480、800×600 还是 1024×768 的环境下运行，打印该正方形时，都会得到一个 1 英寸×1 英寸的正方形。

如果用户想要使用其他的计量单位，只需要重新设置 ScaleMode 属性即可。例如，设为 3-pixel，即表示以像素为单位。

例 5.5　设计一个窗体，以命令按钮选择方式显示春、夏、秋、冬四个季节的图片。图 5-17 所示，是一幅秋天的图片。

图 5-17　图片框执行界面

首先添加一个窗体，在其中放置一个图片框 Picture1 和 4 个命令按钮。在该窗体上设计如下事件过程：

```
Private Sub Command1_Click
    Picture1.Picture = LoadPicture("e:\sf\spring.jpg")
End Sub
Private Sub Command2_Click
    Picture1.Picture = LoadPicture("e:\sf\summer.jpg")
End Sub
Private Sub Command3_Click
    Picture1.Picture = LoadPicture("e:\sf\fall.jpg")
End Sub
Private Sub Command4_Click
    Picture1.Picture = LoadPicture("e:\sf\winter.jpg")
End Sub
```

5.5.2　图像框

图像框用来显示图形，可以显示位图、图标、图元文件、增强型图元文件、JPEG 或 GIF 文件。

图像框与图片框的区别是：图像框控件使用的系统资源比图片框少而且重新绘图速度快，但它仅支持图片框的一部分属性、事件和方法。两种控件都支持相同的图片格式，但图像框控件中可以伸展图片的大小使之适合控件的大小，而图片框控件中不能这样做。

（1）Picture（图形）属性。返回/设置图像框控件中显示的图形。在设置时，设计阶段可直接利用属性窗口指定，运行阶段可使用 LoadPicture 函数加载。

（2）Stretch（控件随图片变化）属性。返回/设置一个值，决定是否调整图形的大小以适应图像框控件。该属性取值如下：

- False：这是默认值，当图形载入时，图像框本身会自动调整大小，使得图形可以填满图像框。
- True：当图形载入时，图形自动调整大小，填满整个图像框。

以下，将通过一个实例来比较图片框和图像框的区别。

（1）运行 VB，新建一个工程，在窗体上添加一个图片框 Picture1 和一个图像框 Image1，将 Image1 控件的 Stretch 属性设置为 True。每个控件中载入一张图片。

（2）添加图片框和图像框的 Click 事件过程代码：

```
Private Sub Image1_Click()
    Image1.Width = Image1.Width + 50
End Sub
Private Sub Picture1_Click()
    Picture1.Width = Picture1.Width + 50
End Sub
```

按 F5 键运行程序，分别单击 Picture1 控件和 Image1 控件。每次单击图片框时，图片框的外框将放大，而图片不变。每次单击图像框时，图片会沿着水平方向跟随图像框控件的放大而自动放大，如图 5-18 所示。

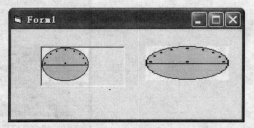

图 5-18　图片框和图像框的比较

　　分析二者的差异，可以发现主要差异在于图像框有 Stretch 属性，而图片框没有。图片框的 AutoSize 属性只有在加载图片时才会被调整，并不等于图像框的 Stretch 属性。

　　例 5.6　设计一个窗体，说明图像框 Stretch 属性的作用。

　　首先添加一个窗体，在其中放置 1 个图像框 Image1（其 Picture 属性设置为"e:\media\happy.bmp"）和 2 个命令按钮（分别为 Command1 和 Command2）。在该窗体上设计如下事件过程：

```
Private Sub Command1_Click()          '实现"原大小"功能
    Image1.Width = 100                '设置图像框大小
    Image1.Height = 100
    Image1.Stretch = False
End Sub
Private Sub Command2_Click()          '实现"放大"功能
    Image1.Width = 1500               '设置图像框大小
    Image1.Height = 1500
    Image1.Stretch = True
End Sub
```

　　执行本程序，单击"原大小"命令按钮的界面如图 5-19 所示，单击"放大"命令按钮的界面如图 5-20 所示。

图 5-19　单击"原大小"命令按钮　　　　　　图 5-20　单击"放大"命令按钮

5.5.3　直线和形状

　　直线（Line）和形状（Shape）也是图形控件。利用直线和形状控件，可以使窗体显示的内容更丰富、效果更好，例如在窗体添加简单的线条和图形等。

　　直线、形状通常为窗体提供可见的背景。用直线控件可以建立简单的直线，通过属性的变化可以改变直线的粗细、颜色和线型。用形状控件可以在窗体上画矩形，通过设置该控件的 Shape 属性可以画出圆、椭圆和圆角矩形，同时还可以设置形状的颜色和填充图案。

　　1. 直线

　　直线（Line）用来在窗体、框架或图片框中创建简单的线段。通过属性设置可控制线条的位置、长度、颜色和样式来定义应用程序的外观。

　　（1）属性

　　1）BorderColor（边界颜色）属性。BorderColor 属性用来设置直线的颜色。BorderColor 用 6 位十六进制数表示。当通过属性窗口设置 BorderColor 属性时，会显示一个调色板，用户可以从中选择需要的颜色，而不需要考虑十六进制数值所代表的颜色。

　　2）BorderStyle（边界类型）属性。该属性用来确定直的边界线的线型，可以取七种值：

0 - Transparent　　　　　　　　　　　　　　（透明）

1 - Solid　　　　──────────────　（实线）

2 - Dash　　　　——　——　——　——　——　（虚线）

3 - Dot　　　　·····························　（点线）

4 - DashDot　　—　·　—　·　—　·　—　·　—　·　—　（点划线）

5 - Dash-Dot-Dot　—··—··—··—··—··—··—　（双点划线）

6 - Inside Solid　　————————————　（内实线）

当属性 BorderStyle 的值为 0 时，控件实际上是不可见的，Visual Basic 认为它可见；尽管该控件没有明显的内容，但它仍在窗体上。如果执行了相应的操作（例如将 BorderStyle 的属性设置为 1），则可以显示出来。

3）BorderWidth（边界线宽度）属性。BorderWidth 属性用来指定直线边界线的宽度，默认时以像素为单位。对于形状控件，当 BorderStyle 属性值为 6 时，其边界线的宽度画线向内扩展；当 BorderStyle 属性值为 1～5 时，其边界线的宽度画线向外扩展。BorderWidth 属性值最小为 1，不能设置为 0。

（2）事件和方法

线条的事件和方法很少使用。

例 5.7　设计一个窗体说明线条的基本应用方法。

首先在工程中添加一个窗体。在其上使用线条控件绘制一个立方体，如图 5-21 所示。

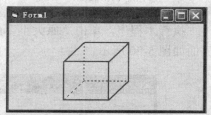

图 5-21　线条例子执行界面

添加一个窗体，在其中放置 4 条线形成立方体的上平面，选择这些线条，单击鼠标右键，复制该平面线条，粘贴到窗体上，移动到下方形成立方体的下平面，然后添加中间的 4 条连线。将看不见的三条线的 BorderStyle 属性设置为 3（点线），将所有其他线条的 BorderColor 属性设置为红色，BorderWidth 属性设置为 2。

2. 形状

形状（Shape）控件可以在窗体、框架或图片框中创建矩形、正方形、椭圆形、圆形、圆角矩形或圆角正方形。可以设置形状的样式、颜色、填充样式、边框颜色和边框样式等。

（1）属性

1）FillColor（填充颜色）属性。FillColor 属性用于设置形状的内部颜色，设置方法与 BorderColor 属性的设置相同。

2）FillStyle（填充样式）属性。FillStyle 属性用于设置形状控件内部的填充图案。有以下 8 种属性值可以供选择：

0 - Solid　　　　　　　　　（实心）

1 - Transparent　　　　　　（透明）

2 - Horizontal Line　　　　（水平线）

3 - Vertical Line　　　　　（垂直线）

4 - Upward Diagonal　　　（向上对角线）

5 - Downward Diagonal　　（向下对角线）

6 - Cross　　　　　　　　（交叉线）

7 - Diagonal Cross　　　　（对角交叉线）

3）Shape（形状）属性。Shape 属性用于确定所画形状的几何特性。有以下 6 种属性值可以选择（括号内的值为常量）：

0 - Rectangle	矩形（默认）
1 - Square	正方形
2 - Oval	椭圆形
3 - Circle	圆形
4 - Rounded Rectangle	圆角矩形
5 - Rounded Square	圆角正方形

4）BackStyle（背景样式）属性。BackStyle 属性用于设置形状的背景样式是透明的还是不透明的，其设置值为 0 或 1。当该属性值为 0（默认）时，形状边界内的区域是透明的；而当值为 1 时，该区域由 BackColor 属性所指定的颜色来填充（BackColor 默认颜色为白色）。

（2）事件和方法

形状的事件和方法很少使用。

例 5.8　设计一个窗体说明形状的基本应用方法。

新建一个工程，在窗体上放置一个形状 Shape1 和一个框架 Frame1，在框架中放置 6 个单选按钮用于控制形状的外观。在该窗体上设计如下事件过程：

```
Private Sub Option1_Click()
    Shape1.Shape = 0
End Sub
Private Sub Option2_Click()
    Shape1.Shape = 1
End Sub
Private Sub Option3_Click()
    Shape1.Shape = 2
End Sub
Private Sub Option4_Click()
    Shape1.Shape = 3
End Sub
Private Sub Option5_Click()
    Shape1.Shape = 4
End Sub
Private Sub Option6_Click()
    Shape1.Shape = 5
End Sub
```

执行本窗体，选择"椭圆形"单选按钮，出现如图 5-22 所示的形状。

以上学习了直线和形状控件的一些特征属性，接下来通过一个实例的编写来熟悉对直线和形状控件的设置和操作。本案例主要实现在窗体上画出直线、矩形、圆角矩形、正方形、圆角正方形、圆和椭圆等图形，并且使用默认的白色来填充。

1）运行 VB，新建工程，在窗体上添加一个直线控件和六个形状控件，如图 5-23 所示。

图 5-22　形状例子执行界面

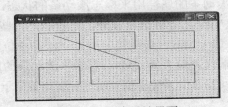

图 5-23　程序设计界面

2）在窗体的 Click 事件过程中添加如下代码：

```
Private Sub Form_Click()
        Form1.Line1.X1=50
        Form1.Line1.Y1=50
        Form1.Line1.X2=1500
        Form1.Line1.Y2=1500
        Shape1.Shape=0
        Shape1.BackStyle=1
        Shape2.Shape=1
        Shape2.BackStyle=1
        Shape3.Shape=2
        Shape3.BackStyle=1
        Shape4.Shape=3
        Shape4.BackStyle=1
        Shape5.Shape=4
        Shape5.BackStyle=1
        Shape6.Shape=5
        Shape6.BackStyle=1
End Sub
```

按 F5 键运行程序，单击窗体，窗体上将显示出以白色进行填充的矩形、圆角矩形、正方形、圆角正方形、圆和椭圆等六种图形；同时，将窗体上原来的直线按照重新给定的坐标进行显示，如图 5-24 所示。

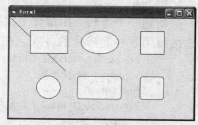

图 5-24　程序运行结果

5.6　滚动条

滚动条通常用来附在窗口上帮助观察数据或者确定位置，也可以用来作为数据输入的工具，被广泛地应用于 Windows 应用程序中。

滚动条分为两种：水平滚动条和垂直滚动条。除滚动方向不同外，水平滚动条和垂直滚动条的结构和操作是一样的。滚动条的两端各有一个滚动箭头，在滚动箭头之间有一个滚动框。

1.　滚动条属性

在一般情况下，垂直滚动条的值由上往下递增，最上端代表最小值（Min），最下端代表最大值（Max）。水平滚动条的值从左向右递增，最左端代表最小值，最右端代表最大值。滚动条的值均以整数表示，取值范围为-32768～32767。

滚动条的坐标系与其当前的尺寸大小没有关系。可以把每个滚动条当作有数字刻度的直线，从一个整数到另一个整数。这条直线的最小值和最大值分别在该直线的左、右端点或上、下端点，其值分别赋给属性 Min 和 Max，直线上的点数为 Max-Min。滚动条的长度（像素值）与坐标系没有关系。

滚动条的属性用来标志滚动条的状态，除支持 Enabled、Height、Width、Left、Caption、Top、Visible 等标准属性外，还有以下一些特有的属性：

（1）Max（最大值）属性。滚动条位于最底端或者最右端时所代表的值。垂直滚动条的最底端代表最大值（Max）。水平滚动条的最右端代表最大值。取值范围为-32768～32767。

（2）Min（最小值）属性。滚动条位于最顶端或者最左端时所代表的值。取值范围同 Max 属性。

设置 Min、Max 属性后，滚动条被分为 Max-Min 个间隔。当滚动框在滚动条上移动时，其属性 Value 值也随之在 Max 和 Min 之间变化。

（3）Value（设置和返回值）属性。当前滚动条所代表的值，范围在 Max 与 Min 之间。

（4）LargeChange（最大增量）属性。单击滚动框与滚动条两端之间的空白区域时，Value 属性值的增加或减小的增量值。

（5）SmallChange（最小增量）属性。单击滚动条两端的箭头时，Value 属性增加或减小的增量值。

2．滚动条事件

滚动条控件用 Scroll 和 Change 事件监视滚动框沿滚动条的移动。在移动滚动框时发生 Scroll 事件，当单击滚动箭头或滚动条时不触发该事件，在滚动框移动后发生 Change 事件。因此可以用 Scroll 事件来跟踪滚动条的动态变化，用 Change 事件来得到滚动条的最后结果。

以下通过范例来学习滚动条的使用。该例程序将建立一个滚动条，并在文本框中显示滚动条当前的值。

（1）运行 VB，新建一个工程，在窗体上添加 1 个滚动条控件、2 个 Label 控件、2 个 TextBox 控件。调整各控件的位置和大小，程序的初始界面如图 5-25 所示。

（2）设置滚动条控件 Hscroll1 的 LargeChange、SmallChange、Max 和 Min 属性分别为：10、2、200 和 0。

（3）双击滚动条，在弹出的代码窗口中输入 Hscroll1 控件的 Change 过程和 Scroll 过程：

```
Private Sub HScroll1_Change()
    Text2.Text = Str$(HScroll1.Value)
End Sub
Private Sub HScroll1_Scroll()
    Text1.Text = Str$(HScroll1.Value)
End Sub
```

程序设计完毕，按 F5 键运行程序。程序运行后，单击滚动条两端的箭头，则在 Text2 控件（"结果值"显示框）中的值以 2 为单位发生改变；单击滚动框与两端之间的部分，则 Text2 控件中的值以 10 为单位发生改变。如果用鼠标拖动滚动框，则 Text1 控件（"当前值"显示框）中的值动态显示当前滚动框在滚动条中的位置，当停止拖动滚动框时，Text2 控件和 Text1 控件显示滚动条的最终结果，如图 5-26 所示。

图 5-25　程序设计界面

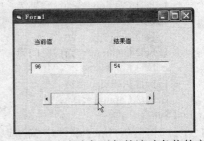

图 5-26　拖动滚动条引起的滚动条值的变化

5.7　计时器

Visual Basic 可以利用系统内部的计时器计时，而且提供了定制时间间隔的功能，可以让用户自行设置计时器事件的时间间隔。

Visual Basic 的事件分为用户事件和系统事件两类。所谓的用户事件，即由用户引发的事件，例如 Click、DblClick 或者 MouseMove 等；系统事件是由 Windows 系统内部所产生的事件，如计时器的计时事件就是典型的系统事件。

只要双击工具箱中的计时器（Timer）图标，窗体的正中间就出现计时器控件。虽然计时器控件的四周也会出现控制柄，但是计时器的大小是无法调整的，事实上也没有必要去调整计时器的大小，因为计时器只是在程序设计阶段出现在窗体上，一旦程序运行后，它就退到程序后台。

如果需要，用户可以使用两个或者两个以上的计时器。

1. 计时器属性

（1）Enabled（操作）属性。决定计时器控件是否开始计时。其语法如下：

　　Object.Enabled=True 或 False

若设置为 True（默认值），表示启动计时器开始计时；否则，表示暂停计时器的使用，在需要启动计时器时再将 Enabled 属性设置为 True 即可。

（2）Interval（时间间隔）属性。设置两个计时器事件之间的时间间隔。该属性值的单位为毫秒，取值范围是 0～65535ms。若将 Interval 属性值设置为 1000ms，即将时间间隔设置为 1s，则每隔 1s 就会触发一次 Timer 事件。由此可以看出，若想在 1s 内执行 n 个计时器事件，则必须将 Interval 属性的值设置为 1000/n 才可以实现。系统初始值设置为 0。

2. 计时器响应的事件

计时器的主要事件就是 Timer 事件。在每隔 Interval 指定的时间间隔就执行一次该事件过程。

以下，将通过设计一个由计时器控件的 Timer 事件控制时间的显示框。

（1）运行 VB，新建一个工程，在窗体上添加 1 个计时器控件和 4 个 Label 控件。将其中两个 Label 控件的 BorderStyle 属性设置为 1-FixedSingle（有边框）。将计时器的 Interval 属性设置为 1000。调整各控件的位置和大小，如图 5-27 所示。

（2）打开代码窗口，在 Form1 窗体的 Load 事件中编写实现 Label 控件初始化的代码：

```
Private Sub Form_Load()
        Label1.FontName = "黑体"
        Label1.FontSize = 20
        Label1.Caption = "当前日期为："
        Label2.FontName = "黑体"
        Label2.FontSize = 20
        Label2.Caption = "当前时间为："
        Label3.FontName = "黑体"
        Label3.FontSize = 24
        Label3.Caption = Date
End Sub
```

（3）在计时器的 Timer 事件中编写以下事件过程。该过程用 Time 函数来接收和处理 Timer 事件返回的时间值，然后以"时:分:秒"的形式显示在 Label 控件上：

```
Private Sub Timer1_Timer()
        Label4.FontName = "Times New Roman"
        Label4.FontSize = 24
        Label4.Caption = Time
End Sub
```

至此，程序设计完毕，按 F5 键运行程序。程序运行后，会得到如图 5-28 所示的结果界面。

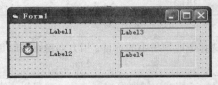

图 5-27　时间显示框界面设计

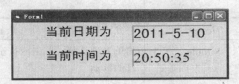

图 5-28　利用计时器设计的数字表

5.8　列表框和组合框

列表框（ListBox）控件和组合框（ComboBox）控件将一系列的选项组合成一个列表，用户可以选择其中的一个或几个选项。列表框控件中可以添加一系列选项（当选项数目较多时，有滚动条）。它的选项由程序插入列表框控件中，用户不能向列表清单中直接输入项目，但可以用鼠标选择其中的一个或几个选项。组合框控件也包含多个选项，但它是个可扩展的列表框控件，用户可以展开组合框控件进行选择，所以它可以在窗体中占用较少的空间。另外，采用组合框控件可以输入新项目，并不局限于选择控件中列出的项目。虽然组合框控件的优势比较明显，但实际上，列表框控件用得比组合框控件更普遍。下面对列表框控件的属性和方法加以介绍，然后介绍这些属性和方法在组合框控件中的应用。

5.8.1　列表框（ListBox）

1. ListBox 控件的属性

对于一些普遍适用的属性，用户可以根据 TextBox 控件推测出其在 ListBox 控件和 ComboBox 控件中的含义和使用方法，在此主要介绍 ListBox 控件所特有的属性。

（1）List（列表项目）属性。List 属性是保存表中项目的数组。用于返回/设置控件的列表部分中包含的项目。数组下标从 0 开始，元素 List(0)保存表中的第一个项目，List(1)保存第二个项目，依此类推。

（2）Columns（列）属性。Columns 属性用来确定列表框的列数。当该属性设置为 0（缺省值）时，所有的项目呈单列显示；如果该属性值大于或等于 1，则列表框呈多列显示。缺省显示一列时，如果表项总高度超过了列表框的高度，将在列表框的右边加上一个垂直滚动条，可以通过它上下移动列表。当 Columns 属性值不为 0 时，如果表项的总高度超过了 ListBox 控件的高度，则将部分列表项目移动到右边一列或几列显示。当各列的宽度之和超过了列表框宽度时，将在底部增加一水平滚动条。

（3）ListCount（列表数目）属性。ListCount 属性值代表了表中的项目数。

（4）ListIndex（项目索引）属性。ListIndex 属性是表中所选项目的索引号，如果选择了多个项目，则 ListIndex 是最近所选项目的索引号。

（5）Selected（选择项）属性。Selected 属性是个数组，类似于 List()属性，与 List 数组中的元素一一对应。元素的具体值取决于 List 表中元素的状态。选择表中的元素时，其值为 True，否则为 False。对于多项选择，只能用这个属性判断某个元素是否被选中。

（6）MultiSelect（多选择项）属性。MultiSelect 属性决定用户是否可以在控件中做多重选择，它必须在设计时设置，运行时只能读取该属性。MultiSelect 属性值的说明如表 5-1 所示。

表 5-1　MultiSelect 属性值

值	含义	说明
0	None	不允许使用多选择项（缺省值）
1	Simple	简单多项选择，单击或按空格键来选择或取消表中的项目，用方向键可控制焦点项目的移动
2	Extended	扩展多项选择，按 Shift 键并单击鼠标或按方向键即可扩展选项。这可以高亮显示上一选项和当前选项之间的所有项目，按 Ctrl 并单击鼠标选择或取消表中项目

（7）SelCount（选中项目数目）属性。SelCount 属性报告在 ListBox 控件中所选项目的数目，只有在 MultiSelect 属性值设置为 1（Simple）或 2（Extended）时起作用，通常与 Selected 数组一起使用，以处理控件中的所选项目。

（8）Sorted（排序）属性。Sorted 属性指出控件元素是否自动按字母顺序排序，该属性只能在程序设计时设置，程序运行时是个只读属性。Sorted 属性值为 True 时，ListBox 控件中显示的项目按字母升序排列，并且与大小写相关，大写字母出现在相应的小写字母之前，但大小写字母放在一起时，按字母顺序排列，例如，假设列表框中有 6 个项目"AB"、"Ab"、"BA"、"ab"、"ba"、"aB"，且 Sorted 值为 True，则在列表框中上述项目的排列顺序是：

AB　　　Ab　　　aB　　　ab　　　BA　　　ba

从这个排序的结果可以看出，在字母顺序排序的基础上，又按照大小写进行排序。

（9）Text（选中项目文本）属性。Text 属性用于存放被选中列表项的文本内容。该属性是只读的，不能在属性窗口中设置，也不能在程序中设置，可在程序中引用 Text 属性值，只用于获取当前选定的列表项的内容。

2. ListBox 控件的方法

对 ListBox 控件的操作方法有三种情况：AddItem（向列表框中加入项目）、RemoveItem（从列表框中删除项目）、Clear（清除列表框中的项目）。

（1）AddItem（添加项目）方法：向列表框中添加项目，其一般格式为：

　　　　列表名称.AddItem item[,index]

其中，item 参数是要加到列表框中的字符串，index 参数是索引号。同 List 数组一样，表中第一个项目的索引号为 0，index 参数是可选项，省略时，字符串自动添加到列表框的末尾。如果 Sorted 属性为 True，则不管 index 参数设置为何值，新添项目自动插到表中正确的排序位置。

（2）RemoveItem（删除项目）方法：用于删除列表框中的项目，其语法是：

　　　　列表名称.RemoveItem index

其中，index 参数是要删除的项目的索引号。要删除列表框中的项目，必须找到该项目在列表框中的位置（index），然后将其提供给 RemoveItem 方法。与 AddItem 方法不同，该参数必须提供。

（3）Clear（清除项目）方法：可以删除 ListBox 控件中的项目。该方法能删除控件中的所有项目，其语法是：

　　　　Listl.Clear

例 5.9　设计一个窗体，说明列表框的基本应用方法。

首先在工程中添加一个窗体，其执行界面如图 5-29 所示，可以通过多项选择，然后单击中间的命令按钮在两个列表框中移动所选项目。

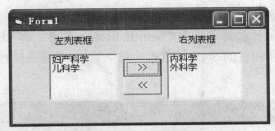

图 5-29   列表框例子执行界面

添加一个窗体，在其中放置两个标签（从左到右为 Label1 和 Label2）、两个列表框（从左到右为 List1 和 List2）和两个命令按钮（从上到下为 Command1 和 Command2）。向列表框 List1 中输入 4 个选择项："内科学"、"外科学"、"妇产科学"和"儿科学"。在该窗体上设计如下事件过程：

```
Private Sub Command1_Click()
    List2.AddItem List1.Text
    List1.RemoveItem List1.ListIndex
End Sub
Private Sub Command2_Click()
    List1.AddItem List2.Text
    List2.RemoveItem List2.ListIndex
End Sub
```

5.8.2   组合框（ComboBox）

ComboBox 控件实际上是可扩展的 ListBox 控件，允许包含多个用户可以选择的项目，但占用更少的用户界面空间，大多数 ListBox 控件的属性和方法也适用于 ComboBox 控件。要访问控件的项目，可以用 List 数组，控件的当前选项由控件的 Text 属性确定，AddItem 方法将项目加入到组合框的项目列表中，RemoveItem 方法将组合框中选定的项目删除，Sorted 属性决定在组合框中显示的项目是否排序。

ComboBox 的类型有三种，由控件的 Style 属性值确定采用何种类型的组合框。表 5-2 列出了 Style 属性的可设置的属性值和含义。

表 5-2   ComboBox 控件的 Style 属性值

值	含义	说明
0	DropDown Combo	缺省值，采用下拉式组合框。控件由下拉清单和文本框构成。用户可以在清单中选择项目，也可以在文本框中输入新项目
1	Simple Combo	简单组合框，包括文本框和无法下拉的清单，用户可以在清单中选择项目，也可以向文本框输入新项目
2	DropDown List	下拉清单，用户可以在下拉清单中选择项目

下面将通过一个实例来熟悉 ListBox 控件和 ComboBox 控件的使用。本例要实现的功能是用户在姓名文本框中输入"姓名"，在"身份"列表框中选择身份（提供 3 种默认身份：管理员、教师、学生，用户可以输入与自己身份相称的文本），然后将此两项内容连接起来输入到 ListBox 控件中。用户可以删除 ListBox 控件中选定的项目，也可以清空 ListBox 控件中的所有项目。

（1）运行 VB，新建一个工程，在窗体上添加 1 个文本框控件、1 个 ListBox 控件、1 个 ComboBox 控件、3 个 Label 控件和 3 个 CommandButton 控件。将 ListBox1 控件的 Sorted 属性设为 True，ComboBox1 控件的 Style 属性设为默认值 0。调整各控件的位置和大小，程序的初始界面如图 5-30 所示。

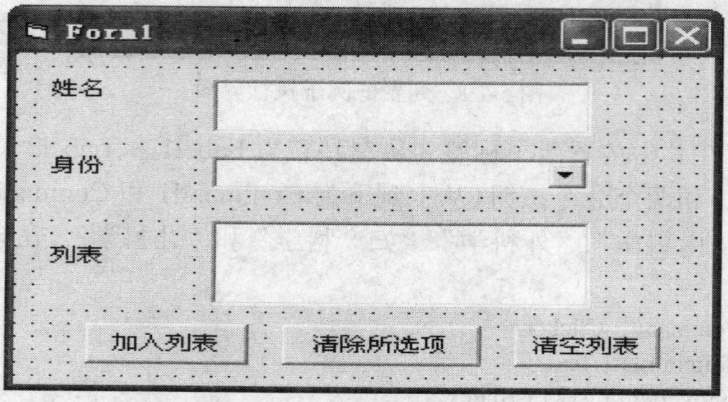

图 5-30   程序设计界面

（2）在 Form1 的 Load 过程中进行 ComboBox1 控件的初始化，添加如下代码：

```
Private Sub Form_Load()
    Combo1.AddItem "管理员"
    Combo1.AddItem "教师"
    Combo1.AddItem "学生"
    '将组合框 List 数组中的第一个元素作为组合框的 Text 属性值
    Combo1.Text = Combo1.List(0)
End Sub
```

（3）由于本例应用程序首先要求用户输入姓名，因此应用程序界面一旦被激活，输入光标应该位于文本框中，代码如下：

```
Private Sub Form_Activate()
    Text1.SetFocus
End Sub
```

（4）"加入列表"命令按钮可以将用户输入的姓名、身份按照一定的格式加到 ListBox 控件上，调用 ListBox 控件的 AddItem 方法实现。代码如下：

```
Private Sub Command1_Click()
    List1.AddItem Text1.Text + Combo1.Text
End Sub
```

（5）"清除所选项"命令按钮，可以删除某些 ListBox 上的项目，使用 ListBox 控件的 RemoveItem 方法实现。代码如下：

```
Private Sub Command2_Click()
    If List1.ListIndex >= 0 Then
        List1.RemoveItem List1.ListIndex
    Else
        MsgBox "请选择要删除的项目"
    End If
End Sub
```

（6）"清空列表"命令按钮提供了清空 ListBox 控件中所有项目的直接命令。调用 ListBox 的 Clear 方法实现。代码如下：

```
Private Sub Command3_Click()
```

```
        List1.Clear
    End Sub
```

程序设计完毕，按 F5 键运行程序。程序运行时的用户界面如图 5-31 所示。

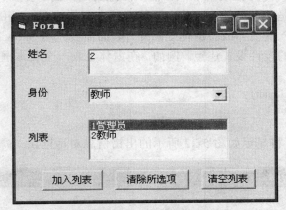

图 5-31　清除所选项的操作界面

5.9　焦点和 Tab 顺序

焦点和 Tab 顺序是 Visual Basic 应用程序中两个重要概念。在本节中，将介绍如何设置焦点以及怎样使用 Tab 键在控件间进行焦点移动的操作。

5.9.1　设置焦点

所谓焦点，即 Focus，代表接受用户鼠标或者键盘的能力。当一个对象具有焦点时，它可以接受用户的操作。在 Windows 系统中，同一时刻可以运行多个应用程序，但是只有具有焦点的应用程序才有活动标题栏，才能响应用户的操作。同理，在含有多个文本框的窗体中，只有具有焦点的文本框才能接受用户的输入或编辑。

当一个对象得到焦点时，就会触发 GotFocus 事件；而当对象失去焦点时，将触发 LostFocus 事件。LostFocus 事件过程通常用来对更新进行确认和有效性检查，也可用于修正或改变在 GotFocus 事件过程中设立的条件，窗体和多数控件均支持这两种事件。

用下面的方法可以为一个对象设置焦点。

● 在运行时，单击该对象。

● 运行时，用快捷键选择该对象。

● 在程序代码中使用 SetFocus 方法。

焦点只能移动到可视的窗体或控件上，因此，只有当一个对象的 Enabled 和 Visible 均为 True 时，它才能够接受焦点。Enabled 属性允许对象响应由用户产生的事件，比如键盘和鼠标事件，而 Visible 属性决定了对象是否可见。

此外，还应该注意，并不是所有的对象都可以接受焦点。例如：框架（Frame）、标签（Label）、菜单（Menu）、直线（Line）、形状（Shape）、图像框（Image）和计时器（Timer）等控件都不能接受焦点。对于窗体来说，只有当窗体上的任何控件都不能接受焦点时，该窗体才能接受焦点。

对于大多数可以接受焦点的控件来说，从外观上可以看出它是否具有焦点。例如，当复选框、单选按钮、命令按钮等控件具有焦点时，在其内侧或外侧有一个虚线框。

用户可以通过 SetFoucs 方法设置焦点。需要注意的是，由于在窗体的 Load 事件完成前，窗体或者窗体上的控件是不可见的，因此，不能直接在窗体的 Load 事件过程中使用 SetFocus 方法把焦点移到正在装入的窗体或者窗体上的控件，而需要先用 Show 方法显示窗体，然后才能对该窗体或者窗体上的控件设置焦点。例如，在窗体上画一个文本框，编写如下代码，程序运行将会出错：

```
Private Sub Form_Load()
    Text1.SetFocus
End Sub
```

按 F5 键运行程序，将显示如图 5-32 所示的出错信息对话框。

图 5-32　在窗体可见前不能设置控件的焦点

分析出错的原因，正是因为窗体在加载的过程中，控件是不可见的。因此要解决这个问题，必须在设置焦点前使窗体可见，可以通过添加 Show 方法来实现：

```
Private Sub Form_Load()
    Form1.Show
    TEXT1.SetFocus
End Sub
```

5.9.2　Tab 顺序

Tab 顺序是在按 Tab 键时，焦点在控件间移动的顺序。当窗体上有多个控件时，单击某个控件，就可以把焦点移到该控件中（如果该控件有焦点）或者使该控件成为活动控件。除了鼠标外，用 Tab 键也可以把焦点移到某个控件中。每按一次 Tab 键，可以使焦点从一个控件移动到另一个控件。所谓 Tab 顺序，就是指焦点在各个控件之间的移动顺序。

一般来说，Tab 顺序由控件建立时的先后顺序确定。例如，假定在窗体上建立了 4 个控件，两个文本框控件和两个命令按钮控件，按照如下顺序建立：

Text1→Text2→Command1→Command2

建立以后这四个控件按照建立的先后顺序，TabIndex 值分别为 0、1、2、3，执行时，光标位于 Text1 中，每按一次 Tab 键，焦点就按 Text2、Command1、Command2 的顺序在多个控件间移动。当光标位于 Command2 时，继续按 Tab 键，则焦点又重新返回到 Text1 控件。

可以获得焦点的控件都有 TabStop 属性，用它可以控制焦点的移动。该属性默认为 True。如果把它设置成 False，则用 Tab 键移动焦点时会跳过该控件。TabStop 属性为 False 的控件，仍然保持它在实际的 Tab 顺序中的位置，只不过在按 Tab 键时这个控件被跳过。

在设计阶段，可以通过属性窗口中的 TabIndex 属性来改变 Tab 顺序。在上述例子中，如果想把 Text2 的顺序由 1 改为 0，则其他几个控件的 TabIndex 值就要随之发生相应的变化。从 Text1 到 Command1 到 Command2 控件，TabIndex 属性分别为 1、2、3。Tab 顺序如下：

　　Text2→Text1→Command1→Command2

此外，也可以通过代码来实现 Tab 顺序的改变：

　　Text2.TabIndex=0

在 Windows 及其他一些应用程序中，通过 Alt 键和某个特定的字母，可以把焦点移动到特定的位置，也就是快捷键操作。在 Visual Basic 中，只需要把"&"加在标题的某个字母前面，即可实现。

5.10　文件系统控件

在许多应用程序中，都需要对文件进行操作，显示关于磁盘驱动器、目录（文件夹）和文件的信息。Visual Basic 提供了三个文件系统控件：驱动器列表框控件（DriveListBox）、目录列表框控件（DirListBox）和文件列表框控件（FileListBox），如图 5-33 所示。用户可以利用这三个控件组合成一个文件操作对话框或者设计相关的文件管理程序等。本节将介绍这些控件的属性和用法。

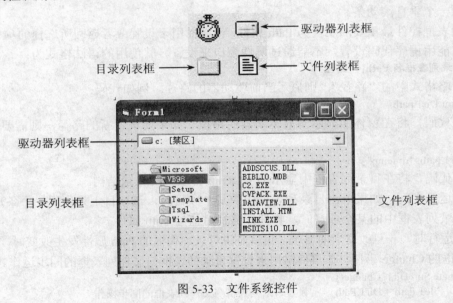

图 5-33　文件系统控件

5.10.1　驱动器列表框（DriveListBox）

驱动器列表框控件是下拉式列表框，用于选择一个驱动器。默认时在用户系统上显示当前驱动器号。用户可以用鼠标或 Tab 键把焦点定位在该控件上，然后输入任何有效的驱动器标识符；也可以单击右侧的下拉箭头，下拉出一个系统所有有效的驱动器列表，并从中选定一个驱动器，该驱动器将出现在列表框的顶部。

驱动器列表框控件最重要的属性为 Drive 属性，该属性用于设置或者返回所选择的驱动器名。Drive 属性只能用程序代码设置，不能通过属性窗口来设置。其使用语法格式为：

驱动器列表框名.Drive[="驱动器名"]

其中，"驱动器名"是指定的驱动器，默认时显示计算机系统中的当前驱动器。如果所选择的驱动器在当前计算机系统中不存在，将产生错误。

有如下代码：

```
Drive1.Drive = "D:"
```

执行该代码，驱动器列表框中所显示的驱动器为"D:"。每次重新设置驱动器列表框的 Drive 属性时，都会触发驱动器列表框的 Change 事件。驱动器列表框的 Change 事件常用来设置目录列表框与驱动器列表框的同步运作。例如：

```
Private Sub Drive1_Change()
    Dir1.Path = Drive1.Drive        '设置目录列表框与驱动器列表框的同步操作
End Sub
```

分析以上代码可知，当驱动器列表框中的驱动器发生改变时，目录列表框中的内容也将发生改变。

5.10.2　目录列表框（DirListBox）

目录列表框（DirListBox）显示用户系统当前驱动器的目录结构。这种目录列表完全符合 Windows 操作系统的风格，显示当前目录名及其下一级目录名，子目录相对上一级被缩进。如果用户选中某一个目录名并且双击，将打开目录，显示其子目录的结构。如果目录列表较多，将自动添加一个垂直滚动条。

目录列表框控件最重要的属性为 Path 属性。该属性用于设置或者返回所选择的项目路径。Path 属性只能用程序代码设置，不能通过属性窗口来设置。其使用的语法格式为：

目录列表框名.Path[="路径"]

如果省略格式中的"路径"，则显示当前驱动器的路径。例如代码：

```
Print Dir1.path
```

执行该代码，将在窗体上显示当前驱动器的路径。如果要设置新的路径，则需要给 path 赋值，例如：

```
Dir1.path="d:\temp"
```

执行该代码，将在目录列表框中显示 D 盘 temp 目录下的目录结构。

在程序运行期间，如果单击目录列表框中的某个项目时，该项目上将出现一个条形光标；如果双击目录列表框中的某个项目时，将把该路径赋值给 Path 属性。

在程序运行时，一旦改变当前目录，也就是说目录列表框的 Path 属性发生改变时，都会触发目录列表框的 Change 事件，该事件常用来设置目录列表框与文件列表框的同步运作。例如：

```
Private Sub Dir1_Change()
    File1.Path = Dir1.Path        '设置目录列表框与文件列表框的同步操作
End Sub
```

由以上代码可得，当目录列表框中的路径发生改变时，文件列表框中的内容也将发生改变。如果结合前面介绍过的驱动器列表框的 Change 事件过程，就可以实现驱动器列表框、目录列表框和文件列表框的同步过程。

5.10.3　文件列表框（FileListBox）

文件列表框用来显示当前目录下的文件。文件列表框常用的特殊属性有：Path、FileName、Pattern、ListCount、ListIndex 和 List 等，下面将逐一介绍。

（1）Path 属性。文件列表框控件的 Path 属性与目录列表框的 Path 属性相似，用于设定文件的路径。其语法格式为：

[窗体].文件列表框.Path[="路径"]

（2）FileName 属性。用于在文件列表框中设置或返回用户所选定的文件名称（文件名中可有路径、通配符）。当用于设置一个文件名称时，其语法格式如下：

[窗体].文件列表框.FileName[="文件名"]

其中，"文件名"可以带有驱动器和路径名，也可以有通配符。FileName 属性用于返回某一个特定的文件名称时，其使用格式如下：

String$=文件列表框名.FileName

其中，FileName 不包括驱动器和路径名。如果要从文件列表框中获得全路径的文件名时，可以通过如下一段代码来实现：

Filepath$ = File1.Path + File1.FileName

或

Filepath$ = File1.Path + "\" + File1.FileName

（3）Pattern 属性。Pattern 属性用于设置文件列表框中显示的文件类型，它可以在设计阶段用属性窗口设置，也可以通过程序代码设置。Pattern 属性的默认值为"*.*"，即显示所有类型的文件。VB 支持通配符"*"和"?"，如*.frm、???.bas。在程序代码中，其使用格式为：

[窗体.]文件列表框.Pattern[=属性值]

如果省去格式中的"属性值"，则显示当前文件列表框的 Pattern 属性值。例如：

File1.Pattern="*.txt"

程序运行时，文件列表框显示的是*.txt 文本文件。文本列表框的 Pattern 值发生变化时，会引发文件列表框的 File1_PatternChange 事件。

（4）ListCount 属性。该属性返回控件（组合框、驱动器列表框、目录列表框和文件列表框）内所列项目的总数。ListCount 属性只能在程序代码中使用，不能在属性窗口中设置。其格式为：

[窗体.]控件.ListCount

（5）ListIndex 属性。ListIndex 属性用来设置或返回当前控件（组合框、列表框、驱动器列表框、目录列表框和文件列表框）所选择的项目的"索引值"（即下标）。该属性只能在程序代码中使用，不能在属性窗口中设置。其语法格式为：

[窗体.]控件.ListIndex[=索引值]

在文件列表框中，所选择项目的索引值分别为：第一项 0、第二项 1……依此类推。如果没有选中任何项，那么 ListIndex 属性的值将被设置为-1。

目录列表框的 Path 属性指定的目录索引值为-1，紧邻其上的目录索引值为-2，依此类推到最高层目录，相应的当前目录的第一级子目录的索引值为 0，而其他并列的子目录索引值依次为 1、2、3。

驱动器列表框中，当前的第一项索引值为 0，第二项索引值为 1……依此类推。

（6）List 属性。List 属性用来设置或返回各种列表框中的某一项目。其语法格式为：

[窗体.]控件.List(索引号)[=字符串表达式]

List 属性中存有文件列表框中所有项目的数组，可以用来设置或返回各种列表框中的某个项目。格式中的"索引号"是某种列表框中项目的下标（从 0 开始）。

综上所述，文件系统控件的事件如表 5-3 所示。

表 5-3　驱动器列表框、目录列表框和文件列表框事件

控件名	事件	触发时刻
DriveListBox	Change	选择新驱动器或修改 Drive 属性
DirListBox	Change	双击选择新目录或修改 Path 属性
FileListBox	Path Change	设置文件名或修改 Path 属性
	Pattern Change	设置文件名或修改 Pattern 属性改变文件的模式

例 5.10　设计一个窗体说明文件系统控件的基本应用方法。

首先在工程中添加一个窗体。在其中放置一个标签（Label1）、一个驱动器列表框（Drive1）、一个目录列表框（Dir1）和一个文件列表框（File1），这些列表框都保持默认属性。然后分别设计如下事件过程：

```
Private Sub Dir1_Change()
    File1.Path = Dir1.Path
    Label1.Caption = ""
End Sub
Private Sub Drive1_Change()
    Dir1.Path = Drive1.Drive
    Label1.Caption = ""
End Sub
Private Sub File1_Click()
    If   Len(Dir1.Path) > 3 Then          '如果不是根目录下的文件
        Label1.Caption = "文件： " + Dir1.Path + "\" + File1.FileName
    Else
        Label1.Caption = "文件： " + Dir1.Path + File1.FileName
    End If
End Sub
```

本窗体的设计界面如图 5-34 所示。运行本程序，其界面如图 5-35 所示。

图 5-34　文件系统控件例子设计界面

图 5-35　文件系统控件例子执行界面

习题五

一、选择题

1. 为了使标签具有"透明"的显示效果，需要设置的属性是（　　）。（2011.3）

　　A．Caption　　　　　B．Alignment　　　　C．BackStyle　　　　D．AutoSize

2．在窗体上画一个名为 Command1 的命令按钮，然后编写如下事件过程：

```
Private Sub Command1_Click()
    Move 500，500
End Sub
```

程序运行后，单击命令按钮，执行的操作为（　　）。（2004.4）

　　A．命令按钮移动到距窗体左边界、上边界各 500 的位置

　　B．窗体移动到距屏幕左边界、上边界各 500 的位置

　　C．命令按钮向左、上方向各移动 500

　　D．窗体向左、上方向各移动 500

3．在窗体上有若干控件，其中有一个名为 Text1 的文本框。影响 Text1 的 Tab 顺序的属性是（　　）。（2004.4）

　　A．TabStop　　　　　B．Enabled　　　　　C．Visible　　　　　D．TabIndex

4．以下关于图片框控件的说法中，错误的是（　　）。（2004.4）

　　A．可以通过 Print 方法在图片框中输出文本

　　B．清空图片框控件中图形的方法之一是加载一个空图形

　　C．图片框控件可以作为容器使用

　　D．用 Stretch 属性可以自动调整图片框中图形的大小

5．确定一个控件在窗体上的位置的属性是（　　）。（2004.4）

　　A．Width 和 Height　　　　　　　　B．Width 或 Height

　　C．Top 和 Left　　　　　　　　　　D．Top 或 Left

6．在窗体上画一个名为 Text1 的文本框和一个名为 Command1 的命令按钮，然后编写如下事件过程：

```
Private Sub Command1_Click()
    Text1.Text = "Visual"
    Me.Text1 = "Basic"
    Text1 = "Program"
End Sub
```

程序运行后，如果单击命令按钮，则在文本框中显示的是（　　）。（2004.4）

　　A．Visual　　　　　B．Basic　　　　　C．Program　　　　　D．出错

7．在窗体上画一个文本框（名为 Text1）和一个标签（名为 Lable1），程序运行后在文本框中每输入一个字符，都会立即在标签中显示文本框中字符的个数。以下可以实现上述操作的事件过程是（　　）。（2009.3）

　　A．Private Sub Text1_Change()　　　　　B．Private Sub Text1_Click()
　　　　　Label1.Caption = Str(Len(Text1.Text))　　　　　Label1.Caption = Str(Len(Text1.Text))
　　　　End Sub　　　　　　　　　　　　　　　　End Sub

　　C．Private Sub Text1_Change()　　　　　D．Private Sub Label1_Change()
　　　　　Label1.Caption = Text1.Text　　　　　　Label1.Caption = Str(Len(Text1.Text))
　　　　End Sub　　　　　　　　　　　　　　　　End Sub

8．在窗体上画两个单选按钮（名称分别为 Option1，Option2，标题分别为"宋体"和"黑体"），1 个复选框（名称为 Check1，标题为粗体）和 1 个文本框（名称为 Text1，Text 属性为"改变文字字体"），窗体外观如下图所示。程序运行后，要求"宋体"单选按钮和"粗体"复选框被选中，则以下能够实现上述操作的语句序列是（　　）。（2009.3）

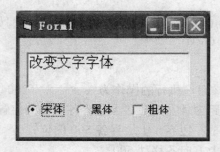

A．Option1.Value=False　　　　　B．Option1.Value=True

　　Check1.Value=True　　　　　　　　Check1.Value=0

C．Option2.Value=False　　　　　D．Option1.Value=True

　　Check1.Value=2　　　　　　　　　Check1.Value=1

9．窗体上有一个名为 Frame1 的框架，若要把框架上显示的"Frame1"改为"框架"，下面正确的语句是（　　）。（2008.9）

A．Frame1.Name="框架"　　　　　B．Frame1.Caption="框架"

C．Frame1.Text="框架"　　　　　　D．Frame1.Value="框架"

10．在窗体上画一个名为 Drive1 的驱动器列表框，一个名为 Dir1 的目录列表框。当改变当前驱动器时，目录列表框应该与之同步改变。设置两个控件同步的命令放在一个事件过程中，这个事件过程是（　　）。（2004.4）

A．Drive1_Change　　　　　　　　B．Drive1_Click

C．Dir1_Click　　　　　　　　　　D．Dir1_Change

二、填空题

1．为了使计时器控件 Timer1 每隔 0.5 秒触发一次 Timer 事件，应将 Timer1 控件的＿＿＿＿＿＿属性设置为＿＿＿＿＿。（2004.4）

2．为了在运行时把 d:\pic 文件夹下的图形文件 a.jpg 载入图片框 Picture1，所使用的语句为＿＿＿＿＿。（2008.9）

3．设窗体上有一个名为 HScroll1 的水平滚动条，要求当滚动块移动位置后，能够在窗体上输出移动的距离（即新位置与原位置的刻度值之差，向右移动为正数，向左移动为负数），下面是可实现此功能的程序，请填空。（2007.9）

```
Dim_____ As Integer
Private Sub Form_Load()
        pos = HScroll1.Value
End Sub
Private Sub HScroll1_Change()
        Print_____ - pos
        pos = HScroll1.Value
End Sub
```

4．窗体上有一个组合框，其中已输入了若干个项目。程序运行时，单击其中一项，即可把该项与最上面的一项交换。例如：单击图 1 中的"重庆"，则与"北京"交换，得到图 2 的结果。下面是可实现此功能的程序，请填空。

```
Private Sub Combo1_Click()
        Dim temp
```

```
        temp = Combo1.Text
        _____ = Combo1.List(0)
        Combo1.List(0) = temp
    End Sub
```

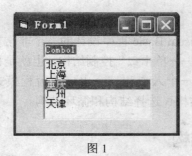

图 1

图 2

5．窗体如下图所示，其中汽车是名为 Image1 的图像框，命令按钮名为 Command1，计时器名为 Timer1，直线名为 Line1。程序运行时，单击命令按钮，则汽车每 0.1 秒向左移动 100，车头到达左边的直线时停止移动。请填空完成下面的属性设置和程序，以便实现上述功能。（2009.3）

1）Timer1 的 Interval 属性的值应事先设置为_____

2）
```
Private Sub Command1_Click()
    Timer1.Enabled = True
End Sub
```

3）
```
Private Sub Timer1_Timer()
    If Image1.Left > _____ Then
        Image1.Left = _____ - 100
    End If
End Sub
```

第6章 控制结构

使用结构化程序设计思想编写事件过程代码是 Visual Basic 程序设计的一个非常重要的组成部分。结构化程序设计的基本思想之一是"单入口——单出口"控制结构，也就是程序代码只可由三种基本控制结构组成，每种控制结构是由一个入口和一个出口的流程模式构成。Visual Basic 应用程序的基本控制结构有三种：顺序结构、选择结构和循环结构。

6.1 顺序结构

顺序结构就是各语句按书写的先后次序执行，有一个入口和一个出口，依次执行语句 1、语句 2 直至语句 n 结束。其流程如图 6-1 所示。

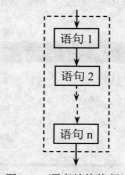

图 6-1 顺序结构执行过程

在一般的程序设计语言中，顺序结构的语句主要是赋值语句、输入/输出语句等。

6.2 选择结构

所谓选择结构，也叫分支结构，就是在应用程序的编译过程中，先对给定的条件进行分析、比较和判断，然后根据判断的结果（True 或者 False）去执行不同的操作。

在 Visual Basic 中，选择结构是通过 If 条件语句和 Select Case 语句来实现的。以下分别加以介绍。

6.2.1 If 条件语句

1. If ...Then 语句（单分支结构）

语句形式如下：

① If   <条件>   Then
      <语句块>
    End If

② If   <条件>   Then   <语句>

该语句的功能是：当满足条件时，执行 then 后面的语句块（或语句），否则不执行 Then 后面的语句（或语句），直接向下执行程序。其流程如图 6-2 所示。

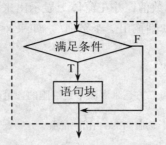

图 6-2 单分支结构流程图

下面通过一个简单的实例来学习使用单分支选择结构语句。该实例将根据给定的血液中红细胞含量来判断该患者是否贫血（若低于每立方毫米 500 万个则视为贫血），这里假设 x 为血液中红细胞的数量。

代码如下：

```
If x<500 Then
    Print "贫血"
End If
```

或

```
If x<500 Then print "贫血"
```

2. If…Then…Else 语句（双分支结构）

语句形式主要有单行和块状两种结构，分别表示如下：

①
```
If  <条件>  Then
    <语句块 1>
Else
    <语句块 2>
End If
```

②
```
If  <条件>  Then   <语句 1>  Else  <语句 2>
```

该语句的功能是：如果满足条件，执行 Then 后面的语句块 1（或语句 1），否则执行 Else 后面的语句块 2（或语句 2）。其中，若将 Else 语句块 2 缺省，以上结构即成为单分支结构，否则为双分支结构。其流程如图 6-3 所示。

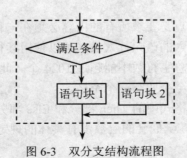

图 6-3 双分支结构流程图

例 6.1 根据给定血液中红细胞含量来判断该患者是否贫血（若低于每立方毫米 500 万个则视为贫血）。用单行和块状两种结构进行表示。

（1）运行 VB，新建一个工程，在窗体上添加 1 个命令按钮，将其 Caption 属性设置为"输入数据"。

（2）打开代码窗口，为命令按钮的 Click 事件过程添加代码。该过程事先定义了一个单精度浮点型 x，用于存放用户输入的数值，并在窗体上显示出来；之后，该过程利用单行结构条件语句判断 x 的值，如果 x 大于 500 则输出"不贫血"，如果 x≤500 则输出"贫血"。代码如下：

单行形式代码为：

```
Private Sub Command1_Click()
    Dim x As Single
    x = InputBox("请输入每立方毫米血液中红细胞的含量:")
    Print "x="; x; "万"
    If x > 500 Then Print "不贫血" Else Print "贫血"
End Sub
```

多行形式代码为：

```
Private Sub Command1_Click()
    Dim x As Single
    x = InputBox("请输入每立方毫米血液中红细胞的含量:")
    Print "x="; x; "万"
    If x > 500 Then
        Print "不贫血"
    Else
        Print "贫血"
    End If
End Sub
```

用以上两种方式设计完毕后，分别按 F5 键运行程序，运行结果相同。在应用程序界面上单击"输入数据"按钮，将弹出如图 6-4 所示的 InputBox 函数输入对话框，在文本输入框中输入 x 的值。x 值输入完毕后，应用程序将自动将 x 和 500 进行比较，并输出结果，最终显示在应用程序的界面上，如图 6-5 所示。

图 6-4　用于输入 x 值的 InputBox 函数对话框

图 6-5　判断 x 和 500 的大小关系

需要说明的是：

- 单行结构条件语句的特点是要求所有的内容必须在一行以内写完，而且不需要用 End If 来结束语句。如果输入的语句行太长，可以使用续行符"_"将一个长语句分为多个短语句程序行，但是总字符数不能超过 1024 个。此外，续行符只能出现于行尾。使用续行符时，其前面至少要有一个空格。
- 单行结构条件语句使用格式中的 Then 部分和 Else 部分的语句还可以是条件语句，也就是说条件语句可以嵌套，嵌套的层数没有具体的规定，但是总的字符数仍然受到严格限制。

3. If …Then…ElseIf 语句（多分支结构）

```
If <条件 1> Then
    <语句块 1>
ElseIf <条件 2> Then
```

```
        <语句块 2>
        …
    [Else
        <语句块 n+1>]
    End If
```

其中：语句块可以是一个语句，也可以是多个语句。

执行过程如下：

首先判断条件 1 的值，如果该值为 True，则执行语句块 1 中的所有语句；若条件 1 的值为 False，则判断条件 2 的值，如果条件 2 的值为真，则执行语句块 2 中的所有语句……如果所有的条件都为假，并且存在 Else 语句，则执行语句块 n+1。不管执行完哪个语句块，都将直接转到出口语句 End If，再执行 End If 语句后的下一个语句。其流程如图 6-6 所示。

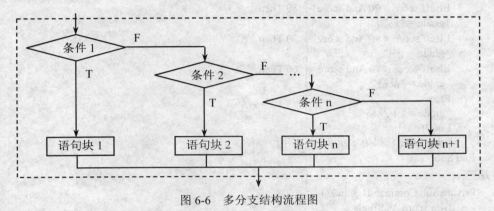

图 6-6 多分支结构流程图

例 6.2 已知系统解剖学课程结课考试百分制成绩 score，要求转换成对应五级制的评定等级 grade，评定条件如下：

$$等级=\begin{cases} 优, & score \geqslant 90 \\ 良, & 80 \leqslant score < 90 \\ 中, & 70 \leqslant score < 80 \\ 及格, & 60 \leqslant score < 70 \\ 不及格, & score < 60 \end{cases}$$

（1）运行 VB，新建一个工程，在窗体上添加 1 个标签、1 个文本框和 1 个命令按钮。调整控件的大小和属性。

（2）在代码窗口中编写"评定结果"按钮的 Click 事件过程：

方法一：

```
Private Sub Command1_Click()
    Dim score As Single
    Dim grade As String
    score = Text1
    If score >= 90 Then
      grade = "优"
    ElseIf score >= 80 Then
      grade = "良"
    ElseIf score >= 70 Then
      grade = "中"
    ElseIf score >= 60 Then
```

```
                grade = "及格"
            Else
                grade = "不及格"
            End If
            Print "评定结果为"; grade
        End Sub
```

方法二：

```
        Private Sub Command1_Click()
            Dim score As Single
            Dim grade As String
            score = Text1
            If score >= 90 Then
                grade = "优"
            ElseIf score < 90 And score >= 80 Then
                grade = "良"
            ElseIf score < 80 And score >= 70 Then
                grade = "中"
            ElseIf score < 70 And score >= 60 Then
                grade = "及格"
            Else
                grade = "不及格"
            End If
            Print "评定结果为"; grade
        End Sub
```

方法三：

```
        Private Sub Command1_Click()
            Dim score As Single
            Dim grade As String
            score = Text1
            If score >= 60 Then
                grade = "及格"
            ElseIf score >= 70 Then
                grade = "中"
            ElseIf score >= 80 Then
                grade = "良"
            ElseIf score >= 90 Then
                grade = "优"
            Else
                grade = "不及格"
            End If
            Print "评定结果为"; grade
        End Sub
```

按 F5 键运行程序，得到如图 6-7 和图 6-8 所示的效果。以上三种方法中，方法一中按照值的大小依次进行比较；方法二中利用关系运算符和逻辑运算符把各种条件都加以考虑，与值的大小顺序无关；方法三使用关系运算符，但值的大小顺序错误，所以无法得到正确的结果。

图 6-7   输入成绩界面

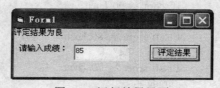

图 6-8   运行结果界面

4. If 语句的嵌套

If 语句的嵌套是指 If 或 Else 后面的语句块中又包含完整的 If 语句。以下列举双分支结构中嵌套 If 结构的形式：

```
If  <表达式 1>  Then
    …
    If  <表达式 11>  Then
        …
    End If
    …
Else
    …
End If
```

或：

```
If  <表达式 1>  Then
    …
Else
    …
    If  <表达式 11>  Then
        …
    End If
    …
End If
```

例 6.3　采用 If 语句的嵌套结构实现例 6.2。

```
Private Sub Command1_Click()
Dim score As Single
Dim grade As String
score = Text1
If score >= 60 Then
    If score >= 70 Then
        If score >= 80 Then
            If score >= 90 Then
              grade = "优"
            Else
              grade = "良"
            End If
          Else
            grade = "中"
          End If
      Else
        grade = "及格"
      End If
  Else
    grade = "不及格"
End If
Print "评定结果为："; grade
End Sub
```

说明：

- 块结构条件语句使用格式中的"条件 1"、"条件 2"等都是逻辑表达式。通常数值表达式和关系表达式被看作是逻辑表达式的特例。当"条件"是数值表达式时，非 0 值表示 True，0 值表示 False；而当"条件"是关系表达式或者逻辑表达式时，-1 表示 True，0 表示 False。

- 在块结构的条件语句中，ElseIf 子句的数量是无限制的，可以根据需要任意加入 ElseIf 语句。

- 与单行结构条件语句相似，块结构条件语句也可以嵌套，即可把一个单行结构块或者块结构的条件语句放在另外一个块结构条件语句内。嵌套必须是一一对应的关系，不能互相交叉。

6.2.2 Select Case 多分支语句

除了前面提到的 If...Then...ElseIf 语句可以表示多分支结构以外，Select Case 语句（又称情况语句）也是一种多分支的表现形式，该语句主要用于测试多个不同条件表达式，另外，当遇到的选择问题只有一个条件但会产生不同的结果数值时，Select Case 多分支结构就是一个非常理想的选择。其格式如下：

```
Select Case  变量或表达式
    Case  表达式列表 1
        <语句块 1>
    <Case  表达式列表 2>
        <语句块 2>
        … …
    [Case Else
        <语句块 n>]
End Select
```

Select Case 的功能是：首先求变量或表达式的值，结果与哪一个 Case 表达式列表匹配就执行对应的语句块，执行完毕后，退出 Select 语句块。其流程如图 6-9 所示。

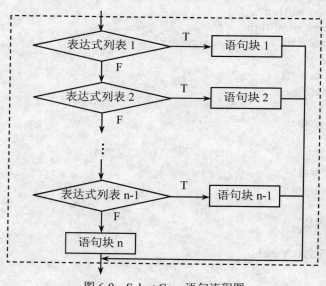

图 6-9 Select Case 语句流程图

使用 Select Case 语句，应该注意以下几点：

● 当有多个结果值执行相同语句块时，可以用逗号（,）将各结果值分隔开。例如：
  ```
  Case 1, 2, 3
  Print "Good"
  ```
● 如果有多个 Case 子句中的值与变量或表达式的值相匹配时，则 Visual Basic 会运行第一个与变量或表达式值相匹配的语句。
● 如果列出的 Case 子句中的值都没有与变量表达式值相匹配，则 Visual Basic 运行 Case Else 部分的语句。

例 6.4　缴纳医疗保险的患者在住院费用报销中有如下规定，若住院费用总金额在 5000 元以下（含 5000），报销 70%；10000 元以下（含 10000），报销 75%；10000 元以上至最高额度，报销 80%，请编程计算某患者的报销费用，总金额由键盘输入。

（1）运行 VB，新建一个工程，在窗体上添加 2 个标签、2 个文本框和 1 个命令按钮。调整这些控件的大小和属性。

（2）在代码窗口中编写"计算"按钮的 Click 事件过程：

首先假设 x 为住院费用，y 为报销金额。

```
Private Sub Command1_Click()
    Dim x As Single
    Dim y As Single
    x = Text1
    Select Case x
        Case 0 To 5000
            y = x * 0.7
        Case 5000 To 10000
            y = x * 0.75
        Case Else
            y = x * 0.8
    End Select
    Text2 = y
End Sub
```

总的来说，Select Case 语句与 If…Then…Else 语句的功能类似，Select Case 语句不仅结构清楚，易于维护，而且运行速度很快。

6.2.3　IIf 函数

IIf 函数可以用来执行简单的条件判断操作，它是"If…Then…Else"结构的简写版本，IIf 是"Immediate If"的简写。

IIf 函数的格式如下：

Result = IIF(条件,表达式 1,表达式 2)

该语句的功能是：当条件为真时，返回表达式 1 的值；当条件为假时，返回表达式 2 的值。Result 为函数的返回值，表达式 1 和表达式 2 可以是表达式、变量或者其他函数。注意，IIf 函数中的三个参数都不能省略，其中表达式 1 和表达式 2 的类型可以不同，结果的类型由条件决定，即条件为真结果与表达式 1 类型相同，否则与表达式 2 类型相同。

IIf 函数与 If…Then…Else 或者 Case 语句选择结构的作用类似。例如：

```
If x>2 Then
    y=1
```

```
        Else
            y=0
        End If
```
可以用以下的 IIf 函数来代替：
```
        y=IIf(x>2,1,0)
```
IIf 函数能够极大简化程序的代码。

6.3　For 循环控制结构

计算机可以按规定的条件，重复执行某些操作，直到指定的条件满足为止，这些重复的操作就是由一段或几段重复执行的语句序列组成。被重复执行的一组语句叫做循环体。Visual Basic 支持循环结构的语句有 For 语句和 Do 语句。For 语句循环按规定的次数执行循环体，Do 循环是在给定的条件满足时执行循环体。使用循环控制结构编程可以简化程序，提高效率，因此显得十分重要。本节主要介绍 For 循环控制结构。

For 循环也称 For…Next 循环或者计数循环。其一般格式如下：

> **For 循环变量=初值　to　终值 [Step 步长]**
> 　　　　**[循环体]**
> 　　　　**[Exit For]**
> **Next [循环变量] [,循环变量]……**

其中，各参量的含义如下：

- 循环变量：必须是数值变量，又称"循环控制变量"或者"循环计数器"。
- 初值与终值：循环变量的初值与终值始终都是一个数值表达式。其值可以不是整数。
- 步长：用来指定循环变量每次的增量，可以递增也可以递减。步长可以为正整数或者负整数，默认值为 1。
- 循环体：在 For 语句和 Next 语句之间的语句组，可以是一条或多条语句。
- Exit For：退出循环，转到 Next 下一条语句去执行。For…Next 循环中，可以含有一个到多个 Exit For 语句，并可以出现于循环体内的任意位置。用 Exit For 只能退出当前循环，即退出其所在的内层循环。
- Next：循环终端语句，在 Next 后面的循环变量与 For 语句中的循环变量必须相同。

For…Next 循环的执行过程如下：

（1）初值赋给循环变量。

（2）将循环变量的值和循环变量的初值与终值比较，若循环变量的值在初值和终值的范围内则执行（3），否则执行（6）。

（3）执行循环体。

（4）执行 Next 语句，将循环变量的值增加一个步长。

（5）转向执行（2）。

（6）执行 Next 语句后面的语句，即退出循环。

For…Next 循环结构的流程图如图 6-10 所示。

注意：

① 超过循环变量的范围不一定表示循环变量大于终值。当步长为负数时，结束循环的条件应为小于终值。

② For…Next 循环的执行次数为：int(((终值-初值)/步长)+ 1)。

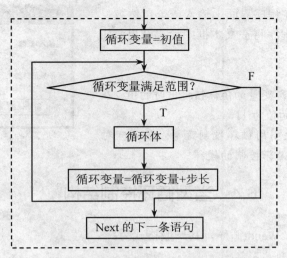

图 6-10　For…Next 结构流程图

例 6.5　编写程序，计算 1 到 100 之间所有奇数之和并将结果输出在窗体上。

运行 VB，新建一个工程，在窗体上双击打开代码窗口，编写代码。

```
Private Sub Form_Click()
Dim i As Integer, s As Integer
s = 0
For i = 1 To 100 Step 2
  s = s + i
Next i
Print s
End Sub
```

例 6.6　单击"阶乘计算"按钮，计算文本框 Text1 中显示自然数的阶乘，并在文本框 Text2 中显示该阶乘值，运算结束后单击"退出"按钮结束程序的运行。

（1）运行 VB，新建一个工程，在窗体上添加 2 个 Label 控件、2 个 TextBox 控件和 2 个命令按钮控件，命令按钮控件的 Caption 属性分别设置为"阶乘计算"和"退出"，调整各控件的大小和相对位置。

（2）双击"阶乘计算"按钮，打开代码窗口，添加 Command1 控件的 Click 事件过程，在该过程中完成：从文本框 Text1 中读取自然数值，进行阶乘计算，并在文本框 Text2 中显示计算结果。

```
Private Sub Command1_Click()
    Dim n As Integer, i As Integer, value As Long
    n = Text1.Text
    value = 1
    For i = 1 To n
        value = value * i          '阶乘计算的定义
    Next i
    Text2.Text = value
End Sub
Private Sub Command2_Click()
    End
End Sub
```

按 F5 键运行程序。在程序界面上输入一个自然数，单击"阶乘计算"按钮，程序将在文本框中计算结果，如图 6-11 所示。

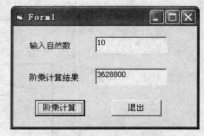

说明：

① 当退出循环时，循环变量的值保持退出时的值。在例 6.6 中，退出循环后，i 的值为 11。

② 在循环体内可多次引用循环控制变量；但不宜对其赋值，否则会影响原来循环控制的规律。

图 6-11   运行界面

6.4   当型循环控制结构

当型循环又称 While…Wend 循环，其一般格式为：

While 条件
        [语句块，修改循环变量]
Wend

上式中，"条件"为一个逻辑表达式或条件表达式。当型循环语句的功能是：如果"条件"为 True，那么执行语句块；语句块中必须含有修改循环变量的语句，否则循环无法终止；当遇到 Wend 语句时，返回到 While 语句，并再次判断"条件"是否为 True；如果"条件"仍然为 True，那么再执行一次语句块，否则，不执行语句块，转而执行 Wend 后面的语句。例如：

```
Private Sub Command1_Click()
    a = 1
    While a < 10
        a = a + 1
    Wend
    b = a
    Print "b="; b
End Sub
```

每次执行循环体前，首先计算条件表达式"a<10"的值，如果值为 True，那么执行一次"a=a+1"，重复以上循环，直到 a=10 为止，这时 a 的值不满足条件"a<10"，程序将执行 Wend 语句的下一条句，并在窗体上输出"b=10"。

当型循环与 For 循环的区别在于：只要满足当型循环指定的循环条件，当型循环就能够继续下去；而 For 循环指定了循环体执行的次数。当循环次数有限，具体执行次数未知时，用当型循环比较适合，这样可以提高计算效率。

需要强调的是，当型循环语句先对"条件"进行判断，然后才能确定是否进行循环。进行循环的唯一可能是"条件"为 True。如果一开始"条件"为 False，循环不执行。例如，将以上代码中的"条件"改为"a<1"时，"条件"永远为 False，当型循环永远不被执行，这样就产生一个空循环。

如果当型循环的"条件"永远为 True 时，当型循环将永不停止，一直进行下去，这时候就产生一个死循环，需要强制结束循环。

此外，当型循环可以嵌套，没有层数限制，每个 Wend 和最近的 While 相配对。

6.5　Do 循环控制结构

与 While…Wend 循环相类似，Do 循环常用于循环次数未知的循环。Do 循环有 5 种形式。以下逐一介绍。

1. Do…Loop 形式

Do…Loop 语句的一般格式为：

  Do
    循环体
    [Exit Do]
  Loop

这是一种最简单的 Do 循环格式。这种格式没有要判断的条件表达式，必须和 Exit Do 配套使用，否则将陷入一个死循环。其中，Exit Do 常写在 If 语句中，当满足 If 语句的条件时，执行 Exit Do 语句退出循环体。Do…Loop 循环的流程图如图 6-12 所示。

例如：

```
Private Sub Command1_Click()
    a = 1
    b = 2
    Do
        c = c * a + b
        If c > 50 Then Exit Do
    Loop
    Print "C="; c
End Sub
```

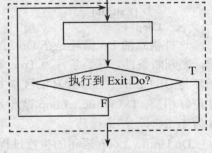

图 6-12　Do…Loop 循环执行流程图

在以上代码中，跳出循环的条件是"c > 50"。当执行循环直到 c=52 时，满足条件 c>50，结束该循环，并输出 c 的值。

2. Do While…Loop 形式

Do While…Loop 是前测型循环语句。在进入循环时，先判断条件，当条件为 True 时执行循环体，条件为 False 时终止循环体。其一般格式为：

  Do While 条件
    循环体
    [Exit Do]
  Loop

Do While…Loop 语句的执行过程如下：

（1）计算条件的值，如果值为 True，执行（2）；否则执行（4）。

（2）执行循环体。

（3）转向执行（1）。

（4）执行 Loop 后面的语句，即退出 Do While…Loop 循环。

Do While…Loop 循环的流程图如图 6-13 所示。

例如：

```
Private Sub Command1_Click()
    a = 1
```

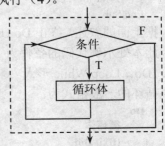

图 6-13　Do While…Loop 循环执行流程图

```
        b = 2
        Do While c < 50
            c = c * a + b
        Loop
        Print "C="; c
    End Sub
```

在以上代码中，通过"c<50"条件来判断循环是否执行。进入循环时，先判断 c 的值，如果 c 的值小于 50，则进入循环；如果 c 的值大于 50，则跳出循环，直接执行 Loop 语句的下一条语句。

与 Do…Loop 循环相比，Do While…Loop 循环中条件为 True 时进入循环，而前者条件为 True 时跳出循环。两者正好相反。

3. Do Until…Loop 形式

该语句的一般格式如下：

Do Until 条件
    循环体
    [Exit Do]
Loop

这种格式的 Do 循环是在 Do 后加了一个 Until 子句。Until 子句的作用为：在进入循环之前，先判断条件，只要条件为 True 就终止循环；条件为 False 时，执行循环。Do While…Loop 循环与 Do Until…Loop 循环的区别并不仅仅是将 While 子句换为 Until 子句，而且程序执行条件正好相反。Do While…Loop 循环是条件为 True 时，执行循环；而 Do Until…Loop 循环是条件为 True 时，结束循环。

Do Until…Loop 语句的执行过程如下：

（1）计算条件的值，如果值为 False，执行（2）；否则执行（4）。

（2）执行循环体。

（3）转向执行（1）。

（4）执行 Loop 后面的语句，即退出 Do Until…Loop 循环。

Do Until…Loop 循环的流程图如图 6-14 所示。

例如：

```
    Private Sub Command1_Click()
        a = 1
        b = 2
        Do Until c > 50
            c = c * a + b
        Loop
        Print "c="; c
    End Sub
```

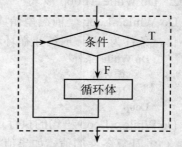

图 6-14　Do Until…Loop 循环执行流程

根据上面的叙述，终止 Do Until…Loop 的条件设定与终止 Do While…Loop 的条件设定相反，因此本处示例代码的条件为"c>50"。

4. Do…Loop While 形式

该循环的一般格式为：

Do
    循环体
    [Exit Do]
Loop While 条件

与 Do While...Loop 格式相比，Do...Loop While 将 While 子句移到了 Loop 后面。与 Do While...Loop 不同之处在于，当循环结束时进行指定条件的判断。也就是说，第一次进入循环是无条件的，无论如何都要执行一次循环。

Do...Loop While 语句的执行过程如下：

（1）执行循环体。

（2）计算条件的值，如果为 True，转向执行（1）；否则执行（3）。

（3）执行 Loop While 后面的语句，退出 Do...Loop While 循环。

例如：

```
Private Sub Command1_Click()
    a = 2
    b = 2
    Do
        b = b + a
    Loop While b < 3
    Print "b="; b
End Sub
```

在本例中，首先无条件执行一次循环体，第一次执行循环体后，变量 b 的值为 4，不满足条件 b<3，退出循环。因此输出结果为：b=4。

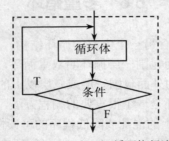

图 6-15　Do...Loop While 循环执行流程图

5. Do...Loop Until 形式

该循环的一般格式为：

Do
　　循环体
　　[Exit Do]
Loop Until　条件

与 Do Until...Loop 形式相比，Do...Loop Until 将 Until 子句移到了 Loop 后面。与 Do Until...Loop 的区别是，当循环结束时进行指定条件的判断。也就是说，第一次进入循环是无条件的，无论如何都要执行一次循环。

Do...Loop Until 语句的执行过程如下：

（1）执行循环体。

（2）计算条件的值，如果为 False，转向执行（1）；否则执行（3）。

（3）执行 Loop Until 后面的语句，退出 Do...Loop Until 循环。

例如：

```
Private Sub Command1_Click()
    a = 2
    b = 2
```

```
        Do
            b = b + a
        Loop Until b > 3
        Print "b="; b
    End Sub
```

在本例中，按照循环设定的条件"b>3"就不执行循环体内的语句，但是由于 Do...Loop Until 循环在第一次执行循环体时不受限制，因此无论如何程序都会执行一次循环体的语句。因此输出结果为：b=4。

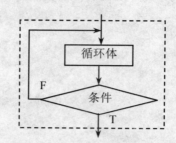

图 6-16   Do...Loop Until 循环执行流程图

6.6   多重循环

一个循环结构的循环体内包含另一个完整的循环结构，称为循环的嵌套。这种嵌套的过程可以有很多重，一个循环的外面包围一层循环叫双重循环，如果一个循环的外面包围二层循环叫三重循环，……，一个循环的外面包围三层或三层以上的循环叫多重循环。这种嵌套在理论上来说可以是无限的。多重循环是一个很重要的编程方法，但是这要求程序员具有良好的排版和注释能力，否则会引起逻辑上的混乱或降低程序的可读性。

例 6.7   利用多重循环结构编程，求出 1～1000 之间所有的完数。

如果一个整数的所有真因子（即除了本身以外的约数）的和，恰好等于它本身，这个数就称为完数。例如：1、2、3 是 6 的真因子，并且 6=1+2+3，所以 6 是完数。

（1）运行 VB，新建一个工程，在窗体上添加 1 个命令按钮控件，将它的 Caption 属性设置为"显示 1000 以内所有的完数"。

（2）双击"显示 1000 以内所有的完数"命令按钮，打开代码窗口，在该按钮的 Click 事件过程中添加如下代码：

```
    Private Sub Command1_Click()
    For i = 2 To 1000
       s = 0
       For j = 1 To i - 1              '求数 i 的所有因子之和
         If i Mod j = 0 Then s = s + j
       Next j
       If i = s Then Print i          '如果数 i 是完数，则输出显示
    Next i
    End Sub
```

按 F5 键，运行本例程序。单击程序界面上的"显示 1000 以内所有的完数"按钮，运行的结果如图 6-17 所示。

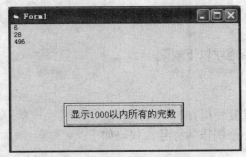

图 6-17　完数的计算和显示

6.7　GoTo 型控制

Visual Basic 保留了 GoTo 型控制语句，包括 GoTo 语句和 On…GoTo 语句。尽管 GoTo 型控制语句会影响程序的质量，但是在一些情况下使用起来还是比较简洁、方便的，因此大多数语言并没有取消 GoTo 型控制语句。

GoTo 语句

GoTo 语句是最基本的也是最简单的过程控制语句，除了可以单独使用外，还能够配合条件来运行。虽然没有限制跳转方向，但是只限制在本程序内跳转，想跳到别的程序中去是不允许的。GoTo 语句的一般格式如下：

[条件]GoTo 标记
　　…
标记　语句

除了提供程序语句跳转到标记语句外，标记并不会影响程序的正常运行。标记可以利用标号或者行号来表示。标号是一个以冒号结尾的标识符；行号是一个整型数，并不以冒号结尾。例如："Sign:"就是一个标号；"1200"是一个行号。以下将详细介绍它们。

1. 标号

使用标号作为标记，可以是任何字符的组合，但是必须遵守以下规则：

* 从第一列开始输入。
* 以英文字母开头。
* 以冒号（:）结束。
* 字母不分大小写。
* 同一过程中不能重复使用。

以下代码利用 GoTo 语句实现的功能是：判断输入的数是否为素数（或质数），若是素数则在窗体上打印"是素数"，读者可以借此熟悉 GoTo 语句的应用。

```
Dim i%, m%
m = Val(Text1)
For i = 2 To m - 1
  If (m Mod i) = 0 Then GoTo A
Next i
Print m & "是素数"
A:
```

以上代码使用了"A:"作为 GoTo 语句的标记。

2. 行号

使用行号作为标记必须遵守以下规则：

- 纯数字组合。
- 从第一列输入。
- 同一过程中不能重复使用。

例如，利用行号取代上个例子的标号，代码如下：

```
...
66
    i = Int(Rnd * 9 + 1)      '产生一个随机数
    i=i+1
    If i>8 Then GoTo 66      '判断该数是否大于 8，如果满足条件重新生成一个随机数
...
```

以上代码使用了"66"作为 GoTo 语句的标记。

使用 GoTo 语句将改变程序运行的流程，如果过多地使用 GoTo 语句，将使程序变得难以阅读，而且调试修改较为麻烦，因此应该尽量使用前面几节介绍的结构控制语句，避免使用 GoTo 语句。

6.8　程序调试

随着程序复杂性的提高，程序中的错误也伴随而来。错误（Bug）和程序调试（Debug）是每个编程人员都必定要遇到的。程序调试的目的，不仅是为了验证编写程序的正确性，还要通过上机调试，掌握查找和纠正错误的方法和能力。

本节介绍简单的调试功能，例如：设置断点、观察变量和过程跟踪等。

6.8.1　错误类型

为了易于找出程序中的错误，可以将错误分为三类：语法错误、运行错误和逻辑错误。

1. 语法错误

语法错误可以在程序编辑和编译时被发现，它是因违反 VB 的有关语法规则而产生的错误。

（1）程序编辑

当用户在代码窗口编辑代码时，VB 会对程序直接进行语法检查，以发现程序中存在的输入错误。例如，语句没有输入完、标点符号为中文格式或关键字输入错误等。VB 会弹出一个对话框，提示出错信息，出错行会以红色显示，提示用户进行修改。

如图 6-18 所示，输入 Dim 语句的第 2 个逗号为中文格式，系统提示"无效字符"。这时，用户必须单击"确定"按钮，关闭出错提示对话框，对出错行进行修改。

（2）程序编译

VB 在开始运行程序前，先编译欲执行的程序段，若程序有错误则显示相关的出错信息，出错的那一行被高亮显示，同时 VB 停止编译。此类错误一般是由于用户未定义变量、遗漏关键字等原因而产生的。

如图 6-19 所示，由于用户将变量名"flag"误输入成"flog"，成为两个变量名，而在过程前面又选用了"Option Explicit"语句强制显式声明模块中的所有变量，系统就对"flog"变

量显示"变量未定义"的错误提示。此时，若用户撤销选用"Option Explicit"语句，虽然系统不显示错误提示信息，但引发程序难以正确调试的问题。希望初学者一定要使用"Option Explicit"语句，以避免很多变量名输入的错误。

图 6-18　程序编辑时的编译语法错

图 6-19　程序运行前的编译语法错

2. 运行时错误

运行时错误指程序代码在编译通过后，运行代码时所发生的错误。这类错误往往是由于指令代码执行非法操作而引起的。例如，类型不匹配、数组下标越界或试图打开一个不存在的文件等。当程序中出现这种错误时，程序会自动中断，并给出有关的错误提示信息。

例如，属性 FontSize 的类型为整型，若对其赋值的类型为字符串，系统运行时显示如图 6-20 所示的错误提示对话框；当用户单击"调试"按钮，进入中断模式，光标会指向出错行，此时允许修改代码，如图 6-21 所示。

图 6-20　运行时错误提示对话框

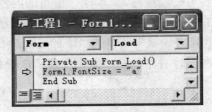

图 6-21　光标指向出错的行

3. 逻辑错误

程序运行后，如果得不到所期望的结果，这说明程序存在逻辑错误。例如，运算符使用不正确，语句的次序不对，循环语句的初始值、终值不正确等。通常，逻辑错误不会产生错误提示信息，故错误较难排除。这就需要仔细阅读、分析程序，在可疑代码处通过插入断点和逐语句跟踪，检查相关变量的值，分析产生错误的原因。

6.8.2　调试和排错

为了更正程序中发生的不同错误，VB 提供了丰富的调试工具。主要运用设置断点、插入观察变量、逐行执行和过程跟踪等手段，然后在调试窗口中显示所关注的信息。

1．插入断点和逐语句跟踪

在代码窗口中选择怀疑存在问题的地方作为断点，按 F9 键设置断点。程序运行到断点语句处（该语句并没有执行）停下，进入中断模式，在此之前所设置的变量、属性、表达式的值通过鼠标，都可以查看，如图 6-22 所示。

图 6-22　插入断点和逐语句跟踪

若要继续跟踪断点以后的语句执行情况，只要按 F8 键或选择"调试"菜单中的"逐语句"命令。在图 6-22 中，文本框左侧小箭头为当前行标记。

将设置断点和逐语句跟踪的方法相结合，是初学者调试程序最简洁的方法。

2．调试窗口

在中断模式下，除了用鼠标指向要观察的变量直接显示其值外，还可以通过"立即"窗口、"本地"窗口和"监视"窗口观察有关变量的值。可单击"视图"菜单中的对应命令打开这些窗口。

（1）"立即"窗口。"立即"窗口是调试窗口中最方便、最常用的窗口。可以在程序代码中利用 Debug.Print 方法，把输出送到"立即"窗口；也可以直接在该窗口使用 Print 语句或"?"显示变量的值。

（2）"本地"窗口。"本地"窗口显示当前过程中所有变量的值。当程序的执行从一个过程切换到另一过程时，"本地"窗口的内容会发生改变，它只反映当前过程中可用的变量。

（3）"监视"窗口。"监视"窗口可显示当前的监视表达式及其值。在此之前必须在设计阶段，利用"调试"菜单的"添加监视命令"或"快速监视"命令添加监视表达式并设置监视类型，在运行时显示在"监视"窗口，根据所设置的监视类型进行相应的显示。

习题六

一、选择题

1．在窗体上画一个命令按钮，其名称为 Command1，然后编写下列事件过程：

```
Private Sub Command1_Click()
Dim i As Integer, x As Integer
    For i = 1 To 6
        If i = 1 Then x = i
        If i <= 4 Then
        x = x + 1
        Else
        x = x + 2
```

```
          End If
        Next i
      Print x
      End Sub
```

程序运行后，单击命令按钮，其输出结果为（　　）。（2005.4）

    A．9   B．6   C．12   D．15

2．执行下列程序段后，x 的值为（　　）。（2005.4）

```
      Dim x As Integer, i As Integer
      x = 0
       For i = 20 To 1 Step -2
      x = x + i \ 5
       Next i
```

    A．16   B．17   C．18   D．19

3．有下列事件过程：

```
      Private Sub Form_Click()
      Dim i As Integer, sum As Integer
       sum = 0
       For i = 2 To 10
        If i Mod 2 <> 0 And i Mod 3 = 0 Then
          sum = sum + i
        End If
       Next i
       Print sum
      End Sub
```

程序运行后，单击窗体，输出结果为（　　）。（2005.9）

    A．12   B．30   C．24   D．18

4．在窗体上画 1 个命令按钮（名称 Command1）和 1 个文本框（名称 Text1），然后编写下列事件过程：

```
      Private Sub Command1_Click()
        x = Val(Text1.Text)
        Select Case x
          Case 1, 3
            y = x * x
          Case Is >= 10, Is <= -10
            y = x
          Case -10 To 10
            y = -x
        End Select
      End Sub
```

程序运行后，在文本框中输入 3，然后单击命令按钮，则下列叙述中正确的是（　　）。（2006.4）

    A．执行 y=x*x   B．执行 y=-x

    C．先执行 y=x*x，后执行 y=-x   D．程序出错

5．在窗体上画 1 个名称为 Command1 的命令按钮，然后编写下列事件过程：

```
      Private Sub Command1_Click()
        a = 0
        For i = 1 To 2
          For j = 1 To 4
```

```
            If j Mod 2 <> 0 Then
                a = a - 1
            End If
            a = a + 1
        Next j
        Next i
        Print a
    End Sub
```

程序运行后，单击命令按钮，输出结果是（   ）。（2006.4）

    A．0   B．2   C．3   D．4

6．在窗体上画 1 个名称为 Text1 的文本框和 1 个名称为 Command1 的命令按钮，然后编写下列事件过程：

```
    Private Sub Command1_Click()
        Dim i As Integer, n As Integer
        For i = 0 To 50
            i = i + 3
            n = n + 1
            If i > 10 Then Exit For
        Next
        Text1.Text = Str(n)
    End Sub
```

程序运行后，单击命令按钮，在文本框中显示的值是（   ）。（2006.9）

    A．5   B．4   C．3   D．2

7．下列循环语句中在任何情况下都至少执行一次循环体的是（   ）。（2007.4）

    A．Do While <条件>   B．While <条件>

        循环体   循环体

      Loop   Wend

    C．Do   D．Do Until <条件>

        循环体   循环体

      Loop Until <条件>   Loop

8．为了计算 1+3+5+…+99 的值，某人编程如下：

```
    k = 1
    s = 0
    While k <= 99
        k = k + 2: s = s + k
    Wend
    Print s
```

在调试时发现运行结果有错误，需要修改。下列错误原因和修改方案中正确的是（   ）。（2007.4）

    A．While … Wend 循环语句错误，应改为 For k=1 To 99…Next k

    B．循环条件错误，应改为 While k<99

    C．循环前的赋值语句 k=1 错误，应改为 k=0

    D．循环中两条赋值语句的顺序错误，应改为 s=s+k:k=k+2

9．在窗体上画 1 个命令按钮，然后编写如下事件过程：

```
    Private Sub Command1_Click()
        Dim I, Num
```

```
Randomize
Do
   For I = 1 To 1000
      Num = Int(Rnd * 100)
      Print Num;
      Select Case Num
         Case 12
         Exit For
         Case 58
         Exit Do
         Case 65, 68, 92
         End
      End Select
   Next I
Loop
End Sub
```

上述事件过程执行后，下列描述中正确的是（   ）。（2008.9）

    A．Do 循环执行的次数为 1000 次

    B．在 For 循环中产生的随机数小于或等于 100

    C．当所产生的随机数为 12 时结束所有循环

    D．当所产生的随机数为 65、68 或 92 时窗体关闭、程序结束

10．设有以下程序：

```
Private Sub Form_Click()
x = 50
For i = 1 To 4
   y = InputBox("请输入一个整数")
   y = Val(y)
   If y Mod 5 = 0 Then
      a = a + y
      x = y
   Else
      a = a + x
   End If
Next i
Print a
End Sub
```

程序运行后，单击窗体，在输入对话框中依次输入 15、24、35、46，输出结果为（   ）。（2009.3）

    A．100   B．50   C．120   D．70

11．下面程序计算并输出的是（   ）。（2010.3）

```
Private Sub Command1_Click()
a = 10
s = 0
Do
s = s + a * a * a
a = a - 1
Loop Until a <= 0
Print s
End Sub
```

　　A．$1^3+2^3+3^3+\ldots+10^3$ 的值

　　B．10！+…+3！+2！+1！的值

　　C．$(1+2+3+\ldots+10)^3$ 的值

　　D．10 个 10^3 的值

二、填空题

1．阅读下列程序：

```
Private Sub Form_Click()
Dim Check As Boolean, Counter As Integer
Check = True
Counter = 5
Do
   Do While Counter < 20
       Counter = Counter + 1
       If Counter = 10 Then
       Check = False
       Exit Do
       End If
   Loop
Loop Until Check = False
Print Counter
End Sub
```

程序运行后，单击窗体，输出结果为_____。（2005.4）

2．有下列程序：

```
Private Sub Form_Click()
Dim a As Integer, s As Integer
n = 8
s = 0
Do
   s = s + n
   n = n - 1
Loop While n > 0
Print s
End Sub
```

以上程序的功能是_____。程序运行后，单击窗体，输出结果为_____。（2005.4）

3．下列程序的功能是从键盘输入 1 个大于 100 的整数 m，计算并输出满足不等式 $1^2+2^2+3^2+4^2+\ldots+n^2<m$ 的最大的 n。请填空。（2007.4）

```
Private Sub Command1_Click()
Dim s, m, n As Integer
   m = Val(InputBox("请输入一个大于 100 的整数"))
   n=_____
   s = 0
   Do While s < m
     n = n + 1
     s = s + n * n
   Loop
   Print "满足不等式的最大的 n 是";_____
End Sub
```

4．下列程序执行时，可以从键盘输入一个正整数，然后把该数的每位数字按逆序输出。如输入 7685，则输出 5867；输入 1000，则输出 0001，请填空。（2007.9）

```
Private Sub Command1_Click()
Dim x As Integer
  x = InputBox("请输入一个正整数")
  While x > __________
    Print x Mod 10;
    x = x \ 10
  Wend
  Print __________
End Sub
```

5．有如下程序：

```
Private Sub Form_Click()
n = 10
i = 0
Do
i = i + n
n = n - 2
Loop While n > 2
Print i
End Sub
```

程序运行后，单击窗体，输出结果为__________。（2010.3）

第7章 数组

数组是程序中最常用的结构数据类型，用来描述成批出现的相关数据的数据结构。在其他高级语言中，数组中的所有元素都必须是同一数据类型。而在 Visual Basic 中，一个数组中的元素可以是相同类型的数据，也可以是不同类型的数据。数组变量在 Visual Basic 的程序设计中使用极为频繁，本章将讲述数组的基本定义和操作。

7.1 数组概述

例 7.1 设参加系统解剖学课程考试的学生有 200 人，要求从键盘输入这 200 人本门课程的成绩，统计本门课程的平均成绩，并且统计高于平均分的人数有多少。

求平均成绩程序段如下：

```
aver = 0
For i = 1 To 200
    mark = InputBox("输入第" & Str(i) & "位学生的成绩")
    aver = aver + mark
Next i
aver = aver / 200
```

若想记录这 200 名学生每个人的成绩，上述代码无法实现，按照常用做法可以定义 200 个变量，让每一个变量存放一个学生的成绩，能够实现统计高于平均分的人数。但这样的 200 个变量的命名，以及在操作过程当中如何控制变量将是一件非常复杂的事情。

在实际应用中，用户通常需要批量处理同一类型的数据。比如，处理某种药物的化学成分共有 n 种成分，这样就对应了 n 个成分数据。如果逐个个去定义这些化学成分的名称和成分变量，那么程序的工作量很大而且极为繁琐。如果定义变量 X_1、X_2、…、X_{n-1}、X_n 为化学成分的名称，定义变量 p_1、p_2、…、p_{n-1}、p_n 为化学成分变量，那么用这样具有相同名字、不同下标的变量来表示同一个属性（成分属性）的一组数据，就很清楚地表达了 X 和 p 的关系。在 Visual Basic 中，定义带有不同下标的变量为下标变量，同时把一组具有同一个名字、不同下标的下标变量称为数组。例如，X(n)中的 X 为数组名，n 为下标。一个数组可以有若干个下标变量（也称数组元素），下标用来指出数组元素在数组中的位置。例如，X(n)代表 X 数组中第 n 个元素。

需要说明的是，在 Visual Basic 中，使用下标变量时，必须把下标放在一对紧跟在数组名之后的括号中，必须把下标变量写成 X(n)，不能写成 X_n 或者 Xn，也不能写成 X[n]。

Visual Basic 中的数组按其下标的数量来划分，可以分为一维数组、二维数组或者多维数组；按照数组下标中元素个数的可变与否，可以分为静态数组和动态数组；按照数组中各元素的数据类型是否相同，可以分为变体类型（又称为默认）数组和普通数据类型数组。

7.1.1 数组的定义

在计算机中，数组的存储需要占用一块内存区域，数组名是这个区域的名称，下标可以标识元素在该区域中的位置。因此，数组的使用要遵循先定义后使用的原则。之所以要进行数组的定义，就是为其留出存储空间。

在 Visual Basic 中，用于数组定义的语句有四个：

- Dim 语句。常用于窗体模块或者过程中定义局部变量类型数组。
- ReDim 语句。用于过程中动态数组的重新定义。
- Static 语句。用于过程中定义静态变量类型数组。
- Public（或 Global）语句。用于标准模块中定义全局变量类型数组。

下面以 Dim 语句为例来介绍数组定义的格式。用其他定义语句定义数组，其格式是相同的。

1. 一维数组

一般格式如下：

Dim 数组名(下标) [As 类型名称]

其中：

- 数组名可以是任何合法的 Visual Basic 变量名。
- 下标的形式：**[下界 To]**上界，下标下界最小可为-32768，最大上界为 32767，通常可省略下界，其默认值为 0。
- "As 类型名称"用来声明数组的类型，如 Integer、Long、Single、Double 等。当缺省数组类型时，表示变体类型。
- 在 VB 中，数组下界默认为 0，为了便于使用，在窗体层或标准模块层用 Option Base n 语句可重新设定数组的下界。例如：

Option Base 1

设定数组默认下界为 1。

- 一维数组的大小：上界～下界+1，例如：

Dim WeekDay(6) As String

其元素如图 7-1 所示，包含 7 个数组元素。

WeekDay(0)	WeekDay(1)	WeekDay(2)	WeekDay(3)	WeekDay(4)	WeekDay(5)	WeekDay(6)

图 7-1 一维数组

2. 二维数组

一般格式如下：

Dim 数组名(下标 1，下标 2) [As 类型名称]

- 数组的大小为各维大小的乘积。

例如：

Dim Samples(2,4) As Integer

其元素如图 7-2 所示，包含 15 个数组元素。

Samples(0,0)	Samples(0,1)	Samples(0,2)	Samples(0,3)	Samples(0,4)
Samples(1,0)	Samples(1,1)	Samples(1,2)	Samples(1,3)	Samples(1,4)
Samples(2,0)	Samples(2,1)	Samples(2,2)	Samples(2,3)	Samples(2,4)

图 7-2 二维数组

3. 多维数组

由多个下标变量组成的数组称为多维数组。Visual Basic 最多可以声明 60 维数组。声明时，用户同样可以指定总数或者范围。一般格式为：

Dim 数组名(下标 1[,下标 2,…])[As 类型名称]

例如，定义一个 5×6×7 的三维数组：

Dim ThreeDimensions(1 to 5, 1 to 6, 1 to 7) As Integer

以上学习了一维数组、二维数组和多维数组的定义。在定义数组时，需要注意以下几点：

- 数组名的命名规则与变量名相同，在命名时应尽可能有一定的含义，方便程序阅读和修改。

- 在同一个过程中，数组名不能与变量名相同，否则将出错，例如：

```
Private Sub Form_Click()
    Dim test(3)
    Dim test
    test=1
    test(3)=1
    Print test, test(3)
End Sub
```

运行以上程序，单击窗体，程序将出错，弹出信息提示对话框，提示"编译错误：当前范围内的声明重复"。

- 在定义数组时，每一维的元素个数必须是常数，不能是变量或者表达式。例如：

```
Dim Error(n)
Dim Error(n+1)
```

或者

```
n = InputBox("输入 n 的值")
Dim Error(n)
```

这两段代码语句都是不合法的。如果执行这两段代码，程序将出错，弹出信息提示对话框，提示"编译错误：要求常数表达式"。

- 数组的类型通常在 As 子句中说明，如果 As 子句省略，则定义的数组为默认数组，其类型默认为 Variant。

- 定义数组时，下界必须小于上界。

4. LBound 函数和 UBound 函数

有时，用户需要知道数组的下界和上界值，可以通过 LBound 和 UBound 函数来获取。LBound 和 UBound 函数分别返回数组下标的"最小值"和"最大值"。其一般格式为：

LBound(数组名[,维])

UBound(数组名[,维])

例如，定义一个一维数组，并返回数组的下界、上界的值：

```
Dim Class(10)
Print LBound(Class), UBound(Class)
```

输出结果为：

0 10

对于一维数组来说，参数"维"是可以省略的。如果是多维数组，那么参数"维"绝对不能省略。例如，定义一个三维数组，并返回数组中各维的上下界值：

```
Dim Samples(1 to 30, 30, 2 to 10)
Print LBound(Samples, 1), UBound(Samples, 1)
Print LBound(Samples, 2), UBound(Samples, 2)
```

```
Print LBound(Samples, 3), UBound(Samples, 3)
```

输出结果为：

```
1    30
0    30
2    10
```

5. 默认数组

默认数组，即默认数据类型的数组。在一般情况下，定义一个数组应该声明数组的数据类型，比如：

```
Static Class(10) As Integer
```

定义了一个一维数组 Class。该数组的类型为整型，一共有 11 个元素，每个元素均为整型。如果将该代码改为：

```
Static Class(10)
```

那么，新定义的数组为默认数组，其类型默认为 Variant，因此，该定义也可以表达为：

```
Static Class(10) As Variant
```

定义默认数组有什么意义呢？对于其他很多高级语言来说，一个数组各个元素的数据类型都相同，即一个数组仅能存放同一种类型的数据，在很大程度上限制了数组应用的灵活性。而默认数组的使用，打破了这种限制。对于默认数组来说，同一个数组中可以存放很多不同类型的数据。因此，默认数组从某种意义上来说，可以是"混合数组"。

7.1.2　数组的初始化

数组的初始化指的是给数组的各元素赋初值。Visual Basic 提供了 Array 函数，使用该函数，可以使数组在程序运行之前初始化，得到初值。其一般格式为：

```
数组变量名 = Array(数组元素值表)
```

其中：

- 数组变量名指的是预先定义的一个变体类型的数组名，其后通常不带括号和下标。
- 数组元素值表指的是要赋给数组各元素的值，它们之间用逗号分开。

例如：

```
Dim WeekDay As Variant
WeekDay = Array("Mon", "Tue", "Wed", "Thu", "Fri", "Sat", "Sun")
Print WeekDay(1)
Print
'重新定义 WeekDay 数组。注意，该数组中只有两个元素，如果要求输出 WeekDay(2)将会出错
WeekDay = Array("Mon", "Tue")
Print WeekDay(1)
```

执行以上代码，将输出"Tue"和"Tue"。

一般情况下数组变量可以显式定义为 Variant 变量，也可以不定义而直接使用，或者在定义时不指明类型（即默认方式定义）。在 Visual Basic 中，如果使用后两种方式，系统都会将该数组变量作为变体（Variant）类型变量来处理。

需要注意的是，Array 函数只能对一维数组进行初始化，不能对二维或者多维数组进行初始化。

7.1.3　静态数组和动态数组

定义数组后，为了使用数组，必须为数组分配所需要的内存区。根据内存区分配时机的

不同，可以把数组分为静态数组和动态数组。通常把需要在编译时分配内存区的数组叫做静态数组，把需要在运行时分配内存区的数组叫做动态数组。而程序没有运行时，动态数组不占据内存，因此可以把这部分内存用于其他操作。静态数组和动态数组由其定义方式来确定，即：

- 用数值常数或者符号常量作为下标定义的数组是静态数组。
- 用变量作为下标定义的数组是动态数组。

1. 动态数组的定义

如果无法预期程序中究竟需要多大的数组，可以将它声明为"动态数组"。这样一来，程序就能够根据实际情况机动调整数组大小，从而有效地节省内存空间。动态数组在声明时，只定义数组名，不指定数组下标。在程序运行过程中，再根据需要，使用 ReDim 语句定义数组的大小。因此，使用动态数组，定义数组名时并不为该数组分配存储空间，而是在程序执行到 ReDim 语句时分配存储空间。

建立动态数组的步骤如下：

（1）用 Dim(Public,Static 等)语句声明一个"空的数组"，不能指定数组的大小，格式如下：

Dim 数组名( ) [As 类型名称]

例如：

Dim Examples() As Integer

（2）用 ReDim 语句指出数组大小，格式如下：

ReDim　[Preserve] 数组名( ) [As 类型名称]

例如：

ReDim Examples(30)

注意：

- Dim 语句是说明性语句，可以出现在程序的任何地方，而 ReDim 语句是可执行语句，只能出现在过程中。
- ReDim 语句中的下标可以是常量，也可以是有确定值的变量。
- 在过程中可多次使用 ReDim 语句来改变数组的大小，每次使用 ReDim 语句都会使原来数组中的数据丢失，可以在 ReDim 保留字后加 Preserve 参数来保留数组中的数据，但使用 Preserve 只能改变最后一维的大小，前面几维的大小不能改变。

例 7.2　ReDim 语句用法实例。

程序要求：在窗体模块中定义一个动态数组，然后在窗体的 Click 事件过程中，使用 ReDim 语句指出数组大小，并对该数组的数组元素进行赋值。

代码如下：

```
'声明一个窗体级的空数组，用于存放动态数组
Dim Examples() As Integer
Private Sub Form_Click()
    '指定数组的大小
    ReDim Examples(1 To 30)
    For i = 1 To 30
        Examples(i) = i
    Next i
    For i = 1 To 30
      If i Mod 5 = 0 Then
            '每行打印五个数组元素，如果超过五个数，则换行
```

```
        Print Examples(i); "        ";
        Print
    Else
        Print Examples(i); "        ";
    End If
    Next i
End Sub
```

运行程序，单击窗体，即可看到程序运行结果，如图 7-3 所示。需要强调的是，每次用 ReDim 语句来指出数组大小时，原来数组中的内容将全部被清除为 0（或者空字符串）。因此在每次使用 ReDim 前，如果有必要，用户应该先保存原来数组中的数据。

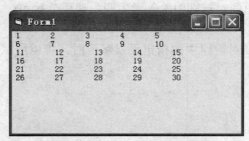

图 7-3　显示动态数组中的元素

2. 数组的清除

定义了数组后，就在内存中占用了相应的存储空间。为了方便用户对已经定义的数组进行重新利用，Visual Basic 提供了 Erase 语句。Erase 语句的作用是：

- 用于清除静态数组时，重新初始化静态数组的数组元素。如果该数组是数值类型，则把数组中的所有元素置为 0；如果是字符串类型，则把所有元素置为空字符串。
- 用于清除动态数组时，释放动态数组的存储空间。清除后的动态数组必须用 ReDim 语句重新指定大小后才能使用。

相比较而言，动态数组经 Erase 处理后就不复存在了；而静态数组经过 Erase 处理后，内容被初始化了。Erase 的典型使用格式为：

Erase　数组名 [,数组名]......

需要注意的是，Erase 语句与数组处理的一般语句稍有不同，在其后的数组名下不带括号和下标。例如：

Erase WeekDay

7.2　数组的基本操作

建立数组后，可以对数组元素进行输入、输出以及复制等基本操作。此外，Visual Basic 还提供了一条 For Each…Next 语句，可用于对数组元素进行查询、显示和读取等操作。

7.2.1　数组元素的输入

数组元素一般通过 For 循环语句和 InputBox 函数输入。但是，InputBox 函数比较占用运行时间和资源，仅适用于某些特殊的情况。

例 7.3　输入某考生四门课程的分数，计算总分。

Option Base 1

```
Dim Mark() As Integer
Private Sub Form_Click()
    Dim i%, s%
    ReDim Mark(4)
    s = 0
    For i = 1 To 4
        Mark(i) = InputBox("请输入分数:")
        s = s + Mark(i)
    Next i
    Print "考生总分: "; s
End Sub
```

运行本程序时，在弹出的对话框中输入考生四门课程分数 98、90、87、80，它们将被存入数组 Mark 中。

当数组较小或者只需要对数组中的指定元素赋值时，可以用赋值语句来实现数组元素的输入。则上例可以改为：

```
Mark(1) = 98
Mark(2) = 90
Mark(3) = 87
Mark(4) = 80
```

7.2.2   数组元素的输出

数组元素的输出可以用 Print 方法来实现。

例 7.4   输入如下数据，并在应用程序界面上显示出来。

11	12	13	14	15
16	17	18	19	20
21	22	23	24	25

可以先把这些数据存入一个二维数组，然后使用 Print 语句输出。代码如下：

```
Option Base 1
Private Sub Form_Click()
    Dim Numbers(3, 5) As Integer , i As Integer, j As Integer
    For i = 1 To 3
        For j = 1 To 5
            Numbers(i, j) = InputBox("请输入数值:")
            Print Numbers(i, j); "";
        Next j
        Print
    Next i
End Sub
```

运行程序，在弹出的对话框中逐个输入数据，它们将被存入 Numbers 数组中，并显示在窗体上。

7.2.3   数组元素的复制

数组元素的复制，实际上就是将一个数组元素的值赋给另一个数组元素。例如：

```
Dim Class1(30) As String, ClassTemp(30) As String
Class1(2) = ClassTemp(2)
```

二维数组或者多维数组中的元素可以赋值给另一个二维数组或者多维数组中的元素，也可以赋值给一个一维数组中的某个元素，反之亦可。例如：

```
Dim Class1(30) As String, ClassTemp(30, 30) As String
Class1(25) = ClassTemp(1, 25)
ClassTemp(2, 25) = Class1(25)
```

如果要复制整个数组，一般要使用 For 循环语句来实现。当复制数组和被复制数组在数据类型、数组维数和下标大小相同的情况下，直接用赋值号将两个不带括号和下标的数组名连起来也能够完成复制过程，例如：

```
Dim class1(2, 30) As String, class2(2, 30) As String
class2 = class1
```

当然，如果两个数组类型、维数和下标大小不同，这样进行复制就可能造成数据的丢失、混淆等。所以要想保证数据复制的可靠性，就必须正确地使用循环语句。

7.2.4　数组元素的插入和删除

数组中元素的插入和删除一般是在已固定序列的数组中插入和删除一个元素，使得插入或删除操作后的数组还是有序的。

1. 数组元素的插入

基本思路：

（1）查找待插入数据在数组中的位置 k。

（2）从最后一个元素开始往前直到下标为 k 的元素依次往后移动一个位置。

（3）将第 k 个元素的位置空出，将数据插入。

例 7.5　在有序数组 a 中插入数值 14，如图 7-4 所示。

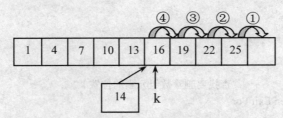

图 7-4　插入元素示意图

代码如下：

```
Private Sub Form_Click()
    Dim a(9) As Integer
    Dim i%, k%
    For i = 0 To 8                    '生成数组
        a(i) = i * 3 + 1
        Print a(i);
    Next i
    Print
    For k = 0 To 8                    '查找待插入数据在数组中的位置 k
        If 14 < a(k) Then Exit For
    Next k
    For i = 8 To k Step -1            '从最后一个元素开始逐个后移，空出位置
        a(i + 1) = a(i)
    Next i
    a(k) = 14                         '插入数 14
```

```
For i = 0 To 9
    Print a(i);
Next i
End Sub
```

2. 数组元素的删除

基本思路：

（1）查找要删除数组元素的位置 k。

（2）从下标为 k+1 的元素开始依次往前移动一个位置，直到数组的最后一个元素。

（3）将数组元素个数减 1。

例 7.6 从数组 a 中删除值为 13 的数组元素，如图 7-5 所示。

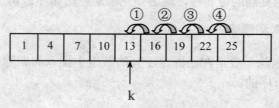

图 7-5   删除元素示意图

代码如下：

```
Private Sub Form_Click()
    Dim a() As Integer
    Dim i%, k%
    ReDim a(8)
    For i = 0 To 8
        a(i) = i * 3 + 1
        Print a(i);
    Next i
    Print
    For k = 0 To 8                  '查找要删除数组元素的位置 k
        If 13 = a(k) Then Exit For
    Next k
    For i = k + 1 To 8   '从下标为 k+1 的元素开始依次往前移动一个位置，直到数组的最后一个元素
        a(i - 1) = a(i)
    Next i
    ReDim Preserve a(7)          '数组元素个数减 1
    For i = 0 To 7                  '显示删除后的各数组元素
        Print a(i);
    Next i
End Sub
```

7.2.5 数组排序

1. 选择法排序

若有 n+1 个数的数组 a(n)，按照递增顺序排序，基本思路：

（1）从 n+1 个数中选出最小的数并记录下标，与第 0 个数交换位置。

（2）在余下的 n 个数中，再按（1）的方法选出次小的数，与第 1 个数交换位置。

（3）重复步骤（2），最后构成递增序列。

例 7.7 已知存放在数组中的 6 个数，按递增顺序用选择排序法进行排序。排序过程如图 7-6 所示。

						原始数据	8	6	9	3	2	7
a(0)	a(1)	a(2)	a(3)	a(4)	a(5)	第 1 轮比较	2	6	9	3	8	7
	a(1)	a(2)	a(3)	a(4)	a(5)	第 2 轮比较	2	3	9	6	8	7
		a(2)	a(3)	a(4)	a(5)	第 3 轮比较	2	3	6	9	8	7
			a(3)	a(4)	a(5)	第 4 轮比较	2	3	6	7	8	9
				a(4)	a(5)	第 5 轮比较	2	3	6	7	8	9

图 7-6　选择法排序过程示意图

代码如下：

```
Private Sub Form_Click()
    Dim a(), i%, j%, p%, n%, t%
    a = Array(8, 6, 9, 3, 2, 7)
    n = UBound(a)
    For i = 0 To n - 1                     ' 进行 n 轮比较
        p = i                              ' 对第 i 轮比较时，初始假定第 i 个元素最小
        For j = i + 1 To n                 ' 在数组 i+1～n 个元素中选最小元素的下标
            If a(j) < a(p) Then p = j
        Next j
        t = a(i)                           'i+1～n 个元素中选出的最小元素与第 i 个元素交换
        a(i) = a(p)
        a(p) = t
    Next i
    For i = LBound(a) To UBound(a)
        Print a(i);
    Next i
End Sub
```

2. 冒泡法排序

若有 n+1 个数的数组 a(n)，按照递增顺序排序，基本思路：

（1）从第一个元素开始，把相邻的两个元素进行比较，即 a(0) 和 a(1) 比较，如果 a(0) 比 a(1) 大，则对调两个数；然后 a(1) 和 a(2) 比较，……，直到最后 a(n-1) 和 a(n) 比较，这时，一轮比较完成，一个最大的数放入数组中最后一个元素 a(n) 中；

（2）在余下的 n 个数中，再按（1）的方法，次大数放入元素 a(n-1) 中；以此类推，进行 n 轮排序后，构成递增序列。

例 7.8 已知存放在数组中的 6 个数，按递增顺序用冒泡排序法进行排序。排序过程如图 7-7 所示。

						原始数据	8	6	9	3	2	7
a(0)	a(1)	a(2)	a(3)	a(4)	a(5)	第 1 轮比较	6	8	3	2	7	9
a(0)	a(1)	a(2)	a(3)	a(4)		第 2 轮比较	6	3	2	7	8	9
a(0)	a(1)	a(2)	a(3)			第 3 轮比较	3	2	6	7	8	9
a(0)	a(1)	a(2)				第 4 轮比较	2	3	6	7	8	9
a(0)	a(1)					第 5 轮比较	2	3	6	7	8	9

图 7-7　冒泡法排序过程示意图

代码如下：

```
Private Sub Form_Click()
```

```
Dim a(), i%, j%, t%, n%
a = Array(8, 6, 9, 3, 2, 7)
n = UBound(a)
    For i = 0 To n - 1          '有 n+1 个数，进行 n 轮比较
      For j = 0 To n - 1 - i    '在每轮比较中，对 0～n-1-i 的元素两两相邻比较，大数沉底
        If a(j) > a(j + 1) Then
            t = a(j): a(j) = a(j + 1): a(j + 1) = t      '次序不对交换
        End If
        Next j
      Next i
    For i = 0 To n
        Print a(i);
    Next i
End Sub
```

7.2.6   For Each…Next 语句

For Each…Next 语句与 For…Next 语句相类似，都用来执行指定重复次数的一组操作。For Each…Next 语句的使用格式为：

For Each 成员 In 数组
 循环体
 [Exit For]
 … …
 Next 成员

其中：

● "成员"是循环中一个变体类型的中间量，在 For Each…Next 结构中，每循环一次，该变量就将一个数组元素的值复制给自己，供循环体使用。

● "数组"是一个数组名，不需要写括号和下标。

● 在循环体中间，可以插入一个 Exit For 语句，随时退出循环。

For Each…Next 结构的执行步骤为：

（1）首先计算数组元素的个数，数组元素的个数就是执行循环体的次数。

（2）每次执行循环体之前，将数组的一个数组元素赋值给成员，第一次是第一个数组元素，第二次是第二个数组元素……依此类推。

（3）执行循环体，执行后转到（2）。

（4）在执行循环体过程中，如果碰到 Exit For 语句，直接退出循环。

例 7.9   产生 5 个随机整数，并在窗体上输出。

```
Option Base 1
Private Sub Form_Click()
    Dim numbers(5) As Integer
    For i = 1 To 5
        numbers(i) = Int(Rnd * 10)
    Next i
    For Each Number In numbers
        Print Number; "";
    Next Number
End Sub
```

运行程序，屏幕上将输出 5 个随机整数。从该例可以看出，使用 For Each…Next 语句可

以对数组元素进行读取的操作，数组有多少个元素就执行多少次循环，不需要另外定义循环执行的条件。因此，该语句的使用很方便。

需要注意的是，不允许在 For Each…Next 语句中使用用户自定义类型的数组。

7.3　控件数组

如果用户要使用一些类型相同并且功能类似的控件，可以建立一个控件数组，将这些类型相同的控件放在同一个控件数组中。它们之间的相互关系与数组变量（Array）的使用相类似，具有以下特性：

- 相同的名称。
- 以下标（索引值）来识别各个控件。

这些控件拥有相同的名称，都共同对应一组事件过程，返回的下标值能够让应用程序识别是哪个控件引发的。因此，控件数组在程序设计中是个非常重要的概念。应用控件数组具有以下优点：

- 能够简化程序代码，节省系统资源。
- 节省设计时间，而且使程序更容易修改和维护。
- 在程序运行过程中可以创建新控件，使得编程更加灵活、方便。

例如，一个控件数组含有 n 个命令按钮 Command1(0)、Command1(1)、…、Command1(n-1)，不论单击哪个按钮，都将调用同一个 Click 事件过程。

7.3.1　控件集合

所谓的控件集合，即窗体上所有控件的集合，它是由 Visual Basic 程序直接管理的。其一般格式为：

窗体名称.Controls

控件集合有一个 Count 属性，用来记录窗体上目前有多少个控件；还有一个 Index 属性，用来分辨这些控件，它的值从 0 到 Controls.count-1。Index 由 Visual Basic 系统控制，程序员无法对其进行修改。

例 7.10　编写一段程序，计算窗体上命令按钮的个数，并将统计结果显示。

```
Private Sub Form_Click()
    Static Sum As Integer
    Dim i As Integer
    For i = 0 To Form1.Controls.Count – 1
        '判断该控件是否是命令按钮
        If TypeOf Form1.Controls(i) Is CommandButton Then
            Sum = Sum + 1
        End If
    Next i
    Print "窗体上总控件的个数为："; Form1.Controls.Count
    Print "其中命令按钮的个数为"; Sum
End Sub
```

运行程序，单击窗体，程序将统计窗体上控件的个数，并给出命令按钮的个数，如图 7-8 所示。

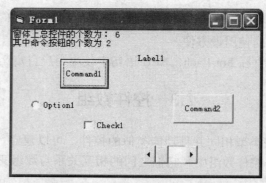

图 7-8　统计窗体上命令按钮的个数

7.3.2　建立控件数组

要建立控件数组，首先要掌握控件数组的名称以及索引值的特性，然后根据需要完成控件数组的设计。建立控件数组有以下两种常用的方法。

1. Index 属性

以建立包含 5 个 Label 控件的控件数组为例，其操作步骤如下：

（1）在窗体上画出 5 个 Label 控件，此时它们的名称分别为 Label1、Label2、Label3、Label4、Label5。

（2）单击要包含到控件数组中的某个控件，例如，单击 Label3 控件，将其激活。

（3）在属性窗口中将 Label3 控件的 Name 属性改为 Label1，此时 Visual Basic 将弹出一个对话框，如图 7-9 所示，询问用户是否要建立一个控件数组。

图 7-9　询问是否创建控件数组对话框

（4）单击"是"按钮，就会发现该控件原先空白的 Index 属性已经自动加入一个数值，而原先 Label1 控件的 Index 属性变为 0。

（5）对每个要加入控件数组的控件重复（2）～（4）的步骤。此时每修改一个控件，其 Index 属性的数值将自加 1。

2. 复制方式

利用复制、粘贴的功能也可以建立控件数组。以建立包含 5 个 Label 控件的控件数组为例，其操作步骤如下：

（1）在窗体上画出一个 Label 控件，将其激活。

（2）单击"编辑"菜单中的"复制"命令（或者按下 Ctrl+C 组合键），将该控件放入剪贴板。

（3）单击"编辑"菜单中的"粘贴"命令（或者按下 Ctrl+V 组合键），将显示如图 7-9 所示的对话框，单击"是"按钮，即添加完成。

（4）每次单击"编辑"菜单中的"粘贴"命令，即可添加一个控件数组的成员。

7.3.3 修改控件数组

控件数组建立后，只要改变一个控件的"名称"属性值，并把"Index"属性设为空，就能够把该控件从控件数组中删除。

除了在界面设计阶段通过设置相同的"名称"属性来建立控件数组外，还可以在程序代码中利用 Load 函数来进行控件数组元素的添加。该函数的一般格式为：

Load 对象（索引）

同样，在程序代码中也可以利用 UnLoad 函数来进行控件数组元素的删除，其一般格式为：

UnLoad 对象（索引）

由于控件数组中的控件具有相同的事件过程，事件过程中就会多一个 Index 参数，据此程序可以判断某个事件到底是作用在哪个控件上。例如：

```
Private Sub Label1_Click(Index As Integer)
    If Index = 3 Then Label1(2).Visible = True
End Sub
```

7.3.4 控件数组的应用

控件数组是 Visual Basic 中一个重要的数据结构，广泛应用于应用程序的设计中。

例 7.11 建立含有 3 个命令按钮的控件数组，当单击某个命令按钮时，分别执行不同的操作。

建立步骤如下：

（1）在窗体上建立一个命令按钮，把其 Name 属性设为 cmdTest，然后用"编辑"菜单中的"复制"命令和"粘贴"命令复制两个命令按钮。

（2）把 3 个命令按钮的 Caption 属性分别设为"确定"，"取消"和"退出"。

（3）双击任意一个命令按钮，在代码窗口键入如下事件过程：

```
Private Sub cmdTest_Click(Index As Integer)
    Select Case Index
        Case 0
            Print "单击的是确定按钮"
        Case 1
            Print "单击的是取消按钮"
        Case Else
            End
    End Select
End Sub
```

程序运行结果如图 7-10 所示。

图 7-10 程序运行结果

习题七

一、选择题

1. 用下面语句定义的数组的元素的个数是（   ）。
    Dim a(-3 To 5) As Integer
    A．6   B．7   C．8   D．9

2. 下面数组说明语句错误的是（   ）。
    A．Dim b(-10) As Double   B．Dim c(8, 3) As Byte
    C．Dim d(-10 To -1) As Boolean   D．Dim e(-99 To -5, -3 To 0)

3. 在窗体上面画一个命令按钮，名称为 Command1，编写如下代码：
    ```
    Option Base 1
    Private Sub Command1_Click()
        Dim a
        s = 0
        a = Array(1, 2, 3, 4)
        j = 1
        For i = 4 To 1 Step -1
            s = s + a(i) * j
            j = j * 10
        Next i
        Print s
    End Sub
    ```
    运行以上程序，单击命令按钮，其输出结果为（   ）。
    A．4221   B．1234   C．34   D．12

4. 下列程序出现的错误提示为（   ）。
    ```
    Private Sub Command1_Click()
        Dim i As Integer
        Dim x
        x = Array(2, 3, 4, 5, 6, 7)
        For Each i In x
            Print i;
        Next i
    End Sub
    ```
    A．数组的下界超标
    B．For Each 数组的控制变量必须为变体变量
    C．关键字 Each 的位置不对
    D．x 应该定义成数组

5. 以下定义数组或者给数组元素赋值的语句中，正确的是（   ）。
    A．Dim a As Variant   B．Dim a(10) As Integer
        a = Array(1, 2, 3, 4, 5)   a = Array(1, 2, 3, 4, 5)
    C．Dim a%(10)   D．For i = 1 To 5 \ 2
        a(1) = "ABCDE"   a(0) = 0
                                           a(1) = 1: a(2) = 2: b = a

6. 默认情况下，下面声明的数组元素的个数是（　　　）。（2011.3）

Dim a(5,-2 To 2)

A．20　　　　　　　　B．24　　　　　　　　C．25　　　　　　　　D．30

7. 阅读程序：

```
Private Sub Command1_Click()
Dim arr
Dim i As Integer
arr = Array(0, 1, 2, 3, 4, 5, 6, 7, 8, 9, 10)
For i = 0 To 2
    Print arr(7 - i);
Next
End Sub
```

程序运行后，窗体上显示的是（　　　）。（2011.3）

A．8 7 6　　　　　　B．7 6 5　　　　　　C．6 5 4　　　　　　D．5 4 3

8. 窗体上有一个名为 Command1 的命令按钮，并有如下程序：

```
Private Sub Command1_Click()
Dim a(10), x%
For k = 1 To 10
    a(k) = Int(Rnd * 90 + 10)
    x = x + a(k) Mod 2
Next k
Print x
End Sub
```

程序运行后，单击命令按钮，输出结果是（　　　）。（2011.3）

A．10 个数中奇数的个数

B．10 个数中偶数的个数

C．10 个数中奇数的累加和

D．10 个数中偶数的累加和

9. 请阅读程序：

```
Sub subp(b() As Integer)
    For i = 1 To 4
        b(i) = 2 * i
    Next
End Sub
Private Sub Command1_Click()
    Dim a(1 To 4) As Integer
    a(1) = 5: a(2) = 6: a(3) = 7: a(4) = 8
    subp a()
    For i = 1 To 4
        Print a(i)
    Next
End Sub
```

运行上面的程序，单击命令按钮，则输出的结果是（　　　）。（2010.9）

A．2	B．5	C．10	D．出错
4	6	12	
6	7	14	
8	8	16	

10．下面正确使用动态数组的是（　　　）。（2010.4）

A．Dim art() As Integer

……

ReDim arr(3, 5)

B．Dim art() As Integer

……

ReDim arr(50) As String

C．Dim art()

……

ReDim arr(50) As Integer

D．Dim art(50) As Integer

……

ReDim arr(20)

二．填空题

1．由 Array 函数建立的数组的名字必须是_____类型。

2．在 Form1 窗体上画一个名称为 Command1 的命令按钮，编写如下程序代码：

```
Private Sub Command1_Click()
    Dim m(10) As Integer
    For k = 1 To 10
        m(k) = 12 - k
    Next k
    x = 6
    Print m(2 + m(x))
End Sub
```

程序运行后，单击命令按钮，输出结果是_____。

3．在 Form1 窗体上画一个名称为 Command1 的命令按钮，编写如下程序代码：

```
Private Sub Command1_Click()
    Dim s1(5, 5)
    For a = 1 To 3
        For b = 1 To 3
            s1(a, b) = a * b
        Next b
    Next a
    For i = 1 To 3
        For j = 1 To 3
            Print s1(i, j); " ";
        Next j
        Print
    Next i
End Sub
```

程序运行后，单击命令按钮，输出结果是_____。

4．控件数组共用事件和方法，区分控件元素需要引用控件的_____属性。

5．定义动态数组需要分两步进行，首先定义一个没有下标的数组，当要使用它时，使用_____语句指出数组的大小。

第8章 过程

在程序设计中，有些数据处理的操作是相同的，可以把进行同类操作的程序独立出来，供其他程序使用。Visual Basic 把这种公用的、完成某一个特定功能的程序设计成可供其他程序调用的、独立的程序段，这种程序段称为通用过程（General Procedure），也叫用户自定义过程。

用户自定义过程有以下三个特点：

- 是独立的程序段，可以供其他程序段调用。
- 一般完成某一数据处理任务。
- 用户自定义过程与调用程序之间一般通过参数进行数据传递。

用户自定义过程的结构、编写方法与前面章节中讲述的事件过程很相似，二者的主要区别是：

- 用户自定义过程的第一条语句和最后一条语句是特定的语句。
- 事件过程的名称不能由用户任意定义，必须由系统来指定；而用户自定义过程的名称必须由用户来自行定义。
- 事件过程只能放在窗体模块中，而用户自定义过程可以放在标准模块中，也可以放在窗体模块中。

Visual Basic 中，用户自定义过程有：函数过程和子过程。本章将着重讲述函数过程、子过程以及参数的传递等。

8.1 函数过程

以"Function"保留字开始的用户自定义过程为函数过程，函数过程作为通用过程中的一种，也是用来完成特定功能的一段独立的程序代码。它也可以读取参数，执行一系列语句并改变其参数的值。但是，与子过程不同的是，函数过程可以返回一个值给调用程序。因此，函数过程与系统内部函数（如数学函数、转换函数、字符串函数、日期函数和随机函数等）的功能基本相同。只不过内部函数是由 Visual Basic 提供，而函数过程由程序设计者自行定义。所以，本章介绍的函数过程的调用方式也适用于系统内部函数。

8.1.1 函数过程的定义

函数过程的一般格式如下：

[Static][Private|Public] Function 函数过程名([参数列表])[As 类型]
  语句块
  [函数过程名＝表达式]   }
  [Exit Function]   函数过程体
  [语句块]
End Function

其中：

- Function 是函数过程开始的标志，End Function 是函数过程结束的标志，在 Function

和 End Function 之间是描述过程操作的语句块。在函数过程体内，根据需要，可以用一个或者多个 Exit Function 语句从过程中退出。"As 类型"是函数过程返回值的数据类型，可以是 Integer、Long、Single、Double、String 等，如果省略，则为 Variant。

- Public 或者 Private 用来表示函数过程作用的有效范围，即是"公用"还是"私用"。Private 过程能在本窗体或者模块中被调用。Public 过程则可以在整个程序范围内被调用。一般情况下，在窗体层定义的过程在本窗体模块中使用。如果要在其他窗体模块中使用，则应加上该过程所在的窗体名作为前缀。

- Static 指定过程中的局部变量在内存中的存储方式，表示该程序中的局部变量属于静态变量。如果使用了 Static，则过程中的局部变量在过程被调用后其值将继续保留；如果省略了 Static，则过程中的局部变量在每次调用过程时，都要先被初始化为 0 或者空字符串。

- 在 Visual Basic 程序设计中，通常把函数过程和子过程定义中出现的变量名称为"形式参数"，简称"形参"，而把调用函数过程和子过程时传递给它们的常数、变量、数组或者表达式称为"实际参数"，简称"实参"。

"参数列表"用于在调用该函数时的数据传递，只能是变量名或者数组名，各参数名之间用逗号隔开。"参数列表"指明了调用时传递给过程的参数的类型、个数和位置，每个参数的具体形式为：

[ByRef |ByVal] 变量名 [As 数据类型]

其中，"ByVal"是可选的，如果加上"ByVal"，则表明该参数是"传值"参数；如果加上"ByRef"（通常省略），则表明该参数是"引用"参数。有关参数传递的具体方法和内容，将在本章的后面部分介绍。"变量名"是一个合法的 Visual Basic 变量名或者数组名。如果是数组，则要在数组名后加上一对括号。"数据类型"指的是变量类型，可以是 Integer、Long、Single、Double、String 等。如果省略了"As 数据类型"，则默认为 Variant。

- 在 Visual Basic 中，调用一个函数过程会返回一个值，因此函数过程可以像内部函数一样在表达式中使用。将函数过程返回的值放在上述格式中的"表达式"内，并通过"函数过程名=表达式"的方式把它的值赋给"函数过程名"。如果在函数过程中省略了"函数过程名=表达式"，则该过程返回一个默认值（数值函数过程返回 0 值，字符串函数过程返回空字符串）。因此，为了能使一个函数过程完成指定的操作，需要在过程体中为"函数过程名"赋值。例如，定义一个获取两个数中较大数的函数过程，代码如下：

```
Public Function FindMax(a As Integer, b As Integer) As Integer
        If a>= b then
                FindMax=a         '函数过程名=数值
        Else
                FindMax=b         '函数过程名=数值
        End If
End Funtion
```

8.1.2 函数过程的建立

如何建立一个事件过程，在前面的章节里已经有了很多介绍。但是函数过程不属于任何一个事件过程，因此不能放在某一事件过程中去编写。函数过程一般在标准模块或者窗体模块中建立，建立一个函数过程的方法有两种：

- 方法一：直接在一个窗体或者模块的通用声明部分编写代码。
- 方法二：使用"工具"菜单中的"添加过程"菜单项。

1. 方法一

执行"工程"菜单中的"添加窗体"命令，打开窗体代码窗口，键入过程的名字，例如，键入 Function Example，按回车键后显示：

```
Function Example()

End Function
```

即可在 Function 和 End Function 之间输入语句代码，如图 8-1 所示。

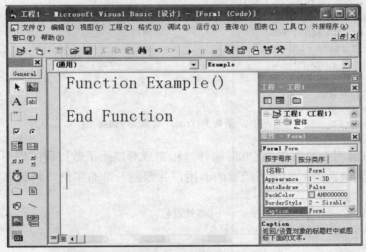

图 8-1　直接在通用声明部分编写代码

2. 方法二

（1）打开代码窗口，单击"工具"菜单中的"添加过程"命令，打开如图 8-2 所示的"添加过程"对话框。

（2）在"名称"文本框中输入要建立的过程的名字。本例为"Example"。

（3）在"类型"中选择要建立的过程的类型，如果建立函数过程，则选择"函数"；如果建立子过程，则选择"子程序"，依此类推。

（4）在"范围"中选择过程的适用范围。

（5）单击"确定"按钮，回到代码窗口，过程已经添加完毕。在 Function 和 End Function 之间输入代码即可。

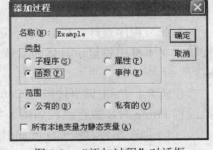

图 8-2　"添加过程"对话框

8.1.3　函数过程的调用

函数过程的调用与内部函数的调用相同，其一般格式如下：

函数过程名([实参列表])

需要强调的是，以上格式中实参的个数、数据类型和位置都要与被调用的函数过程的形参一一对应。

例 8.1　编写一个程序，计算 1～100 之间素数的个数。程序设计时，将素数的判断部分写成一个函数，它的参数是要判断的数，返回值为 Boolean 值。

（1）运行 VB，建立一个新的应用程序。在窗体界面中添加一个 TextBox 控件、一个命令按钮控件。将命令按钮的 Caption 属性设置为"1～100 之间素数的个数"，调整控件的大小和位置。

（2）首先编写判断一个数是否为素数的函数，代码如下：

```
' 声明函数
Public Function Prime(intnum As Integer) As Boolean
    Dim Flags As Boolean, i As Integer
    Flags = True
    For i = 2 To Sqr(intnum)
        If intnum Mod i = 0 Then
            Flags = False
            Exit For
        End If
    Next
    Prime = Flags        ' 返回值，素数为 True，否则为 False
End Function
```

（3）接下来编写命令按钮的 Click 事件过程完成对以上函数过程的调用，Click 事件过程将一个实参传递到函数中，实现了函数的调用，并返回一个布尔值，判断该实参是否为素数。代码如下：

```
Private Sub Command1_Click()          '事件过程
    Dim Sum As Integer, i As Integer
    Sum = 0
    For i = 2 To 100
        If Prime(i) Then              '调用函数，判断是否为素数
            Sum = Sum + 1             '若为素数，总数加 1
        End If
    Next
    Text1.Text = Sum                  '显示素数的个数
End Sub
```

至此，程序设计完毕。按 F5 键运行程序，在程序界面上单击"1～100 之间素数的个数"按钮，文本框中将显示具体的素数个数，运行结果如图 8-3 所示。

在例 8.1 中，主调事件过程 Command1_Click 调用函数过程 Prime 时，执行流程如图 8-4 所示：

（1）当在事件过程 Command1_Click 中执行到调用 Prime 函数过程的语句时，事件过程中断，系统记住返回的地址，将实参传递给形参。

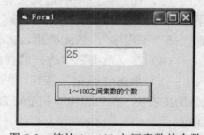

图 8-3　统计 1～100 之间素数的个数

（2）执行 Prime 函数过程体，当执行到 End Function 语句时，函数过程名的值返回到主调程序 Command1_Click 中断处，继续执行，进行 If 语句条件的判断。

（3）继续执行余下的语句，直到 End Sub。

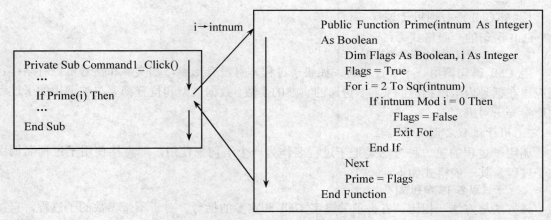

图 8-4 调用函数过程时的执行流程

8.2 子过程

8.2.1 子过程的定义

子过程以 Sub 开头、以 End Sub 结束，其一般格式如下：

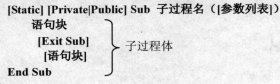

```
[Static] [Private|Public] Sub  子过程名（[参数列表]）
    语句块
        [Exit Sub]
        [语句块]
    End Sub
```

其中：

- Sub 是该过程开始的标志，End Sub 是该过程结束的标志。在 Sub 和 End Sub 之间是描述过程操作的语句块。在过程体内，根据需要，可以用一个或者多个 Exit Sub 语句从过程中退出。格式中的"参数列表"、"Static"、"Private"、"Public"的含义与函数过程中的相同。

- 子过程不允许嵌套定义。在子过程内，不能定义子过程或者函数过程，也不能用 GoTo 语句进入或者退出一个子过程，只能通过调用的方式来执行子过程。

下面是一段简单的子过程示例，旨在帮助读者初步了解子过程的定义：

```
Public Sub DataFound()
    Print "This is a Sub procedure！"
End Sub
```

在应用程序的其他部分调用这个子过程时，将在当前窗体显示字符串"This is a Sub procedure！"。

8.2.2 子过程的调用

子过程是用来执行特定任务的一段独立的程序代码，而要执行这段代码，就必须调用该过程。经过定义的子过程，可以通过以下两种方法来调用。

- 方法一：使用 Call 语句来调用。
- 方法二：将子过程名作为一个语句来使用。

1. 用 Call 语句调用子过程

Call 语句的一般格式为：

Call 子过程名[(实参列表)]

用 Call 语句调用一个子过程时，如果子过程本身没有形参，则实参和括号可以省略；否则应该在括号内给出相应的实参。传递的实参的个数、数据类型和位置都要与被调用的子过程的形参一一对应。

2. 用子过程名调用子过程

调用子过程的第二种方法是把子过程名作为一个语句来使用，即直接使用子过程名调用该子过程。其一般格式如下：

子过程名 [实参列表]

该方法与方法一相比，省去了关键字 Call 和实参的括号。对于不带参数的子过程，直接写出子过程名即可调用。

例 8.2　编写一个计算两个整数相加之和的子过程，将分别使用两种方法调用该子过程进行计算。

```
Sub Add(a%, b%)
    Dim s %
    s = a + b
    MsgBox s
End Sub
```

用 Call 语句调用子过程

```
Private Sub Form_Click()
    Dim x As Integer, y As Integer
    x = InputBox("请输入 x 的值：")
    y = InputBox("请输入 y 的值：")
    Call Add(x, y)
End Sub
```

用子过程名调用子过程，以上语句可以改为如下形式：

```
Private Sub Form_Click()
    Dim x As Integer, y As Integer
    x = InputBox("请输入 x 的值：")
    y = InputBox("请输入 y 的值：")
    Add x, y
End Sub
```

在例 8.2 中，主调事件过程 Form_Click 调用子过程 Add 时，执行流程如图 8-5 所示：

（1）当在事件过程 Form_Click 中执行到调用子过程 Add 的语句时，事件过程中断，系统记住返回的地址，将实参传递给形参。

（2）执行 Add 子过程体，当执行到 End Sub 语句时，返回到主调程序 Form_Click 中断处，继续执行余下的语句。

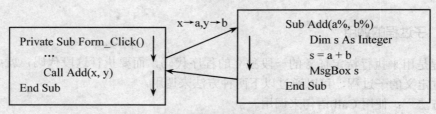

图 8-5　调用子过程时的执行流程

8.2.3 子过程与事件过程

事件过程也是子过程。但它是一种特殊的子过程，附着在控件和窗体上。一个控件的事件过程由控件的名字（Name 属性）、下划线和事件名组成；而窗体事件过程由"Form"、下划线和事件名组成。因此，事件过程不能由用户任意定义，而是由系统来确定。控件事件过程的一般格式为：

> **[Static|Private|Public] Sub 控件名_事件名(参数列表)**
>
> > **[语句块]**
>
> **End Sub**

窗体事件过程的一般格式为：

> **[Static|Private|Public] Sub Form_事件名(参数列表)**
>
> > **[语句块]**
>
> **End Sub**

子过程的一般格式为：

> **[Static|Private|Public] Sub 子过程名(参数列表)**
>
> > **[语句块]**
>
> **End Sub**

对比这三种过程的一般格式，可以发现，除了名字外，事件过程与子过程的格式基本一致。在大多数情况下，是在事件过程中调用子过程，子过程也可以被其他过程调用。

子过程可以放在标准模块中，也可以放在窗体模块中，而事件过程只能放在窗体模块中，不同模块中的过程（包括事件过程和子过程）可以互相调用。当子过程名唯一时，可以直接通过子过程名调用；如果两个或者两个以上的标准模块中含有相同的子过程名，则在调用时必须用模块名来限定，其一般格式为：

> **模块名.子过程名 [(参数列表)]**

一般来说，通用过程（包括函数过程和子过程）之间、事件过程之间、通用过程与事件过程之间，都可以互相调用。

8.3 参数传递

一般的 Visual Basic 应用程序都包含有多个过程(包括 Function 过程、子过程和事件过程)。过程是独立的，但不是孤立的，过程与过程之间可以进行信息的交流。为了解决这些过程之间的信息交流问题，Visual Basic 为用户提供了两种处理方法，一种是使用全局变量，另一种是使用参数。全局变量的使用，在数据类型一节中曾做过介绍，本节主要讲述参数在各个过程之间进行传递的一些规则和方法。

8.3.1 形参与实参

Visual Basic 的参数分为形式参数（简称形参）和实际参数（简称实参）。形参是在用户自定义函数过程和子过程时，过程名后圆括号中出现的变量名。实参则是在调用过程时，出现在过程名后的参数，其作用是将它们的数据（值或地址）传递给被调用过程对应的形参变量。

形参列表中的各个变量之间用逗号分隔，形参可以是：

- 除定长字符串之外的合法变量名。
- 后面跟有左、右括号的数组名。

实参列表中的各项之间用逗号分隔，实参可以是：

- 常数。
- 表达式。
- 合法变量名。
- 后面跟有左、右括号的数组名。

8.3.2　引用（传地址）

如何将实参传递给形参呢？在 Visual Basic 中，实参传递给形参有两种方式，传递实参地址或者直接传值。其中传地址习惯上被称为引用，可以通过使用 ByRef 关键字来实现，也是系统默认的参数传递方式。

引用方式可以通过改变过程中相应的参数来改变实参变量的值。这是因为：用这种方式传递参数，实参与形参共用一个存储单元。无论哪个变量的值改变了，另一个变量的值也将随之改变。

例 8.3　编写交换两个数的过程，参数传递方式采用引用方式。

```
Sub Swap(x%, y%)
    Dim Temp%
    Temp = x
    x = y
    y = Temp
    Print "x="; x; "y="; y
End Sub
Private Sub Form_Click()
    Dim a%, b%
    a = 1
    b = 2
    Swap a, b
    Print "a="; a; "b="; b
End Sub
```

分析以上代码，在窗体的 Click 事件过程中，a、b 的值分别被赋为 1 和 2，在调用 Swap 过程后，a、b 的值被传递给 Swap 过程。而 Swap 过程的计算过程很简单，将传递过来的参数 a 和参数 b 的值交换，因此输出 a、b 的值为 2、1。由于形参 x、y 和实参 a、b 共用一个存放地址，当 x、y 的值分别变为 2、1 时，a、b 的值也将随 x、y 值的改变而改变。程序运行结果很好地验证了这一点，如图 8-6 所示。

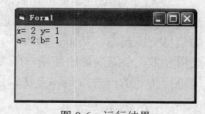

图 8-6　运行结果

实参的值存放在内存的某个地址中，当通过引用来调用一个通用过程时，向该过程传递参数，实际上是把实参的地址传递给该过程，因此，实参的地址和被调用过程中相应形参的地址是相同的。如果通用过程中的操作修改了形参的值，则同时也修改了传递给过程的实参的值。如果不希望在调用过程时改变实参的值，应该想办法把实参的值传递给通用过程，而不是把实参的地址传递给通用过程。

很明显，引用会改变实参的值。如果一个通用过程能够改变实参的值，则称这样的过程为有副作用的过程，在使用这种过程时，很容易出现逻辑错误。

但是，引用方式有其自身的特点，引用方式比传值更节省内存和提高效率。因为在定义通用过程时，过程中的形参只是一个地址，系统不必为保存它的值而另外分配内存空间，只需要记住存储地址即可。使用地址可以使应用程序进行更有效的操作。

对于整型数值来说，这种效率不太明显，但是对于字符串操作来说，引用方式比起传值方式具有很大的优势。因为在处理字符串时，如果采用传值方式，字符串中字符数目繁多时，系统要为字符串分配内存空间，并复制待操作的字符；而采用引用方式，只需要传递字符串的地址即可。

8.3.3 传值

所谓按值传递参数，即把实参的值传递给对应的形参。这种数据传递方式的特点是：在被调用过程中改变了这个形参的值，但对应的实参的值并不改变。传值方式是通过使用 ByVal 关键字来实现的。ByVal 关键字能够指出参数是按照值来传递的。在传值方式下，Visual Basic 为形参分配内存空间，并将相应的实参值复制给各个形参。

从传值方式的定义可以知道，用传值方式编写通用过程，运行结果与用引用方式编写通用过程是不一样的。这里，参考例 8.3，将其通用过程中参数的传递改为传值方式后运行程序，修改后的程序代码如下：

```
Sub Swap(ByVal x%, ByVal y%)
    Dim Temp%
    Temp = x
    x = y
    y = Temp
    Print "x="; x; "y="; y
End Sub
Private Sub Form_Click()
    Dim a%, b%
    a = 1
    b = 2
    Swap a, b
    Print "a="; a; "b="; b
End Sub
```

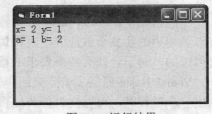

图 8-7 运行结果

程序运行结果如图 8-7 所示。

8.3.4 数组参数的传递

在 Visual Basic 中，允许把数组作为实参，采用传地址的方式传递到过程中。例如，定义了如下一个子过程：

```
Sub Examples(a As Integer, b As Integer, c () As Integer)
    语句块
End Sub
```

该过程中有三个形参，a、b 都是简单的整型变量，第三个形参 c() 是数组。用数组作为过程的参数时，要在数组名后面加上一对括号，从而避免与简单变量混淆。子过程定义后可以用如下语句来调用该子过程：

```
Call Examples(m, n, d())
```

例 8.4 编写一个计算平方值的程序。该程序首先定义一个计算平方值的子过程，然后通过窗体的 Click 事件过程调用该子过程，计算并显示平方值计算的结果。

```
Public Sub Square(a As Integer, b As Integer, c() As Integer)
    Dim j As Integer
    For j = a To b
        c(j) = j * j
        Print c(j);
    Next j
End Sub
Private Sub Form_Click()
    Dim d(1 To 5) As Integer
    '调用子过程，传递数组参量
    Call Square(1, 5, d())
    Print
    For j=1 to 5
        Print d(j);
    Next j
End Sub
```

分析以上代码，实参数组变量 d()和形参数组变量 c()共同使用一个内存地址，当窗体的 Click 事件调用 Square 过程时，将实参数组 d()的地址传递给形参数组。子过程在被调用后，执行计算过程，形参数组 c()的值发生改变，从而也改变了实参数组的值。这样就完成了一个数组的传递过程。运行程序后，单击窗体，显示结果如图 8-8 所示。

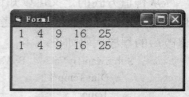

图 8-8   数组参数传递示例

8.4   可选参数与可变参数

一般情况下，Visual Basic 应用程序中调用过程的实参和被调用过程的形参是一一对应的，过程调用中的实参个数应等于过程说明的形参个数。但在有些情况下，如果指定过程中的参数为可选的，对于一些有特殊要求的程序十分方便。

Visual Basic 提供了十分灵活和安全的参数传递方式，允许使用可选参数和可变参数。在调用一个过程时，可以向过程传递可选的参数或者任意数量的参数。

8.4.1   传递可选参数

所谓可选参数是指在定义过程时，形参表中的参数有些是可选的，有些是固定的。可选参数的指定，是通过 Optional 关键字来实现的。Visual Basic 规定，在过程的参数列表中加上 Optional 关键字，就可以指定过程的参数为可选的。可选参数必须放在参数表的最后位置。一旦指定了可选参数，则参数表中在此参数之后的其他参数也必须是可选的，并且都要用 Optional 关键字来声明，而且必须是 Variant 类型。

例 8.5   建立一个计算两数之和的子过程，它能选择加上第三个数，计算三个数之和。在调用该过程时，既可以给它传递两个参数，也可以传递三个参数。要求在子过程中，将第三个形参定义为可选参数。

```
Public Sub add(a As Integer, b As Integer, Optional c)
    Dim s As Integer
    If IsMissing(c) Then
    '如果对特定参数没有传递值过去，则 IsMissing 函数返回值为 True，否则为 False。
        s = a + b
```

```
        Else
            s = a + b + c
        End If
        Print "s="; s
    End Sub
    '窗体的单击事件过程：
    Private Sub Form_Click()
        Dim d As Integer, e As Integer, f As Variant
        d = InputBox("请输入第一个数：")
        e = InputBox("请输入第二个数：")
        f = InputBox("请输入第三个数：")
        add d, e, f
        add d, e
    End Sub
```

分析以上代码，子过程中的 IsMissing() 函数是用来测试是否向可选参数传递参数值。IsMissing() 函数只有一个参数，它就是由 Optional 指定的形参的名字，其返回值为布尔（Boolean）类型。在调用子过程时，如果没有向可选参数传递实参，则 IsMissing 函数的返回值为 True，否则为 False。

图 8-9　可选参数应用实例运行结果

运行以上程序，在 InputBox 函数对话框中分别输入三个数值 1、2 和 3，程序运行结果如图 8-9 所示。

8.4.2　传递可变参数

可变参数是 Visual Basic 为用户提供的另外一种灵活使用过程参数的方法。如果要给过程传递可变参数，则需要把参数表中最后一个参数声明为一个带关键字 ParamArray 的变体数组。其一般格式为：

Sub 过程名(ParamArray 数组名())

其中，"数组名"是一个形式参数，只有名字和括号，没有上下界。由于省略了变量类型，"数组"的类型默认为 Variant。

例 8.6　建立一个子过程，用来计算任意多个数相加之和。

```
    Public Sub Sum(ParamArray Numbers())
        a = 0
        For Each b In Numbers
            Print "a="; a; "b="; b
            a = a + b
        Next b
        Print "Sum="; a
    End Sub
    '窗体的 Click 事件过程，该过程将调用 Sum 子程序，
    并传递可变参数
    Private Sub Form_Click()
        Sum 1, 2, 3, 4, 5
    End Sub
```

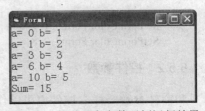

图 8-10　传递可变参数示例运行结果

按 F5 键运行程序，程序界面将给出运行结果，如图 8-10 所示。

8.5　对象参数

前面已经介绍了用数值、字符串、数组作为过程的参数，以及如何将这些类型的实参传递给过程。Visual Basic 还允许用对象，即窗体或者控件作为通用过程的参数。用对象作为参数是 Visual Basic 区别于传统程序设计语言的特点之一。

用对象做参数的过程与用其他数据类型数据做参数的过程没什么区别，不过调用含有对象的过程时，对象只能通过按地址方式传递，不能在参数前加关键字 ByVal。其过程定义的一般格式为：

```
SUB  过程名（参数列表）
    语句块
    [EXIT SUB]
END Sub
```

其中，"参数列表"中的参数，通常为控件（Control）或者 Form（窗体），即指明参数所属的对象类型，以利于系统的识别。

8.5.1　窗体参数

由于窗体可以当作一个参数来传递，因此可以用一个过程来处理所有的窗体。只要声明 As Form，就可以使用窗体参数。

例如，以前用户要想将所有窗体全部改成蓝底白字时，需要逐一设置：

```
Form1.ForeColor = RGB(255, 255, 255)
Form1.BackColor = RGB(0, 0, 255)
Form2.ForeColor = RGB(255, 255, 255)
Form2.BackColor = RGB(0, 0, 255)
……
```

如果能够将窗体当作参数传给程序，则以上代码就会变得很简单：

```
Private Sub SetFormColor（Forms As Form）
    Forms.ForeColor = RGB(255, 255, 255)
    Forms.BackColor = RGB(0, 0, 255)
End Sub
```

这样可以轻松实现将任意指定的窗体设为蓝底白字：

```
SetFormColor Form5
SetFormColor Form7
```

以上两段程序也可以改成设定指定颜色值的代码：

```
Private Sub SetFormColor（Forms As Form, a As Integer, b As Integer）
    Forms.ForeColor = QBColor(a)
    Forms.BackColor = QBColor(b)
End Sub

SetFormColor Form5, 1, 7
SetFormColor Form7, 2, 8
```

8.5.2　控件参数

和窗体参数一样，控件也可以作为通用过程的参数。控件参数一般用于设置相同性质控件所需要的属性，然后用不同的控件来调用该过程。只要声明 As Control，就可以使用控件参数。

例 8.7　编写一个子过程，在子过程中设置控件上所显示文字的字体、字号、斜体和下划线四种属性，并调用该过程设置文本框 Text1 和 Text2 中显示文字的以上属性。

（1）编写子过程代码，该子过程中的参数均为 Control（控件）。该过程用来设置控件上所显示文字的字体、字号、斜体和下划线四种属性。代码如下：

```
Private Sub FontSettings(Testing1 As Control, Testing2 As Control)
    Testing1.FontName = "Times New Roman"
    Testing1.FontSize = 30
    Testing1.FontUnderline = True
    Testing2.FontItalic = True
    Testing2.FontSize = 30
    Testing2.FontUnderline = True
End Sub
```

（2）在窗体上建立两个 TextBox 控件，该控件的属性与子过程中所定义的控件属性相符。在窗体的 Click 事件过程中添加调用子过程的代码：

```
Private Sub Form_Click()
    Text1.Text = "It is Just a Tesing."
    Text2.Text = "仅仅是一个测试."
    FontSettings Text1, Text2
End Sub
```

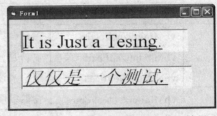

图 8-11　控件参数使用示例运行结果

程序设计完毕，按 F5 键运行程序。单击窗体，两个文本框中文字显示的情况如图 8-11 所示。

控件参数的使用比窗体参数要复杂一些，因为不同的控件所具有的属性也不一样。在使用控件参数时会衍生出另外一个问题：并非所有的控件都具有相同的属性。如果所传递的控件不具备等待处理的属性，就会引发实时错误。例如，以下是一个用来清除控件文字的过程：

```
Private Sub ClearText(Targets As Control)
    Targets.Text=""
End Sub
```

如果调用文本框控件，则该过程一点问题都没有；如果调用 Label 控件，即使用如下语句：

```
ClearText Label1
```

那么将引发实时错误，信息提示如图 8-12 所示，因为 Label 控件没有 Text 属性。为了防止"属性不符"的问题，子过程中应该对传递来的控件类型利用 TypeOf 语句进行识别，该语句的格式如下：

TypeOf 控件名称 Is 控件类型

其中"控件名称"是指控件参数的名称，而"控件类型"是指代表各种不同控件的关键字。因此，

图 8-12　控件不符产生的错误信息

上面用来清除控件文字的过程可以修改成为具备控件类型的判断的结构，代码如下：

```
Private Sub ClearText(Targets As Control)
    If TypeOf Targets Is TextBox then
    Targets.Text=""
    End If
End Sub
```

8.5.3　Shell 函数

在 Visual Basic 应用程序中，不但过程（包括函数过程、子过程和事件过程）之间可以互

相调用，而且还允许程序调用 Visual Basic 外部的各种应用程序。凡是能在 DOS 下或者 Windows 下运行的应用程序，Visual Basic 基本上都可以在其应用程序中进行调用。该过程是通过 Shell 函数来实现的。Shell 函数的使用格式如下：

Shell(命令字符串[,窗口类型])

其中，

- "命令字符串"是要执行的应用程序的文件名（包括完整的目录路径）。它必须是可执行文件，其扩展名为.COM、.EXE、.BAT、.PIF，其他类型的文件无法用 Shell 函数调用。

- "窗口类型"是执行应用程序时的窗口的大小，有 6 种选择，见表 8-1。

表 8-1   "窗口类型"

值	常量	窗口类型
0	vbHide	窗口被隐藏，焦点移到隐式窗口
1	vbNormalFocus	窗口具有焦点，并还原到原来的大小和位置
2	vbMinimizedFocus	窗口会以一个具有焦点的图标来显示
3	vbMaximizedFocus	窗口是一个具有焦点的最大化窗口
4	vbNormalNoFocus	窗口被还原到最近使用的大小和位置，而当前活动的窗口仍然保持活动
6	vbMinimizedNoFocus	窗口以图标来显示，而当前活动的窗口仍然保持活动

Shell 函数成功地调用了一个应用程序并执行后，将会返回一个任务标识 ID（Task ID），它是执行程序的唯一一标识。例如：

    c=Shell("C:\word.exe", 1)

该语句调用了"Word.exe"，并把 ID 返回给变量 c。在程序中，接收 ID 值的变量不能省略，否则 Visual Basic 的编译系统将会报告"出现语法错误"。

例 8.8   编写一个用 Shell 函数调用外部应用程序的小程序。

（1）运行 VB，新建一个应用程序。在窗体上添加两个命令按钮，修改其 Caption 属性为"运行"和"退出"。

（2）添加一个函数过程，该函数返回一个用于选择 Shell 将要打开的应用程序的类别。

    Function Selection()
        Dim path As String
        path = "输入 1，运行 Word.exe 程序" + Chr(13) + Chr(10) + "输入 2，运行其他程序" + Chr(13) + Chr(10) + "请输入数字选择"
        Selection = InputBox(path)
    End Function

输入对话框如图 8-13 所示。

图 8-13   输入对话框

（3）添加"运行"命令按钮的 Click 事件过程。在该过程中，将调用函数过程，让用户通过 InputBox 函数输入框输入一个选择数字，然后函数过程返回该数字。接下来程序将根据返回的数据打开一个应用程序。代码如下：

```
Private Sub Command1_Click()
    Dim a As Integer, b As Integer
    '调用 Selection 函数，并返回一个数值
    a = Selection()
    Select Case a
      Case 1
        '打开一个 Windows 应用程序
        b = Shell("C:\Program Files\Microsoft Office\OFFICE11\WINWORD.EXE", 1)
      Case Else
        MsgBox "对不起，其他应用程序不能打开"
    End Select
End Sub
```

（4）添加退出应用程序的代码：

```
Private Sub Command2_Click()
    End
End Sub
```

程序设计完毕，分析整个程序的执行过程。在 Command1 的 Click 事件过程中，先调用函数过程，得到一个返回值。如果输入的返回值为 1，则执行 Shell 函数，打开一个 Word 空白文档；如果返回的值不是 1，那么程序将提示输入的数值无法打开其他应用程序。

8.6   过程的嵌套和递归调用

8.6.1   过程的嵌套调用

在 VB 中，可以使用过程的嵌套调用，即主过程（一般为事件过程）可以调用子过程（包括函数过程等），在子过程中可以调用另外的子过程，这种程序结构称为过程的嵌套调用。过程的嵌套调用执行过程如图 8-14 所示。

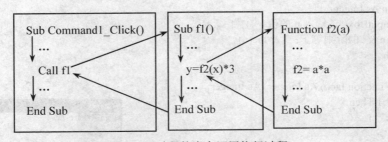

图 8-14   过程的嵌套调用执行过程

例 8.9   求 $1^k+2^k+3^k+\ldots+n^k$ 的值，假设 k 为 2，n 为 6。

（1）运行 VB，新建一个应用程序。

（2）添加一个函数过程，函数过程名为 powers，函数功能是计算 n^k 的值。

（3）添加一个函数过程，函数过程名为 add，函数功能是计算各项之和。

```
Private Sub Form_Click()
Dim n%, k%, sum%
n = 6
k = 2
sum = add(n, k)
Print sum
End Sub

Public Function add(m%, t%)
Dim s%, j%
s = 0
For j = 1 To m
    s = s + powers(j, t)
Next j
add = s
End Function

Public Function powers(a%, b%)
Dim p%, i%
p = 1
For i = 1 To b
  p = p * a
Next i
powers = p
End Function
```

8.6.2　过程的递归调用

用自身的结构来描述自身，称为递归，递归是一种描述问题的方法或算法。

过程的递归调用就是在过程中"自己调用自己"，VB 中允许一个自定义的子过程或函数过程在过程体的内部调用自己。

例 8.10　用递归算法编写程序，求 n!。

（1）运行 VB，新建一个应用程序。

（2）添加一个函数过程，函数过程名为 fac，函数功能是计算 n! 的值。

```
Private Sub Form_Click()
    Dim n As Integer
    n = InputBox("请输入 n 的值！")
    Print n & "的阶乘等于： " & fac(n)
End Sub

Public Function fac(n As Integer) As Integer
    If n = 1 Then
        fac = 1
    Else
        fac = n * fac(n - 1)
    End If
End Function
```

程序设计完毕，按 F5 键运行程序。单击窗体，程序运行结果如图 8-15 所示。

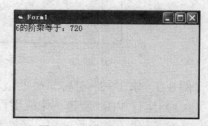

图 8-15　例 8.10 运行结果

构成递归的条件如下：

（1）存在递归结束条件及结束时的值。

（2）能用递归形式表示，且递归向结束条件发展。

习题八

一、选择题

1．Visual Basic 的过程有 3 种，它们是（　　　）。

    A．事件过程、子过程和函数过程　　　B．子过程、函数过程和属性过程

    C．事件过程、函数过程和属性过程　　　D．子过程、通用过程和函数过程

2．下列过程语句说明中，合法的是（　　　）。

    A．Sub f1(ByVal n%())　　　 B．Sub f1(n%) As Integer

    C．Function f1%(f1%)　　　 D．Function f1(ByVal n%)

3．设有如下过程：

```
Sub F4(a, b, c)
    c = a + b
End Sub
```

以下所有参数的虚实结合都是传址数据传递方式的调用语句是（　　　）。

    A．Call F4(3, 5, z)　　　 B．Call F4(x+y, x-y, z)

    C．Call F4(3+x, 5+y, z)　　　 D．Call F4(x, y, z)

4．设有如下过程：

```
Private Sub Form_Click()
    Dim a As Integer, b As Integer
    a = 10: b = 20
    Call ff(a, b)
    Print a, b
End Sub
Private Sub ff(ByRef x As Integer, ByRef y As Integer)
    x = x + y
    y = x + y
End Sub
```

程序运行时，单击窗体，在窗体上输出的结果是（　　　）。

    A．10　20　　　 B．20　20　　　 C．30　30　　　 D．30　50

5．以下关于函数过程的叙述中，正确的是（　　　）。（2009.3）

    A．函数过程形参的类型与函数返回值的类型没有关系

    B．在函数过程中，过程的返回值可以有多个

    C．当数组作为函数过程的参数时，既能以传值方式传递，也能以传址方式传递

    D．如果不指明函数过程参数的类型，则该参数没有数据类型

6．以下关于过程及过程参数的叙述中，错误的是（　　　）。（2003.9）

    A．过程的参数可以是控件名称

    B．调用过程时使用的实参的个数应与过程形参的个数相同

    C．只有函数过程能够将过程中处理的信息返回到调用程序中

　　D．窗体可以作为过程的参数

　7．窗体上有一个名为 Command1 的命令按钮，并有如下程序：

```
Private Sub Command1_Click()
    Dim a As Integer, b As Integer
    a = 8
    b = 12
    Print Fun(a, b); a; b
End Sub

Private Function Fun(ByVal a As Integer, b As Integer) As Integer
    a = a Mod 5
    b = b \ 5
    Fun = a
End Function
```

程序运行时，单击命令按钮，则输出结果是（　　　）。（2011.3）

　　A．3 3 2　　　　　　B．3 8 2　　　　　　C．8 8 12　　　　　　D．3 8 12

　8．以下叙述中正确的是（　　　）。（2006.9）

　　A．一个 Sub 过程至少要有一个 Exit Sub 语句

　　B．一个 Sub 过程必须有一个 End Sub 语句

　　C．可以在 Sub 过程中定义一个 Function 过程，但不能定义 Sub 过程

　　D．调用一个 Function 过程可以获得多个返回值

二、填空题

　1．过程前面添加_____表示此过程只可被本模块中的其他过程调用，添加_____表示可被其他模块过程调用。

　2．函数过程和子过程二者中，_____可以直接返回值。

　3．在过程定义中出现的变量名叫做_____参数，而在调用过程时传递给过程的_____、_____、_____或者_____叫做_____参数。

　4．在 Form1 窗体上画一个 Command1 命令按钮，然后编写如下程序：

```
Function P(x As Integer, y As Integer) As Integer
    P = IIf(x < y, x, y)
End Function
Private Sub Command1_Click()
    Dim i As Integer, j As Integer
    i = 1
    j = 2
    Print P(i, j)
End Sub
```

程序运行后，单击命令按钮，输出结果为_____。

　5．在窗体上有一个名称为 Command1 的命令按钮，并有如下事件过程和函数过程：

```
Private Sub Command1_Click()
    Dim p As Integer
    p = m(1) + m(2) + m(3)
    Print p
End Sub
```

```
Private Function m(n As Integer) As Integer
    Static s As Integer
    For k = 1 To n
        s = s + 1
    Next
    m = s
End Function
```

运行程序，单击命令按钮 Command1 后的输出结果为_____。（2011.3）

6. 窗体上有一个名称为 Text1 的文本框和一个名称为 Command1、标题为"计算"的命令按钮，如右图所示。函数 fun 及命令按钮的单击事件过程如下，请填空。（2010.9）

```
Private Sub Command1_Click()
    Dim x As Integer
    x = Val(InputBox("输入数据"))
    Text1 = Str(fun(x) + fun(x) + fun(x))
End Sub
Private Function fun(ByRef n As Integer)
    If n Mod 3 = 0 Then
        n = n + n
    Else
        n = n * n
    End If
        _____ = n
End Function
```

当单击命令按钮，在输入对话框中输入"2"时，文本框中显示的是_____。

7. 在窗体上画一个名称为 Command1 的命令按钮。然后编写如下程序：

```
Option Base 1
Private Sub Command1_Click()
Dim a(10) As Integer
    For i = 1 To 10
    a(i) = i
    Next
    Call swap(_____)
    For i = 1 To 10
    Print a(i);
    Next
End Sub
Sub swap(b() As Integer)
    n = UBound(b)
    For i = 1 To n / 2
        t = b(i)
        b(i) = b(n)
        b(n) = t
        _____
    Next
End Sub
```

上述程序的功能是，通过调用过程 swap，调换数组中数值的存放位置，即 a(1)与 a(10)的值互换，a(2)与 a(9)的值互换，……。请填空。（2010.3）

第9章　对话框与菜单

在 Visual Basic 中，对话框是一种特殊的窗口（窗体），它提供了用户与应用程序之间的一种交流通道。对话框是为请求或提供信息而临时出现的窗口，一般出现在系统要求用户输入数据或者做出某种选择时。菜单可以说是 Windows 最重要的元素之一。有了它，应用程序的用户可以方便地选择操作命令。用户只要细读一下所有的菜单项就可以明了应用程序所提供的大概功能，而且可以立即操作，无须去阅读功能手册。菜单提供给用户一种方便的方式，因此应用程序的菜单设计变得很有必要。

9.1　对话框概述

对话框是一种特殊的窗口，通过它可以显示和获取信息，并且可以与用户进行交流。对话框可以很简单，也可以很复杂。简单的对话框可用于显示一段信息，并从用户那里得到简短的反馈信息。复杂的对话框可以得到更多的信息，或者可以设置整个应用程序的选项。在 Office 办公软件中有很多较为复杂的对话框，很多选项都可以用这些对话框设置。

Visual Basic 提供了 InputBox 函数和 MsgBox 函数，通过这两个函数可以建立简单的对话框，即输入对话框和消息框。在有些情况下，这样的对话框可能无法满足实际需要，为此，用户可以根据需要在窗体上设计较复杂的对话框。

9.1.1　对话框的分类

对话框分为预定义对话框、通用对话框和自定义对话框三种类型：

（1）预定义对话框（预制对话框）是由系统提供，例如用 InputBox 函数建立的输入对话框和用 MsgBox 函数建立的消息对话框两种形式。

（2）自定义对话框（定制对话框）是由用户根据自己的需要自行定义的，它由命令按钮、选择按钮和文本框等控件组成窗体来实现计算机与用户的交互。

（3）通用对话框是 Visual Basic 提供给用户的一种 ActiveX 控件，用这种控件可以设计如"打开"、"保存"、"打印"、"颜色"、"字体"和"帮助"等一些较为复杂的对话框。

9.1.2　对话框的特点

对话框是一种特殊的窗体，具有区别于一般窗体的不同属性，主要表现在以下几个方面：

（1）在一般情况下，用户没有必要改变对话框的大小，边框是固定的。

（2）为了退出对话框，必须单击其中的某个按钮，不能通过单击对话框外部的某个地方关闭对话框。

（3）在对话框中不能有最大化按钮和最小化按钮，以免被意外的扩大或缩成图标。

（4）对话框中控件的属性可以在设计阶段设置，但在有些情况下，必须在代码中设置控件的属性，因为某些属性的设置取决于程序中的条件判断。

9.2　通用对话框

通用对话框是通过 CommonDialog 控件来建立的，CommonDialog 控件为 ActiveX 控件，该控件并不是 Visual Basic 工具箱中的标准控件，因此需要用户自行添加。添加的步骤如下：

（1）执行"工程"菜单中的"部件"命令，打开"部件"对话框。

（2）在"部件"对话框中选择"控件"选项卡，然后在控件列表框中选择"Microsoft Common Dialog Control 6.0"，如图 9-1 所示。

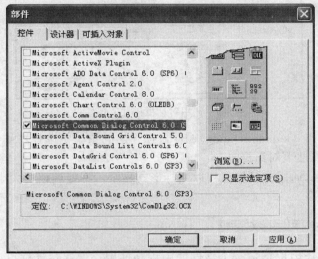

图 9-1　添加通用对话框控件界面

（3）单击"确定"按钮，通用对话框控件将被添加到 Visual Basic 的工具箱中，如图 9-2 所示。

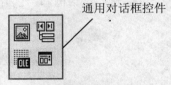

图 9-2　通用对话框控件

通用对话框控件为用户提供了几种不同类型的对话框。利用这些对话框，用户可以实现打开文件、保存文件、字体设置、颜色设置和打印设置等功能。这些对话框继承了 Windows 程序的界面风格。对话框的类型可以通过 Action 属性值设置。表 9-1 列出了各类对话框所需要的 Action 属性值和方法。

表 9-1　对话框类型

对话框类型	Action 属性值	方法
打开文件	1	ShowOpen
保存文件	2	ShowSave
选择颜色	3	ShowColor
选择字体	4	ShowFont
打印	5	ShowPrinter
调用 Help 文件	6	ShowHelp

表 9-1 中的每种类型的对话框都有自己的属性，这些属性的设置方法有：

- 在通用对话框控件的属性窗口进行设置。
- 在事件过程中通过代码的编写来设置。
- 在属性窗口中选择"自定义"项，再单击其右侧的"..."按钮，将弹出一个属性页修改对话框，如图 9-3 所示。

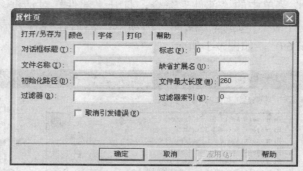

图 9-3　通用对话框控件的属性页

- 鼠标右键单击 CommonDialog 控件，在弹出的菜单中选择"属性"选项，打开如图 9-3 所示的属性页对话框。

在程序设计阶段，通用对话框按钮以图标形式显示，不能调整其大小（与计时器类似），程序运行后消失。

9.2.1　打开对话框和保存对话框

打开对话框可以让用户指定一个文件，由程序使用；保存对话框可以指定一个文件，并以该文件名保存当前文件。

1. 打开对话框和保存对话框的结构

"打开"对话框和"保存"对话框的结构基本相同。"打开"对话框结构如图 9-4 所示。

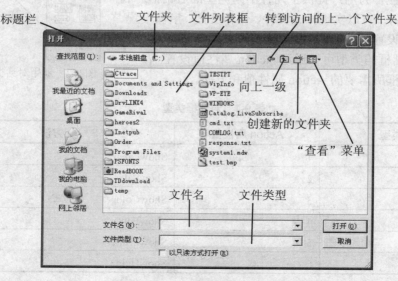

图 9-4　"打开"对话框结构图

以上结构中，各部分的说明如下：

- 标题栏：通用对话框的标题，可以通过 DialogTitle 属性进行设置。
- 文件夹：用于显示文件夹。单击右端的下拉式三角箭头，将显示驱动器和文件夹列表，可以在该列表中选择需要的文件夹。
- 转到访问的上一个文件夹：顾名思义，单击一次即转到访问的上一个文件夹。
- 向上一级：单击一次该按钮，文件夹返回到上一个级别。
- 创建新的文件夹：即创建一个新的文件夹。
- "查看"菜单：以不同的方式显示文件和文件夹，可以有文件名、文件大小、创建（修改）日期和时间等属性。
- 文件列表框：该区域显示的是"文件夹"内的文件和子文件夹目录。
- 文件名：所选择要打开的或者要输入的文件名。
- 文件类型：指定要打开或者保存的文件的类型，可以通过 Filter 属性来设置。

在打开对话框的右下角还有两个按钮："打开"和"取消"。在"保存"对话框中，"打开"按钮被"保存"按钮取代。

2．打开对话框和保存对话框的属性

打开（Open）对话框和保存（Save）对话框的共同属性如下：

（1）DefaultEXT 属性。默认的文件类型，即打开或保存的文件的默认扩展名。该扩展名出现在"文件类型"栏内。如果在打开或者保存的文件名中没有给出扩展名，则自动将 DefaultEXT 属性值作为其扩展名。

（2）DialogTitle 属性。该属性用来设置对话框的标题。默认情况下，"打开"对话框的标题是"打开"，"保存"对话框的标题是"保存"。

（3）FileName 属性。用来设置或返回要打开或保存的文件的路径及文件名。

（4）Filter 属性。Filter 属性用于指定在对话框中的文件列表框中列出的文件类型。在打开和保存文件时，由于文件的数目很多，列表框无法全部显示出来，因此需要根据实际情况进行"过滤"处理，即选择出用户所需要的文件类型。该属性可以设置多个文件类型，供用户在对话框的"文件类型"下拉列表选择。

Filter 的属性值由一对或者多对文本字符组成，每对字符用"|"隔开，在"|"前面的部分称为描述符，后面的部分称为通配符和文件扩展名。通配符和文件扩展名组成的文件类型字符串又称为"过滤器"，例如*.doc 等。Filter 属性一般在属性窗口中进行设置，也可以在"属性页"对话框中进行设置。其格式如下：

[窗体.]对话框名.Filter=描述符 1|过滤符 1|描述符 2|过滤符 2|……

以上格式中，描述符 1、描述符 2 是将要显示在"打开"文件对话框中"文件类型"下拉列表中的文字说明提供给用户看。格式中的过滤符 1、过滤符 2 是由通配符和文件扩展名组成的文件类型字符串，用来过滤出用户所需要类型的文件，并显示在文件列表框中，供用户选择。

例如代码：

"CommonDialog1.Filter=All Files(*.*)|*.*|Word Files(*.Doc)|*.doc"

该代码限制了"打开"文件对话框的 Filter 属性。执行该语句后，在"文件类型"下拉列表框中将只显示扩展名为"All Files（*.*）"、"Word Files（*.Doc）"两种文件类型。

（5）FilterIndex 属性。该属性用于指定默认的过滤器，其设置为一个整数。用 Filter 属性设置多个过滤器后，每个过滤器都有一个值，第一个过滤器的值为 1，第二个过滤器的值为 2

等，用 FilterIndex 属性可以指定作为默认显示的过滤器。例如：

　　　CommonDialog1.FilterIndex=2

执行该语句，将把第二个过滤器作为默认显示的过滤器。

（6）Flags 属性。设置通用对话框的外观。使用多个状态时，将值相加。其格式为：

对象.Flags[=值]

格式中，"对象"为通用对话框的名称，"值"是一个整数，可以使用 3 种形式，即符号常量、十六进制整数和十进制数，如十进制数 512 相当于十六进制的&H200&，相当于符号常量 vbOFNAllowMultiSelect。文件对话框中的 Flags 属性所使用的值见表 9-2。表中显示的值是十进制整数。

表 9-2　打开/保存文件的 Flags 取值表

符号常量	值	作用
vbOFNReadOnly	1	显示"只读检查"复选框
vbOFNOverWritePrompt	2	已有同名文件，保存时显示消息框提示覆盖否
vbOFNHideReadOnly	4	取消"只读检查"复选框
vbOFNNoChangeDir	8	保留当前目录
vbOFNShowHelp	16	显示一个"Help"按钮
vbOFNNoValidate	256	允许在文件中有无效字符
vbOFNAllowMultiSelect	512	允许用户选择多个文件（Shift），多个文件名为字符串放在 FileName 属性中
vbOFNExtensionDifferent	1024	用户指定的扩展名与默认的扩展名不同时无效，如果 DefaultEXT 属性为空，则标志无效
vbOFNPathMustExist	2048	只允许输入有效的路径
vbOFNFileMustExist	4096	禁止输入对话框中没有列出文件名
vbOFNCreatePrompt	8192	询问用户是否要建立一个新文件
vbOFNShareWare	16384	对话框忽略网络共享冲突的情况
vbOFNReadOnlyReturn	32768	选择的文件不是只读文件，并且不在一个写保护的目录中

在应用程序中，可以使用三种形式中的任何一种，例如：

　　　CommonDialog1.Flags=vbOFNAllowMultiSelect

或者

　　　CommonDialog1.Flags=512

或者

　　　CommonDialog1.Flags=&H200&

通常来说，使用整数可以简化代码，而使用符号常量可以提高程序的可读性，从符号常量本身可以大致地看出属性的含义。此外，Flags 属性允许设置多个值，这可以通过以下两个方面来实现。

● 使用符号常量。各符号常量值之间用"or"运算符连接。例如：

　　　CommonDialog1.Flags=vbOFNAllowMultiSelect or vbOFNPathMustExist

● 使用数值。将需要设置的属性值数值相加。例如：

　　　CommonDialog1.Flags=516 (即 512+4)

（7）InitDir 属性。该属性用来指定对话框中显示的起始目录。如果没有设置 InitDir，则显示当前目录。

（8）MaxFileSize 属性。该属性用于设置 FileName 属性的最大长度，以字节为单位。取值范围为 1～2048，默认为 256。

（9）CancelError 属性。如果该属性被设置为 True，则当单击 Cancel 按钮关闭一个对话框时，将显示出错信息，如果设置为 False，则不显示出错信息。默认值为 False。

例 9.1　编写一个简单的文本文件编辑程序，如图 9-5 所示。

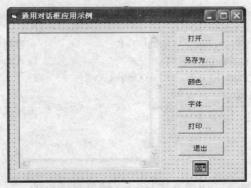

图 9-5　例 9.1 设计界面

程序设计要求：单击界面上的"打开"按钮，在"打开文件"对话框中选择一个记事本文件（*.txt）并打开，文本文件中的内容将显示在该应用程序的文本编辑框中。详细步骤如下：

（1）运行 VB，新建一个应用程序。窗体上添加一个 TextBox 控件和六个命令按钮控件。六个命令按钮控件的 Caption 属性分别设置为"打开"、"另存为"、"颜色"、"字体"、"打印"和"退出"。TextBox 控件的 Text 属性设为空白，MultiLine 属性设为 True，ScrollBar 属性设为 3-Both。

（2）执行"工程"菜单中的"部件"命令，打开"部件"对话框。在"部件"对话框中选择"控件"选项卡，然后在控件列表框中选择"Microsoft Common Dialog Control 6.0"，往工具箱中添加 CommonDialog 控件。

（3）双击工具箱中的 CommonDialog 图标，在设计窗体上添加通用对话框控件。鼠标右键单击通用对话框控件，选择"属性"命令，并打开对话框控件属性页。在对话框控件属性页中，选择"打开/另存为"选项卡中的 filter 属性，输入"NotePad Files(*.txt)|*.txt"。其余参数取默认值。单击"确定"按钮返回程序设计界面。

（4）为"打开"命令按钮添加 Click 事件过程代码。该过程将打开一个"文件对话框"，并从中选择一个记事本文件打开，然后显示到 TextBox 中。

代码如下：

```
Private Sub Command1_Click()
    CommonDialog1.Action = 1
    Open CommonDialog1.FileName For Input As #1          '打开文件进行读操作
    Do While Not EOF(1)                                  '读一行数据
        Line Input #1, inputdata
        Text1.Text = Text1.Text + inputdata + vbCrLf
    Loop
    Close #1                                             '关闭文件
End Sub
```

添加"退出"按钮的 Click 事件过程。

代码如下：

```
Private Sub Command6_Click()
    End
End Sub
```

例 9.2　为例 9.1 中的"另存为"命令按钮编写事件过程，把文本框内的文本存盘。

代码如下：

```
Private Sub Command2_Click()
    CommonDialog1.Action = 2
    CommonDialog1.FileName = "Default.Txt"          '设置默认文件名
    CommonDialog1.DefaultExt = "Txt"                '设置默认扩展名
    Open CommonDialog1.FileName For Output As #1    '打开文件供写入数据
    Print #1, Text1.Text
    Close #1                                        '关闭文件
End Sub
```

9.2.2　颜色对话框

颜色对话框用来设置颜色，如图 9-6 所示。颜色对话框的一些属性与文件对话框相同，包括 CancelError、DialogTitle、HelpContext、HelpFile 和 HelpKey 等。颜色对话框还有其自身的两个特殊属性：Color 属性和 Flags 属性。

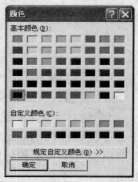

图 9-6　"颜色"对话框

Color 属性用来设置初始颜色，并把对话框中被选中的颜色返回到应用程序。该属性是一个长整型数。在调色板中提供了基本颜色，还提供了用户自定义颜色，用户可自己调色，当用户在调色板中选中某颜色时，该颜色值赋给 Color 属性。Flags 的属性取值见表 9-3。

表 9-3　颜色对话框的 Flags 取值表

符号常量	值	作用
VbCCRGBInit	1	使得 Color 属性定义的颜色在首次显示对话框中显示出来
VbCCFullOpen	2	打开完整的对话框，包括用户自定义对话框
VbCCPreventFullOpen	4	禁止选择"用户自定义颜色"按钮
VbCCShowHelp	8	显示一个"Help"按钮

为了设置和读取 Color 值，必须将 Flags 值设为 1（即 VbCCRGBInit）。

例 9.3　为例 9.1 中的"颜色"命令按钮编写事件过程，把文本框内的文本改变颜色。

代码如下：

```
Private Sub Command3_Click()
    CommonDialog1.Action = 3                    '打开颜色对话框
    Text1.ForeColor = CommonDialog1.Color       '设置文本框的前景颜色
End Sub
```

9.2.3　字体对话框

在 Visual Basic 中，字体可以通过 Font 对话框或者字体属性设置。使用通用对话框控件，可以创建一个字体对话框，并能够在该对话框中设置应用程序所需要的字体。

字体对话框的一些属性与文件对话框相同，包括 CancelError、DialogTitle、HelpContext、HelpFile 和 HelpKey 等。字体对话框还有其本身的特殊属性：

（1）Flags 属性。在显示"字体"对话框之前必须设置 Flags 属性，否则将发生字体不存在的错误，Flags 属性的取值见表 9-4。

表 9-4　字体对话框的 Flags 取值表

符号常量	值	作用
vbcFScreenFonts	1	只显示屏幕字体
vbcFPrinterFonts	2	只列出打印机字体
vbcFBoth	3	列出打印机和屏幕字体
vbcFShowHelp	4	显示 Help 按钮
vbcFEffects	256	允许删除线、下划线和颜色
vbcFApply	512	允许"应用"按钮
vbcFANSIOnly	1024	不允许使用 Windows 字符集的字体（无符号字符）
vbcFNoVectorFonts	2048	不允许使用矢量字体
vbcFNoSimulations	4096	不允许图形设备接口字体仿真
vbcFLimiteSize	8192	只显示在 Max 和 Min 属性值指定的范围内的字体
vbcFFixedPitchOnly	16384	只显示固定字符间距（不按比例缩放）的字体
vbcFWYSIWYG	32768	只允许选择屏幕和打印机可用的字体
vbcFForceFontExist	65536	试图使用不存在的字体，将提示错误信息
vbcFScalableOnly	131072	只显示按比例缩放的字体
vbcFTTOnly	262144	只显示 TrueType 字体

（2）FontBold、FontItalic、FontName、FontSize、FontStrikeThru、FontUnderline 属性。这些属性之前已经学过，它们可以通过属性窗口来设置，也可以通过代码来设置。

（3）Max 和 Min 属性。字体大小用点（一个点的高度是 1/72 英寸）度量，取值范围为 1～2048。此属性设置后，应该将 Flags 属性设置为 8192。

例 9.4　为例 9.1 中的"字体"命令按钮编写事件过程，把文本框内的字体设置成对应字体对话框选定的内容。

代码如下：

```
Private Sub Command4_Click()
    CommonDialog1.Flags = 3          '设置屏幕显示和打印机字体
    CommonDialog1.ShowFont
    Text1.FontName = CommonDialog1.FontName
    Text1.FontSize = CommonDialog1.FontSize
    Text1.FontBold = CommonDialog1.FontBold
    Text1.FontItalic = CommonDialog1.FontItalic
```

```
          Text1.FontStrikethru = CommonDialog1.FontStrikethru
          Text1.FontUnderline = CommonDialog1.FontUnderline
     End Sub
```

9.2.4　打印对话框

打印对话框用来选择要使用的打印机，并可以为打印处理指定相应的设置：打印范围、页数等。打印对话框的一些属性与打开对话框相同，包括 CancelError、DialogTitle、HelpContext、HelpFile 和 HelpKey 等。打印对话框还有其本身的一些特殊属性：

（1）Copies 属性。该属性指定要打印文档的拷贝数。如果把 Flags 属性值设置为 262144，则 Copies 属性值总为 1。

（2）Flags 属性。Flags 属性的取值表见表 9-5。

表 9-5　打印对话框的 Flags 取值表

符号常量	值	作用
vbPDAllPages	0	返回或设置"所有页"选项的按钮的状态
vbPDSelection	1	返回或设置"选定范围"选项的按钮的状态
vbPDPageNums	2	返回或设置"页"选项的按钮的状态
vbPDNoSelection	4	禁止"选定范围"选项的按钮
vbPDNoPageNums	8	禁止"页"选项的按钮
vbPDCollate	16	返回或设置校验复选框状态
vbPDPrintToFile	32	返回或设置"打印到文件"复选框状态
vbPDPrintSetup	64	显示"打印设置"对话框
vbPDNoWarning	128	当没有默认打印机时，显示警告信息
vbPDReturnDC	256	在对话框的 hDC 属性中返回"设备环境"，hDC 指向用户所选择的打印机
vbPDReturnIC	512	在对话框的 hDC 属性中返回"信息上下文"，hDC 指向用户所选择的打印机
vbPDShowHelp	2048	显示一个 help 按钮
vbPDUseDevModeCopies	262144	如果打印机不支持多份拷贝，则设置这个值禁止拷贝编辑控制，只能 1 份
vbPDDisablePrintToFile	524288	禁止"打印到文件"复选框
vbPDHidePrintToFile	1048576	隐藏"打印到文件"复选框

（3）From Page 和 To Page 属性。这两个属性分别指定要打印的文档范围。如果要使用这两个属性必须把 Flags 属性值设为 2。

（4）Max 和 Min 属性。这两个属性用于限制 FromPage 和 ToPage 属性的范围，Min 指定所允许的起始页码，Max 指定所允许的最后页码。

（5）PrintDefault 属性。该属性是一个布尔值。当值为 True 时，如果选择了不同的打印设置，例如 Fax，则将对 win.ini 文件作相应的修改；如果值为 False，则不会保存在 win.ini 文件中，不会改变当前默认的打印机设置。

需要说明的是：打印机对话框只是用于对打印的一些参数设置和选定，它不能启动实际的打印过程，如果要执行具体的打印操作，还要编写相应的代码。

　　例 9.5　为例 9.1 中的"打印"命令按钮编写事件过程，把文本框内的内容打印输出。

　　代码如下：

```
Private Sub Command5_Click()
    CommonDialog1.Action = 5
    For i = 1 To CommonDialog1.Copies
        Printer.Print Text1.Text              '打印文本框中的内容
    Next i
    Printer.EndDoc                            '结束文档打印
End Sub
```

9.3　菜单设计

　　当今大部分应用程序的界面是菜单界面。在实际应用中，菜单用于给命令进行分组，使用户能够更方便、更直观地访问这些命令。菜单按使用形式可以分为两种基本类型：弹出式菜单和下拉式菜单。在使用 Windows 操作系统及应用程序中，我们已经很熟悉这些菜单的操作。例如，打开一个记事本，单击"编辑"菜单，所显示的为下拉式菜单，下拉式菜单位于窗口的顶部，右键单击记事本文本编辑框中任意位置，即可弹出一个弹出式菜单，弹出式菜单是独立于窗体菜单栏而显示在窗体内的浮动菜单。

9.3.1　下拉式菜单

　　下拉式菜单是一种典型的窗口式菜单。单击菜单栏上菜单项，下拉式菜单将在窗口上从上到下展开，并显示菜单命令供用户选择。下拉式菜单广泛应用于 Windows 中的各种应用程序。

　　下拉式菜单包含一个主菜单和若干菜单项。每个菜单项又可以下拉出下一级菜单，逐级展开，以一个个窗口的形式出现在屏幕上，操作完毕即从窗口上消失，并恢复原来的窗口状态。

　　下拉式菜单有如下一些优点：

- 操作方便，易于学习和掌握。
- 具有导航功能。在下拉式菜单中，用户能够方便地选择所需的菜单项，随时可以灵活地转向另外一个菜单项，切换极其方便。
- 占用屏幕空间小。菜单只占用屏幕最上面一行，在必要时下拉弹出一个子菜单。这样很好地节省了屏幕的空间，用于显示其他内容和操作。

　　在 Windows 应用程序中，下拉式菜单的一般结构如图 9-7 所示。

　　菜单各部分说明如下：

- 菜单栏：当窗体上具有菜单项目时，Visual Basic 会自动将这些菜单项目放在窗体画面的顶端，该区域称为菜单栏。菜单栏中的菜单项目呈横向排列。
- 菜单标题：也叫菜单名，在菜单栏上显示。单击菜单标题，会立即下拉弹出其菜单项目的列表，通常在标题后面会提供一个添加下划线的字符，按"Alt+字符"也可以拉出该菜单。
- 菜单命令：通过按下该命令的操作，Visual Basic 将运行该命令的 Click 事件过程的程序代码，以完成相应的工作。
- 快捷键：要让 Visual Basic 运行对应事件的过程，除了用鼠标单击该命令外，也可以通过按键操作取代。如图所示的"粘贴"操作，可以用按下 Ctrl+V 组合键来实现。
- 热键：菜单命令后面括号中带有下划线的字符。允许同时按下"Alt+带下划线的字符"来打开该菜单。菜单打开后，通过按下热键即可选取菜单项。
- 分隔线：不具有任何功能，仅用于区分各个类型的菜单命令。

在设计下拉菜单时，把每个菜单项（主菜单项或者子菜单项）看作是一个图形对象，即控件，并具备与某些控件相同的属性。

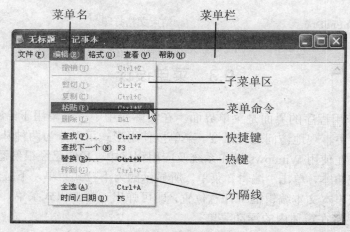

图 9-7　下拉式菜单结构

9.3.2　菜单编辑器

菜单编辑器（菜单设计窗口）是 Visual Basic 提供的一个用于设计菜单的工具。它将复杂的菜单创建变得简单，使用菜单编辑器可以创建出新的菜单或者编辑已经存在的菜单。

在 Visual Basic 开发环境中的设计状态，当确定了要建立菜单的窗体后，就可以通过菜单编辑器来设计菜单。打开菜单编辑器的方法有以下几种：
- 执行"工具"菜单中的"菜单编辑器"命令。
- 按下 Ctrl+E 组合键。
- 单击工具栏中的"菜单编辑器"按钮 。
- 在要建立菜单的窗体上单击鼠标右键，将弹出一个菜单，在弹出的菜单中选择"菜单编辑器"命令。

"菜单编辑器"如图 9-8 所示，从图中可以看到，菜单编辑器窗口分为上、中、下三部分。上面的部分称为属性设置区，属性设置区共有 10 个操作项，用于设置或者修改菜单项的标题、名称等内容，以及设置菜单的索引和快捷键等。中间部分称为编辑区，有 7 个按钮，用来对输入的菜单项进行简单的编辑。下面部分是菜单显示区，在属性设置区输入的菜单项在此处显示出来。

1．标题与名称

标题用于输入程序运行时显示在菜单上的说明文字，其作用与 Visual Basic 标准控件中的 Caption 属性类似。标题在用于子菜单时，可以通过输入一个减号（一）在子菜单项中间加入一条分隔线，以区分同一菜单中不同类型的菜单命令。

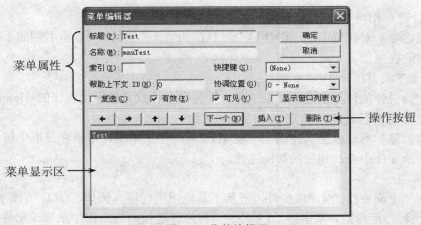

图 9-8　菜单编辑器

名称用于定义菜单项的控制名，这个属性不会出现在菜单中，其作用与 Visual Basic 标准控件中的 Name 属性相同，在程序的代码中用来引用该菜单项。名称可以是简单的控件名称，也可以是控件数组的名称。如果指定的名称是控件数组，则还应该在其下的"索引"栏中指定该菜单项在数组中的下标。

从标题和名称的定义可以看出，只要输入这两个分项即可完成一个项目的建立。例如，当在"标题"文本框中输入"Test"，在"名称"框中输入"mnuTest"，在对话框下面的菜单显示区中即可看到输入的标题。

单击"确定"按钮，关闭"菜单编辑器"对话框，将会看到这个菜单的标题出现在窗体的菜单栏上，如图 9-9 所示。

显然，"标题"和"名称"的设置值并不仅仅用于标识和显示，利用"标题"输入的技巧可以指定与键盘的对应键；"名称"属性的指定，用于菜单数组和程序代码的设计。

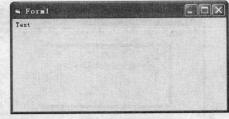

图 9-9　菜单编辑

2. 索引

菜单项可以看成一个控件，因此菜单控件也能够像标准控件那样建立数组（Array）类型，即这些菜单命令的建立都使用相同的名称，用索引值（Index）来识别各个元素。使用菜单控件数组有如下优点：

- 简化程序代码。将一些具有类似功能的菜单命令以数组的方式建立，由于名称相同，因此可以共用一个事件过程，只返回一个索引值，系统即可识别属于哪个菜单命令的事件。
- 添加菜单项目。由于在运行模式，想要添加菜单项目只能靠数组重新声明的方式来进行，因此当用户的程序在运行时有添加菜单命令的需求，例如，灵活显示当前打开文件的列表，就必须使用菜单控件数组。

要建立菜单控件数组，需要在"索引"文本框中输入该数组成员的索引值，Visual Basic 并不会自动帮助用户产生。

3. 快捷键设置

快捷键的设置能够方便用户通过键盘对菜单命令进行操作。例如，在记事本程序中，按下 Ctrl+A 组合键，相当于执行"编辑"菜单中的"全选"菜单命令。

　　"菜单编辑器"对话框中的"快捷键"默认值为"无"，单击列表框右侧的下拉箭头，将显示可供使用的快捷键。

　　4. 帮助上下文 ID

　　如果用户为设计的程序创建了帮助文件，并将此文件设置到应用程序的 HelpFile 属性，就可以利用"帮助上下文 ID"指定对应的帮助主题。

　　"菜单编辑器"对话框的"帮助上下文 ID"是一个文本框，可以在该框中键入数值，这个值用来在帮助文件中查找相应的帮助主题。

　　5. 协调位置

　　如果在窗体上面安排了 OLE 控件，链接了其他应用程序（例如，OLE 链接了一个 Word 应用程序）。当程序运行时，双击该 OLE 控件，将打开链接的应用程序来修改文件的数据。这时，窗体本身的菜单将会被相应应用程序的菜单所取代，如图 9-10 所示。用户如果要在两个菜单之间进行取舍，就要利用这个"协调位置"属性。

　　协调位置属性的默认值为"0-None"，菜单完全被嵌入的应用程序的菜单所取代。如果要保留窗体本身的菜单，就要改变协调位置的设置，如图 9-11 所示。

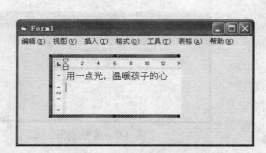

图 9-10　菜单栏被 Word 程序的菜单栏取代

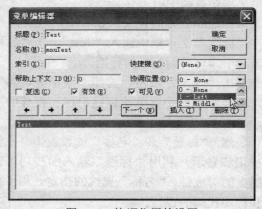

图 9-11　协调位置的设置

以下介绍协调位置的设置对程序菜单栏显示的影响。

（1）1-Left（靠左）。属性值为"1-Left"时，程序界面效果如图 9-12 所示。

（2）2-Middle（居中）。属性值为"2-Middle"时，程序界面效果如图 9-13 所示。

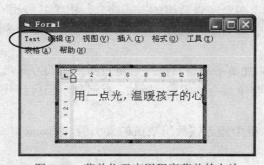

图 9-12　菜单位于应用程序菜单的左边

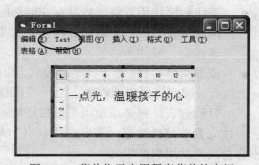

图 9-13　菜单位于应用程序菜单的中间

（3）3-Right（靠右）。属性值为"3-Right"时，程序界面效果如图 9-14 所示。

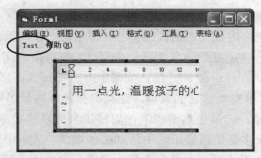

图 9-14　菜单位于应用程序菜单的右边

6. 复选框区

复选框区位于"菜单编辑器"界面的中间区域，一共有 4 个复选框项目。如同其他控件具有一些布尔类型的属性值一样，这些属性的设置方式是以选中代表 True，取消代表 False。以下将详细介绍这些复选框的具体作用。

（1）"复选"复选框。如果想要在菜单命令的前面加一个对勾符号，提示用户目前该菜单命令的状态，可以选择"复选"复选框。

选择"复选"复选框，当程序运行时，该命令前面就会出现一个对勾符号，如图 9-15 所示。复选标记不改变菜单项的作用，也不影响事件过程对任何对象的执行结果，它只是用来指出切换选项的开关状态，即指明某个菜单命令当前是否处于活动状态。

（2）"有效"复选框。该复选框的选中与否，将影响到菜单命令在程序运行之前是否有效。默认情况下，该属性被设置为 True，表明相应的菜单项可以对用户事件做出响应。如果该属性被设置为 False，则相应的菜单项会变成灰色显示，不响应用户事件，如图 9-16 所示。

图 9-15　带有复选标记的菜单命令

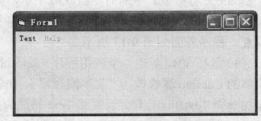

图 9-16　"有效"与"无效"的比对

（3）"可见"属性。该选项决定是否将菜单项显示在菜单上。一个不可见的菜单项是不能执行的。该属性的默认值为 True，即菜单项可见。当一个菜单项的"可见"属性设置为 False 时，该菜单项将暂时从菜单中隐藏；如果把它的"可见"属性改为 True，则该菜单项将重新出现在菜单中。

（4）显示窗口列表。该选项用于多文档应用程序，当其值被设置为 True 时，将显示当前打开的一系列窗口。

7. 菜单编辑按钮

"菜单编辑器"对话框中有 7 个按钮，这些按钮在菜单有了初步设计后，用来对各菜单项进行重新安排。其操作方法为：先在菜单显示区中选择想要移动的菜单命令，然后利用菜单编辑按钮进行编辑，这 7 个按钮的功能如下：

● 左、右箭头：用来产生或者取消内缩符号。每单击一次右箭头可以产生 4 个点，把选定的菜单向右移一位，并使该菜单降一个层次；每单击一次左箭头则删除 4 个点，同时把选定的菜单向左移一位，并使该菜单上升一个层次。

　Visual Basic 菜单编辑器建立的菜单，连菜单标题在内最多可以有 6 层，因此一共可以创建 5 层子菜单，即通过右键头的使用，最多可以移动 20 个点。

● 上、下箭头：用于在菜单项显示区中移动菜单项的位置。用鼠标选中某个菜单项，即将光标移动到某个菜单项后，单击上箭头将使该菜单项上移一行，单击下箭头将使该菜单项下移一行。

● 下一个：将光标移动到下一行，若该行为空白行，则可开始一个新的菜单项建立；否则可对该行的菜单项进行修改。其作用与回车键相同。

● 插入：在当前选定项上方插入新的菜单项。单击一次该按钮，可以将光标所在高亮标识的菜单项下移一行，并在原位置上产生一个空白行，供插入新的菜单项使用。

● 删除：删除当前选定的（即光标所在的）菜单项。

8．菜单项显示区

菜单项显示区位于菜单设计窗口的下部，在属性设置区输入的菜单项在这里显示出来，并通过内缩符号（....）来表明菜单项的层次。光标所在高亮标识的菜单项是"当前菜单项"。

此外，菜单编辑器窗口还有两个按钮："确定"和"取消"。前者用来确认所创建或修改的菜单，并关闭菜单编辑器窗口；后者用来取消所有的创建或者修改，并关闭菜单编辑器。

9.3.3　用菜单编辑器建立菜单

在介绍了下拉菜单的基本概念和菜单编辑器的界面后，通过一个简单的文本编辑器的实例来说明如何通过菜单编辑器建立应用程序的菜单。

例 9.6　将例 9.1 中的命令组织成菜单，同时实现对文本编辑区中输入的文字进行字体、字号等的设置，程序界面如图 9-17 所示。

（1）运行 VB，新建一个应用程序。激活窗体，将窗体的 Caption 属性改为"文本编辑器"。往窗体中添加一个 TextBox 控件，设置其 Text 属性为""，MultiLine 属性为 True，ScollBars 属性为 3-Both。调整它的大小及其在窗体中的位置，并且添加一个通用对话框。

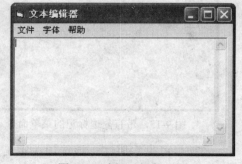

图 9-17　例 9.6 运行界面

（2）接下来进行菜单项的设计。可以将菜单分为三个主菜单项："文件"、"字体"和"帮助"。"文件"主菜单项有"新建"、"打开"和"另存为"菜单命令，"字体"主菜单项有"字体"、"字号"、"下划线"和"清除文本"菜单命令；"帮助"主菜单项下有"关于"和"退出程序"菜单命令。各菜单项的属性见表 9-6。接下来，按照表 9-6 的属性设置方案进行菜单的设置。注意在设置分隔符时，分隔符只能存在于子菜单中，因此也需要添加内缩符。

表 9-6 菜单项的属性设置

菜单项	标题	名称	内缩符号	快捷键
主菜单项 1	文件	mnuFile		
子菜单项 1	新建	mnuNew	….	
子菜单项 2	打开	mnuOpen	….	
子菜单项 3	另存为	mnuSave	….	
主菜单项 2	字体	mnuFont		
子菜单项 1	字体	mnuFontName	….	Ctrl+N
子菜单项 2	字号	mnuFontSize	….	Ctrl+S
子菜单项 3	下划线	mnuFontUnderLine	….	Ctrl+U
分隔符 1	-	mnuSeperator	….	
子菜单项 4	清除文本	mnuClear	….	Ctrl+Q
主菜单项 3	帮助	mnuHelp		
子菜单项 1	关于	mnuAbout	….	Ctrl+M
子菜单项 2	退出程序	mnuExit	….	Ctrl+E

（3）菜单设计完毕，下一步是菜单代码的添加。菜单的事件过程是以菜单项来区分的，每个菜单项可以看作一个控件，菜单控件只包含一个事件过程——Click 事件。双击菜单命令，即可进入菜单命令的 Click 事件代码编辑窗口。代码如下：

```
'新建菜单项事件过程
Private Sub mnuNew_Click()
    Text1.Text = ""
End Sub
'打开菜单项事件过程
Private Sub mnuOpen_Click()
    CommonDialog1.Action = 1
    Open CommonDialog1.FileName For Input As #1        '打开文件进行读操作
    Do While Not EOF(1)                                '读一行数据
        Line Input #1, inputdata
        Text1.Text = Text1.Text + inputdata + vbCrLf
    Loop
    Close #1                                           '关闭文件
End Sub
'另存为菜单项事件过程
Private Sub mnuSave_Click()
    CommonDialog1.Action = 2
    CommonDialog1.FileName = "Default.Txt"             '设置默认文件名
    CommonDialog1.DefaultExt = "Txt"                   '设置默认扩展名
    Open CommonDialog1.FileName For Output As #1       '打开文件供写入数据
    Print #1, Text1.Text
    Close #1                                           '关闭文件
End Sub
Private Sub mnuFontName_Click()
    Text1.FontName = "楷体_GB2312"                      '改变文字的字体
End Sub
```

```
        Private Sub mnuFontSize_Click()
            Text1.FontSize = 24                        '改变文字的字号
        End Sub
        Private Sub mnuFontUnderline_Click()
            Text1.FontUnderline = True                 '添加下划线
        End Sub
        Private Sub mnuClear_Click()
            Text1.Text = ""                            '清除文本框中内容
        End Sub
        '关于菜单项事件过程
        Private Sub mnuAbout_Click()
        MsgBox "文本编辑器 1.0"
        End Sub
        '退出应用程序
        Private Sub mnuExit_Click()
            End
        End Sub
```

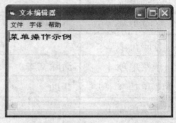

至此，程序设计完毕。运行程序，在文本框中输入文字，执行"字体"菜单中的"字体"和"字号"命令，文字效果如图 9-18 所示。

图 9-18　菜单命令执行效果

9.3.4　菜单项的控制

在 Visual Basic 的应用程序中，菜单的作用可能因执行条件的变化而发生相应的变化。例如，有些菜单项呈灰色，在单击这类菜单项时不执行任何操作，只有在条件满足的时候，灰色菜单变黑后才能使用；有些菜单项的某个字母下面有下划线；有的菜单项前面有"√"号，需要一种开关标记（即 checked 与否），用来提示用户该命令是否已经被执行等。本节详细介绍如何进行菜单项的控制。

1．有效性控制

有效性控制指的是程序能够根据执行条件的不同，将菜单中某些菜单项设置成当条件满足时可以执行，否则不能执行。例如，打开 Windows 的记事本程序，选择"编辑"菜单项，会看到该菜单的下拉菜单中，有很多菜单命令都是灰色的。这是因为刚打开的记事本程序中，没有任何文本文字，因此不满足那些"编辑"命令执行的条件。

菜单编辑器中的"有效"性属性相当于 Visual Basic 标准控件的 Enabled 属性，它可以决定是否让菜单项对事件做出响应。该属性的默认值为 True，表明相应的菜单项可以对用户事件做出响应，如果该属性被设置为 False，则相应的菜单项会变成灰色显示，不响应用户事件。这种有效性控制可以在程序的事件过程中，根据条件的满足与否随时设置和改变。

例 9.7　对例 9.6 中的"字体"菜单进行菜单项有效性控制，当文本框中没有文字时，"字体"菜单项中的所有菜单命令都为无效。只有当文本框中有文字时，这些菜单命令才变得有效。

在编写代码之前，需要把各菜单项默认的"有效"属性设置取消（默认值为 True）。

添加的程序代码如下：

```
        Private Sub Text1_Change()
            If Text1.Text = "" Then
                mnuFontName.Enabled = False
                mnuFontSize.Enabled = False
                mnuFontUnderline.Enabled = False
```

```
            Else
                mnuFontName.Enabled = True
                mnuFontSize.Enabled = True
                mnuFontUnderline.Enabled = True
            End If
        End Sub
```

按 F5 键运行程序，单击应用程序界面上的"字体"菜单项，在弹出的下拉菜单中，可以看到"字体"、"字号"和"下划线"三个菜单命令都已经无效，变成灰色。在文本框中输入文本后，再单击界面上的"字体"菜单项，在弹出的下拉菜单中，"字体"、"字号"和"下划线"三个菜单命令都已经被激活，变成了黑色。如果删除全部文本，"字体"、"字号"和"下划线"三个菜单命令又都将变回灰色。以上这段代码，很好地实现了菜单项的有效性控制。

2. 菜单项标记

在程序运行过程中，有些菜单命令需要一种开关状态的标记，用来提示用户该命令是否已被执行。通常的标记形式是在菜单项前加上一个"√"。菜单项标记可以通过菜单编辑器窗口中的"复选"属性来设置。当该属性为 True 时，相应的菜单项前有"√"标记；如果该属性的值为 False 时，相应的菜单项前没有"√"标记。菜单项标记也可以在程序代码中根据执行情况进行动态修改。

例 9.8   对例 9.6 中菜单项"字体"、"字号"和"下划线"进行标记。要求该文本编辑器默认的文字字体为宋体、大小为 10、没有加下划线；执行"字体"菜单项中的"字体"、"字号"和"下划线"菜单命令后，文字发生相应的改变，并且"字体"、"字号"和"下划线"命令前面都有"√"标记；再次执行"字体"、"字号"和"下划线"命令后，字体恢复默认状态，而且"字体"、"字号"和"下划线"命令前面的"√"标记都消失。以下通过代码来实现动态修改菜单标记的过程。

程序的代码如下：

```
        '改变文本的字形为楷体
        Private Sub mnuFontName_Click()
            '判断是否为楷体，如果不是，则变为楷体
            If mnuFontName.Checked = False Then
                Text1.FontName = "楷体_GB2312"
                mnuFontName.Checked = True
            Else
                mnuFontName.Checked = False              '文本已经为楷体，将文本变回宋体
                Text1.FontName = "宋体"
            End If
        End Sub
        '改变文本的大小
        Private Sub mnuFontSize_Click()
            '判断字体大小是否为 24，如果不是，则改为 24
            If mnuFontSize.Checked = False Then
                Text1.FontSize = 24
                mnuFontSize.Checked = True
            Else
                mnuFontSize.Checked = False          '字体大小已为 24，将字体大小改回原来的设置
                Text1.FontSize = 10
            End If
        End Sub
```

```
'添加文本的下划线
Private Sub mnuFontUnderline_Click()
        '判断文本是否添加了下划线，如果没有添加则为其添加下划线
        If mnuFontUnderline.Checked = False Then
            Text1.FontUnderline = True
            mnuFontUnderline.Checked = True
        Else
            mnuFontUnderline.Checked = False          '文本已经添加下划线，取消下划线设置
            Text1.FontUnderline = False
        End If
End Sub
```

程序设计完毕，按 F5 键运行程序。在文本编辑器中输入文字，执行"字体"菜单项中的"字体"、"字号"和"下划线"命令后，文字发生相应的改变，并且"字体"、"字号"和"下划线"命令前面都有"√"标记，再次执行"字体"、"字号"和"下划线"命令后，字体恢复默认状态，而且"字体"、"字号"和"下划线"命令前面的"√"标记都消失。

3．热键

通常情况下菜单项是通过鼠标来选择的，但是通过键盘来选择所需要的菜单项也是 Windows 系统下应用程序经常应用的一种访问方式。用键盘选择菜单项，常用的方法是使用快捷键和热键。前面已经介绍过快捷键，这里重点介绍热键的设置方法。

所谓热键，就是在菜单项后面的括号中添加带下划线的字母，只要按 Alt 键和加下划线的字母键，就可以访问相应的菜单项。使用热键访问菜单项时，必须逐级进行访问。也就是说，只有带热键的菜单项显示在屏幕上后，才能使用 Alt 键和带下划线的字母键进行访问。

热键的建立是在输入菜单项时，在指定字符前加"&"符号。对于英文菜单，可以直接将"&"符号加在"标题"中要加下划线的字母前面。如：

    F&ile

结果在 File 菜单名的 i 字母下面会有一条下划线，程序运行时，只要按下 Alt+i 键就可以打开 File 菜单项。

如果是中文菜单，可以在菜单"标题"的后面用括号将"&"符号与要加下划线的字母括起来，例如：

    文件(&F)

结果在文件菜单项后面括号的 F 字母下面会加一条下划线。程序运行时，只要按 Alt+F 组合键，就可以打开"文件"菜单项。

菜单项热键是对菜单项的标题（Caption）属性进行设置，因此，菜单项热键的设置可以在设计阶段通过菜单编辑器进行设置，也可以在程序运行阶段通过代码进行设置，例如：

    mnufile.Caption = "文件(&F)"

或者，

    mnufile.Caption = "F&ile"

9.3.5　菜单项的动态增减

在 Windows 应用程序中，某些主菜单项下的菜单命令能够根据当前文件的打开情况而动态变化。即当打开一个文件时，菜单中增加了若干个菜单命令；关闭文件时，菜单中减少若干个菜单命令。这种自动增减菜单项的操作，在实际应用中较为广泛。

菜单项增减的处理是通过菜单控件数组的方式来实现的。一个菜单控件数组可以含有若

干个菜单控件，这些菜单控件的名称是相同的，所使用的事件过程也是相同的，但是每个元素可以有自己的属性。用户可以通过下标（Index）去访问菜单控件数组中的各个元素。菜单控件数组可以在设计阶段建立，也可以在运行时建立。菜单项的动态增减必须在程序运行时进行，通过事件过程代码的设置来建立与删除。

　　例9.9　菜单增减应用程序：包含一个主菜单项，主菜单项中只有两个子菜单项"增加菜单项"和"减少菜单项"，此外还有一条分隔线。每单击"增加菜单项"一次，能够在下拉菜单的分隔线下方增加一个子菜单项；每单击"减少菜单项"一次，能够减少下划线下方一个子菜单项。程序的初始界面如图 9-19 所示。

图 9-19　菜单增减应用程序初始界面

　　（1）运行 VB，新建一个应用程序。激活窗体，将窗体的 Caption 属性改为"菜单增减程序"。

　　（2）菜单项的设计。各菜单项的属性见表 9-7。表 9-7 中最后一项的"标题"属性为空；"可见性"为 False；下标为 0。它将是控件数组的第一个元素。

表 9-7　菜单项的属性设置

菜单项	标题	名称	内缩符号	可见性	下标
主菜单项 1	增减菜单项	mnuAddMinus		True	无
子菜单项 1	增加菜单项	mnuAdd	….	True	无
子菜单项 2	减少菜单项	mnuMinus	….	True	无
分隔符 1	-	mnuSeperator	….	True	无
子菜单项 3	（无）	mnuAppendix	….	False	0

　　（3）菜单代码的添加。首先，编写增加菜单项的程序代码。单击"增加菜单项"菜单命令后，程序将提示用户输入一个字符串，然后程序内部利用 Load 语句建立菜单控件数组的新元素，并把用户输入的字符串作为新增菜单的标题，同时菜单数组的下标自动加 1。

　　（4）首先在窗体层定义如下变量：Dim ItemCounts As Integer，该变量用作控件数组元素个数的统计。

　　代码如下：

```
Private Sub mnuAdd_Click()
    Dim j As Integer
    tips$ = "请输入待添加的菜单项标题名："
    NewItemName$ = InputBox(tips)
```

```
        J=ItemCounts+1
    Load mnuAppendix(j)
    mnuAppendix(j).Visible = True
    mnuAppendix(j).Caption = NewItemName
    End Sub
```

接下来，编写减少菜单项的程序代码。单击"减少菜单项"菜单命令后，程序将提示用户输入一个字符串，然后程序内部开始在菜单控件数组中寻找标题与用户输入的字符串相符的菜单项，在找到后删除该菜单项，并将该菜单项之后的所有菜单项下标自动减 1，代码如下：

```
    Private Sub mnuMinus_Click()
        Dim j As Integer
        tips$ = "请输入待删除的菜单项标题名："
        NewItemName$ = InputBox(tips)
        '寻找用户要删除的菜单项
        For i = 1 To ItemCounts
            If mnuAppendix(i).Caption = NewItemName Then
                j = i
                Exit For
            End If
        Next i
        '将待删除菜单项之后的所有菜单项元素下标减 1
        For i = j To ItemCounts - 1
            mnuAppendix(i).Caption = mnuAppendix(i + 1).Caption
        Next i
        Unload mnuAppendix(ItemCounts)
        ItemCounts = ItemCounts - 1
    End Sub
```

至此，程序设计完毕。运行程序，单击"增加菜单项"菜单命令，在弹出的 InputBox 对话框中输入要增加的菜单项的标题名称，单击"确定"，程序将向下拉菜单中添加一个新的菜单项，如图 9-20 所示。在下拉菜单中添加 4 个菜单项后，单击"减少菜单项"按钮，在弹出的 InputBox 对话框中输入要删除的菜单项的标题名称（如菜单项 3），单击"确定"，程序将删除用户指定的菜单项，同时更新下拉菜单中的菜单项，如图 9-21 所示。

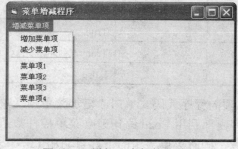
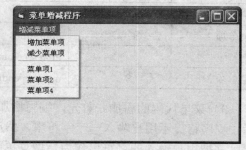

图 9-20　增加 4 个新的菜单项　　　　　图 9-21　删除菜单项 3

9.3.6　弹出式菜单

在实际应用中，除下拉式菜单外，Windows 还广泛使用弹出式菜单，几乎在每一个对象上单击鼠标右键都可以显示一个弹出式菜单。

弹出式菜单是一种小型菜单，它可以在窗体的某个地方显示出来，对程序事件做出响应。

与下拉式菜单不同，弹出式菜单不需要在窗口顶部下拉打开，而是通过单击鼠标右键在窗口的任意位置打开，因而使用方便，具有较大的灵活性。

1. 弹出式菜单的设计

设计弹出式菜单与设计下拉式菜单基本相同，也是通过菜单编辑器来建立菜单的框架。它与下拉式菜单的不同之处在于，弹出式菜单的主菜单项不需显示在屏幕上，因此必须把主菜单项的"可见"Visible 属性设置为 False（子菜单项不需要设为 False）。

2. 弹出式菜单的显示

弹出式菜单通过使用 PopupMenu 方法来实现。该方法的一般格式如下：

[对象.]PopupMenu 菜单名[, Flags[,x[,y[,BoldCommand]]]]

以上格式中，共有六个参数，除了"菜单名"是必需的，其他参数都是可选的，它们的功能如下：

- 对象：是窗体名。当省略"对象"时，弹出式菜单只能在当前窗体中显示。如果需要在某个窗体中显示，则 PopupMenu 前面必须加上该窗体的名称。
- 菜单名：是在菜单编辑器中定义的主菜单项名，不可省略。
- Flags：该参数为一些常量数值设置，它包含的常量包括位置（Location）和行为（Behavior）指定值，其设置值的说明见表 9-8 和表 9-9。

表 9-8　Flags 参数说明－位置（Location）

定位常量	数值	作用
vbPopupMenuLeftAlign	0	X 坐标指定菜单左边位置
vbPopupMenuMiddleAlign	4	X 坐标指定菜单中间位置
vbPopupMenuRightAlign	8	X 坐标指定菜单右边位置

表 9-9　Flags 参数说明－行为（Behavior）

行为常量	数值	作用
vbPopupMenuLeftButton	0	通过单击鼠标左键选择菜单命令
vbPopupMenuRightButton	2	通过单击鼠标右键选择菜单命令

Flags 参数的取值可以是上述两组数值的相加（每组只能取一个）或者用 or 连接。如果使用符号常量，则两个符号常量之间用 or 连接。如果是两组数值的相加，例如 Flags=10，则表明其为 flags=8 与 flags=2 效果的叠加。

- X，Y 参数：为指定弹出式菜单显示的坐标值，基准点由 Flags 参数指定。一般省略不写，而以鼠标坐标作为显示值（鼠标光标所在的位置为弹出式菜单左上角的坐标）。
- BoldCommand：指定在弹出式菜单中以粗体显示的菜单项的名称。一个弹出式菜单中只能有一个菜单项以粗体显示。

3. 弹出式菜单举例

例 9.10　为例 9.6 中的文本编辑器添加一个弹出式菜单。程序设计要求：当用户在文本框中单击鼠标右键时，弹出一个弹出式菜单。该弹出式菜单中包含有"字体"、"字号"、"下划线"和"清除文本"四个子菜单项，运行界面如图 9-22 所示。

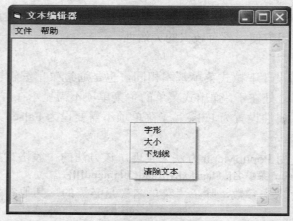

图 9-22   例 9.9 运行界面

在菜单编辑器中，将字体菜单项的 Visible 属性设置为 False，编写代码如下：

```
Private Sub Text1_MouseDown(Button As Integer, Shift As Integer, X As Single, Y As Single)
    If Button = 2 Then PopupMenu mnuFont, vbPopupMenuCenterAlign
End Sub
```

按 F5 键运行程序，鼠标右键单击文本框，弹出弹出式菜单。

习题九

一、选择题

1. 在窗体上画一个名称为 CommonDialogl 的通用对话框，一个名称为 Commandl 的命令按钮。要求单击命令按钮时，打开一个保存文件的通用对话框。该窗口的标题为"Save"，缺省文件名为"SaveFile"，在"文件类型"栏中显示*.txt。则能够满足上述要求的程序是（　　　　）。（2003.4）

A．
```
Private Sub Command_Click()
    Commondialogl.FileName="Savefile"
    Commondialogl.filter="All Files|*.*|(*.txt)|*.txt|(*.doc).|*.doc"
    CommonDialogl.Filterindex=2
    CommonDialogl.Dial0g.title="Save"
    CommonDialogl.Action=2
End Sub
```

B．
```
Private Sub Commandl_Click()
    CommonDialogl.FileName="SaveFile"
    CommonDiaLogl.Filter="A11 Files|*.*|(*.txt)|*.txt|*.doc|*.doc"
    C0mmonDialogl.FilterIndex=1
    CommonDialogl.DialogTitle="Save"
    CommonDialogl.Action=2
End Sub
```

C．
```
Private Sub Cmmandl_Click()
    CommonDialogl.FileName="Save"
    CommonDialogl.FiLter="A11Files|*.*|(*.txt)|*.txt|(*.doc)|*.doc"
    CommonDialogl.Filterindex=2
```

```
            CommonDialogl.DialogTitle="SaveFile"
            CommonDialogl.Action=2
        End Sub
    D. Private Sub Commandl_Click()
            CommonDialogl.FileName="SaveFile"
            CommonDialogl.Filter="All Files|*.*|(*.txt)|*.txt|(*.doc)|*.doc"
            CommonDialogl.FilterIndex=1
            CommonDialogl.DialogTitle="Save"
            CommonDialogl.Action=1
        End Sub
```

2. 以下叙述中错误的是（　　）。（2004.4）

A. 下拉式菜单和弹出式菜单都用菜单编辑器建立

B. 在多窗体程序中，每个窗体都可以建立自己的菜单系统

C. 除分隔线外，所有菜单项都能接收 Click 事件

D. 如果把一个菜单项的 Enabled 属性设置为 False，则该菜单项不可见

3. 在窗体上画一个名称为 CommandDialog1 的通用对话框，一个名称为 Command1 的命令按钮。然后编写如下事件过程：

```
Private Sub Command1_Click()
        CommonDialog1.FileName =""
        CommonDialog1.Filter="All file|*.*|(*.DoC.|*.Doc|(*.Txt)|*.Txt"
        CommonDialog1.FilterIndex=2
        CommonDialog1.DialogTitle="VBTest"
        CommonDialog1.Action=1
    End Sub
```

对于这个程序，以下叙述中错误的是（　　）。（2004.9）

A. 该对话框被设置为"打开"对话框

B. 在该对话框中指定的默认文件名为空

C. 该对话框的标题为 VBTest

D. 在该对话框中指定的默认文件类型为文本文件（*.Txt）

4. 以下说法中正确的是：（　　）。（2006.9）

A. 任何时候都可以通过执行"工具"菜单中的"菜单编辑器"命令打开菜单编辑器

B. 只有当某个窗体为当前活动窗体时，才能打开菜单编辑器

C. 任何时候都可以通过单击标准工具栏上的"菜单编辑器"按钮打开菜单编辑器

D. 只有当代码窗口为当前活动窗口时，才能打开菜单编辑器

5. 在窗体上画一个通用对话框，其名称为 CommonDialog1，然后画一个命令按钮，并编写如下事件过程：

```
Private Sub Command1_Click()
        CommonDialog1.Filter="All File(*.*)|*.*|Text Files(*.txt)|*.txt| Executable Files(*.exe)|*.exe"
        CommonDialog1.FilterIndex=3
        CommonDialog1.ShowOpen
        MsgBox Commondialog1.FileName
    End Sub
```

程序运行后，单击命令按钮，将显示一个"打开"对话框，此时在"文件类型"框中显示的是（　　）。（2006.9）

A. All File(*.*)　　　　　　　　　　B. Text Files(*.txt)

C．Executable Files(*.exe)   D．不确定

6．在窗体上有 1 个名为 Cd1 的通用对话框，为了在运行程序时打开保存文件对话框，则在程序中应用的语句是（   ）。(2007.4)

A．Cd1.Action=2   B．Cd1.Action=1

C．Cd1.ShowSave=Ture   D．Cd1.ShowSave=0

7．下面关于菜单的叙述中错误的是（   ）。(2007.4)

A．各菜单中的所有菜单项的名称必须唯一

B．同一子菜单中的菜单项名称必须唯一，但不同子菜单中的菜单项名称可以相同

C．弹出式菜单用 PopupMenu 方法弹出

D．弹出式菜单也用菜单编辑器编辑

8．为使程序运行时通用对话框 CD1 上显示的标题为"对话框窗口"，若通过程序设置该标题，则应该使用的语句是（   ）。(2007.9)

A．CD1.DialogTitle="对话框窗口"

B．CD1.Action="对话框窗口"

C．CD1.FileName="对话框窗口"

D．CD1.Filter="对话框窗口"

9．下列关于通用对话框 CommonDialog1 的叙述中，错误的是（   ）。(2009.9)

A．只要在"打开"对话框中选择了文件，并单击"打开"按钮，就可以将选中的文件打开

B．使用 CommonDialog1.ShowColor 方法，可以显示"颜色"对话框

C．CancelError 属性用于控制用户单击"取消"按钮关闭对话框时，是否显示出错警告

D．在显示"字体"对话框前，必须先设置 CommonDialog1 的 Flags 属性，否则会出错

10．窗体上有一个名称为 CD1 的通用对话框控件和由四个命令按钮组成的控件数组 Command1，其下标从左到右分别为 0、1、2、3，窗体外观如下图所示。

命令按钮的事件过程如下：

```
Private Sub Command1_Click(Index As Integer)
    Select Case Index
        Case 0
            CD1.Action = 1
        Case 1
            CD1.ShowSave
        Case 2
            CD1.Action = 5
        Case 3
```

```
            End
        End Select
    End Sub
```

对上述程序，下列叙述中错误的是（　　　）。（2008.4）

    A．单击"打开"按钮，显示打开文件的对话框

    B．单击"保存"按钮，显示保存文件的对话框

    C．单击"打印"按钮，能够设置打印选项，并执行打印操作

    D．单击"退出"按钮，结束程序的运行

11．窗体上有一个用菜单编辑器设计的菜单。运行程序，并在窗体上单击鼠标右键，则弹出一个快捷菜单，如下图所示。

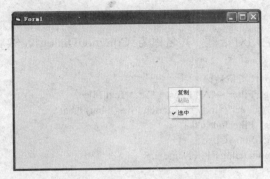

以下叙述中错误的是（　　　）。（2008.4）

    A．在设计"粘贴"菜单项时，在菜单编辑器窗口中设置了"有效"属性（有"√"）

    B．菜单中的横线是在该菜单项的标题输入框中输入了一个"—"（减号）字符

    C．在设计"选中"菜单项时，在菜单编辑器窗口中设置了"复选"属性（有"√"）

    D．在设计该弹出菜单的主菜单项时，在菜单编辑器窗口中去掉了"可见"前面的"√"

12．以下关于菜单的叙述中，错误的是（　　　）。（2009.3）

    A．当窗体为活动窗体时，用 Ctrl+E 键可以打开菜单编辑器

    B．把菜单项的 Enabled 属性设置为 False，则可删除该菜单项

    C．弹出式菜单在菜单编辑器中设计

    D．程序运行时，利用控件数组可以实现菜单项的增加或减少

二、填空题

1．在窗体上画 1 个命令按钮和 1 个通用对话框，其名称分别为 Command1 和 CommonDialog1，然后编写下列事件过程：

```
    Private Sub Command1_Click( )
        CommonDialog1._____="打开文件"
        CommonDialog1.Filter="All Files(*.*)|*.*"
        CommonDialog1.InitDir="C:\"
        CommonDialog1.ShowOpen
    End Sub
```

该程序的功能是：程序运行后，单击命令按钮，将显示"打开"文件对话框，其标题是"打开文件"，在"文件类型"栏内显示"All Files(*.*)"，并显示 C 盘根目录下的所有文件，请填空。（2006.4）

2．设窗体上有一个名称为 CD1 的通用对话框、一个名称为 Text1 的文本框和一个名称为 Command1 的命令按钮。程序执行时，单击 Command1 按钮，则显示打开文件对话框。操作者从中选择一个文本文件，并单击对话框中的"打开"按钮，则打开该文件，并读入一行文本，显示在 Text1 中。以下是实现此功能的事件过程，请填空。（2007.9）

```
Private Sub Command1_Click( )
    CD1.Filtetr="文本文件|*.txt|Word 文档|*.doc"
    CD1.FilterIndex=1:CD1.ShowOpen
    If CD1.FileName<>" " Then
        Open _____ For Input As #1
        Line Input #1,ch$
        Close #1:Text1.Text=_____
    End If
End Sub
```

3．在窗体上画一个通用对话框，其名称为 CommonDialog1，然后画一个命令按钮，并编写如下事件过程：

```
Private Sub Command1_Click()
    CommonDialog1.Filter = "All Files(*.*)|*.*|Text Files" _
                 & "(*.txt)|*.txt|Batch Files(*.bat)|*.bat"
    CommonDialog1.FilterIndex = 1
    CommonDialog1.ShowOpen
    MsgBox CommonDialog1.FileName
End Sub
```

程序运行后，单击命令按钮，将显示一个"打开"对话框，此时在"文件类型"框中显示的是_____；如果在对话框中选择 d 盘 temp 目录下的 tel.txt 文件，然后单击"确定"按钮，则在 MsgBox 消息框中显示的提示信息是_____。（2008.4）

第 10 章 多重窗体与环境应用

窗体是应用程序的编程窗口和对话框，之前介绍的 Visual Basic 程序都只有一个窗体，但是实际的 Windows 应用程序一般都较为复杂，而单一窗体无法满足需要，因此必须通过多重窗体（Multi-Form）来实现。多重窗体拥有多个并列的普通窗体，每个窗体都有自己的界面和程序代码，用于完成独立的操作和功能。

10.1 建立多重窗体应用程序

10.1.1 多重窗体的操作

1. 添加窗体

在多重窗体程序中，每个窗体都可以通过"工程"菜单中的"添加窗体"命令或者工具栏上的 🖳 按钮来打开"添加窗体"对话框，选择"新建"选项卡新建一个窗体或选择"现存"选项卡添加一个已经存在的窗体到当前工程中。

当添加一个已有的窗体到当前工程时，有两个问题需要注意：

（1）添加窗体与该工程内每个窗体的 Name 属性都不能相同，否则将不能被添加进来。

（2）在该工程内添加进来的现存窗体往往被多个工程共享，因此，对该窗体所做的改变，会影响到共享该窗体的所有工程。

2. 多重窗体程序设计的语句和方法

在单一窗体应用程序设计中，所有的操作都在一个窗体中完成，不需要在多个窗体间切换。而在多重窗体程序设计中，每个窗体在屏幕上显示之前，必须先"建立"，接着被载入（Load）内存，然后显示（Show）在屏幕上。当窗体暂时不需要时，可以从屏幕上隐藏（Hide），直到从内存中删除（Unload），这些操作都可以通过特定的语句和方法来实现，以下将详细介绍这些语句和方法。

（1）Load 语句。Load 语句是加载窗体语句。多窗体应用程序可以包含许多窗体，但是不一定要同时显示。窗体太多时，一方面会占用系统资源，另一方面影响程序界面的简洁。比较好的处理方式是：事先将窗体载入内存，然后再显示出来。Visual Basic 是通过 Load 语句来实现这个过程的。Load 语句的一般格式为：

   Load　窗体名称

该语句将一个窗体对象载入内存。执行 Load 语句后，虽然窗体没有被显示出来，但是仍然会进行 Form_Load 过程，还可以引用窗体中的控件及各种属性，因此可以将一些起始设置放在这里。"窗体名称"是窗体的 Name 属性。

（2）UnLoad 语句。卸载窗体语句。在确定不再使用某个窗体时，可以用 UnLoad 语句将该窗体卸载（在屏幕上关闭并从内存中清除）。其一般格式如下：

   UnLoad　窗体名称

与 Load 语句相类似，卸载窗体将运行 Form_UnLoad 事件过程，因此可以在该过程中设置保存文件、提示结束等操作。

（3）Show 方法。Show 方法用于显示窗体。其一般格式为：

[窗体名称.]Show[模式]

如果省略"窗体名称"，则显示当前窗体。

"模式"参数用来确定窗体的状态。可以取两种值，即 0 和 1（注意，这里这两个值不代表 False 和 True）。默认值为 0。

当"模式"值为 0 时，表示窗体为"非模态型"窗体（Modeless Form）。"非模态型"模式，指的是每个窗体都处于平等地位，不用关闭该窗体就可以对其他窗体进行操作。例如，打开一个记事本文件（*.txt），执行"编辑"菜单项中的"替换"命令，打开"替换"对话框。这时，用户不但可以在"替换"对话框中进行操作，也可以直接单击记事本文本编辑区中的任意一个地方，切换到记事本窗体，对文字进行操作。如果还要继续"替换"操作，直接单击"替换"对话框，切换回"替换"对话框。整个操作过程中，无须关闭任何一个窗口，如图 10-1 所示。

当"模式"值为 1（或常量 vbModal）时，表示窗体是"模态型"窗体（Modal Form）。在这种情况下，鼠标只在此窗体内起作用，不能到其他窗体内操作，只有在关闭该窗体后才能对其他窗体进行操作。还以记事本程序为例，打开一个记事本文件（*.txt），执行"文件"菜单项中的"页面设置"命令，打开"页面设置"对话框。这时，用户只能在"页面设置"对话框中进行设置，却无法直接切换回记事本文本编辑界面，如图 10-2 所示。如果单击记事本的窗体，程序将发出警告声，但还是无法切换到记事本窗体。如果还要继续在记事本窗体中操作，必须关闭"页面设置"对话框。

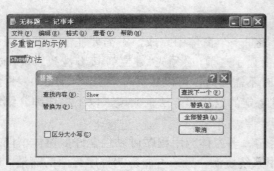
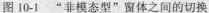

图 10-1　"非模态型"窗体之间的切换

图 10-2　模态型窗体

此外，还有一种窗体类型叫做"系统模态"型。比如，系统提示严重错误信息的对话框。当该对话框出现时，用户无法操作其他所有的窗体。

Show 方法兼有载入和显示窗体两种功能。也就是说，在执行 Show 时，如果窗体不在内存中，则 Show 自动把窗体载入内存，然后再显示出来。

（4）Hide 方法。Hide 方法用于隐藏窗体。该方法与前面的 UnLoad 方式不一样，它仅仅是使窗体隐藏，即不在屏幕上显示，但仍在内存中。其一般格式为：

[窗体名称.]Hide

以上格式中，"窗体名称"为待隐藏窗体的 Name 属性，如果省略窗体名称，则隐藏当前窗体。

多重窗体程序中，常用关键字 Me 来实现窗体的隐藏。Me 代表的是程序代码所在的窗体。例如，假定建立了一个窗体 Form1，则可通过下面的代码使该窗体隐藏：

>　　Forml.Hide

或者

>　　Me.Hide

这里应注意，"Me.Hide" 必须是 Form1 窗体或控件事件过程中的代码。

窗体是否隐藏，可以通过窗体的 Visible 属性来判断。如果 Visible 值为 False，则表示该窗体处于隐藏状态。一个窗体被卸载后，如果还要用到它，就必须重新加载，因此在重新显示的速度上可能有点慢；而使用 Hide 方法，窗体并没有被卸载，因此不需要重新加载，重新显示的速度很快，但是由于被隐藏的窗体一直存在于内存中，会占用一些内存空间。

3．窗体间数据的访问

在多重窗体程序中，不同窗体数据的存取分为两种情况：

（1）访问对象的属性。在当前窗体中要存取另一个窗体中某个控件的属性，表示如下：

>　　**另一个窗体名[.对象名].属性**

例如，设置当前窗体 Form1 中的 Text1.Text 的值为 Form2 窗体中的 Text1 和 Text2 两个控件的数值和，语句表示如下：

>　　Text1.Text = Val(Form2.Text1.Text) + Val(Form2.Text2.Text)

（2）访问变量。当一个窗体中的变量被声明为全局（Public）变量时，可以被其他窗体访问，可表示如下：

>　　**另一个窗体名.全局变量**

如果在 Form1 的通用声明中已定义 Public X As Integer，则在 Form2 中访问 Form1 的变量 X，访问方法如下：

>　　Form1.X

为了使用方便起见，一般把要在多个窗体中访问的变量放在标准模块中声明，标准模块将在 10.3 节中详细介绍。

4．删除窗体

要删除一个窗体，可以在"工程"菜单中选择"移除"命令，或者在工程资源管理器中选中要删除的窗体，按鼠标右键选择"移除"命令。

多重窗体是单一窗体的集合，而单一窗体相当于多重窗体程序的元素。有了单一窗体程序设计的基础，就能够轻松实现多重窗体的程序设计。

10.1.2　多重窗体应用程序的设计举例

例 10.1　输入学生五门课的成绩，得出总分、平均分并能显示计算结果。

根据要求，本例中需要有三个窗体分别作为本应用程序的主窗体、输入和输出窗体，同时还需要有一个标准模块 Module，用于存放多窗体间共用的全局变量声明。各窗体的名称和功能见表 10-1。

表 10-1　各独立窗体的名称和功能

窗体	名称	功能
多重窗体示例	Form1	主窗体
输入成绩	Form2	输入窗体
计算成绩	Form3	输出窗体

下面分别建立各个窗体，并设置其属性。

（1）运行 VB，新建一个应用程序。首先进行主窗体的设计。主窗体上有一个标签和三个命令按钮，三个按钮分别实现切换到输入成绩窗体及计算成绩窗体和结束的功能。调整各控件的大小和位置，最终界面如图 10-3 所示。

（2）执行"工程"菜单中"添加窗体"命令，添加一个窗体。在该窗体上分别建立五个标签、五个文本框和一个命令按钮，调整各控件在窗体上的位置，如图 10-4 所示。

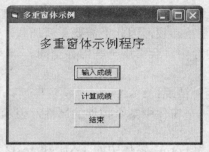

图 10-3　主窗体

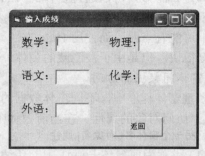

图 10-4　输入成绩窗体

（3）计算成绩窗体用于显示学生平均成绩和总分，在新添加的窗体 Form3 中，建立两个标签、两个文本框和一个命令按钮。该窗体外观如图 10-5 所示。

所有窗体设计完成后，在工程资源管理器窗口中会列出已建立的窗体文件名称，如图 10-6 所示。窗体文件名称与窗体的 Name 属性值相同，但加上了扩展名.frm。

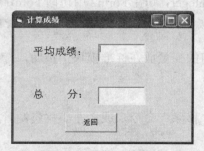

图 10-5　计算成绩窗体

图 10-6　工程窗口中的窗体列表

利用工程资源管理器窗口，可以对工程中任意一个窗体及其代码进行修改。操作步骤为：单击要修改的窗体文件名，然后单击窗口上部的"查看对象"按钮，即可显示相应的窗体；而如果单击"查看代码"按钮，则可显示相应的程序代码窗口。对每个窗体及其代码的输入、编辑等操作，与单一窗体完全相同。

对于单一窗体程序来说，工程资源管理器窗口的作用并不很大，因为在屏幕上显示的只有一个窗体。在由多个窗体组成的程序中，情况就不同了。在设计阶段，可能有多个窗体同时出现在屏幕上，为了对某个窗体进行操作，必须把它变为活动窗体，这可以通过在工程资源管理器窗口中选择所需要的窗体名来实现。前面已经讲过，可以用 3 种方法打开工程资源管理器窗口：执行"视图"菜单中的"工程资源管理器"命令、按 Ctrl+R 组合键或单击工具栏中的"工程资源管理器"按钮。

窗体设计完毕，下一步就是程序代码的编写。在多窗体应用程序中，各个窗体之间是独立的，因此需要针对每个窗体编写程序代码，其编写方法与单一窗体相同。只要在工程资源管理器窗口中选择所需要的窗体文件，然后单击"查看代码"按钮，就可以进入相应窗体的程序代码窗口。

分析，本例程序的执行顺序如下：

（1）显示主窗体。

（2）单击"输入成绩"按钮，主窗体消失，显示输入成绩窗体。

（3）在输入成绩窗体的五个文本框中分别输入学生各科的成绩，单击"返回"按钮，输入成绩窗体消失，返回主窗体界面。

（4）单击"计算成绩"按钮，计算出平均成绩和总分，同时主窗体消失，进入到计算成绩界面，在两个文本框中显示出平均成绩和总分。

根据以上分析，分别编写各窗体的代码：

（5）主窗体程序：主窗体有三个命令按钮，分别为三个按钮编写事件过程。

```
'"输入成绩"按钮
Private Sub Command1_Click(Index As Integer)
        Form1.Hide
        Form2.Show
End Sub
'"计算成绩"按钮
Private Sub Command2_Click()
        Form1.Hide
        Form3.Show
End Sub
'"结束"按钮
Private Sub Command3_Click()
        End
End Sub
```

（6）以下采用两种方法来实现：

方法一：通过标准模块内声明的全局变量

首先，通过"工程"菜单中的"添加模块"命令来新建一个标准模块 Module，用于存放多窗体间共用的全局变量声明，即：

```
Public sMath!, sChinese!, sPhysics!, sChemistry!, sEnglish!
'Form2 窗体的 Command1_Click()事件过程用于将文本框输入的值赋值给全局变量
Private Sub Command1_Click()
        sMath = Val(Text1.Text)
        sChinese = Val(Text2.Text)
        sEnglish = Val(Text3.Text)
        sPhysics = Val(Text4.Text)
        sChemistry = Val(Text5.Text)
        Form2.Hide
        Form1.Show
End Sub
'Form3 窗体的 Form_Activate()事件过程用于计算总分和平均分并显示
Private Sub Form_Activate()
        Dim sTotal As Single
        sTotal = sMath + sPhysics + sChemistry + sChinese + sEnglish
        Text1.Text = sTotal / 5
        Text2.Text = sTotal
End Sub
```

方法二：直接利用控件，在 Form3 窗体的 Form_Activate()事件过程实现同样的效果：

```
'Form2 窗体的 Command1_Click()事件过程用于返回主窗体
Private Sub Command1_Click()
        Form2.Hide
        Form1.Show
End Sub
'Form3 窗体的 Form_Activate()事件通过存取 Form2 控件计算总分和平均分
Private Sub Form_Activate()
        Dim total As Single
        With Form2
        total=Val(.Text1.Text)+Val(.Text2.Text)+Val(.Text3.Text)+Val(.Text4.Text)+Val(.Text5.Text)
        End With
        Text1.Text = total / 5
        Text2.Text = total
End Sub
```

10.2 多重窗体程序的执行和保存

以上学习了多重窗体应用程序的设计，在该例程序中主要用到了窗体的显示、隐藏和卸载等操作。接下来将学习多重窗体程序的执行和保存。

10.2.1 多重窗体程序的执行

执行"工程"菜单中"添加窗体"命令，就可以添加新的窗体。新窗体的默认名称为 Form2，其默认状态为隐藏。因此，在程序设计阶段虽然能看到 Form1 和 Form2 两个窗体，但是运行后只能看到 Form1。如果要看到 Form2 窗体，则需要执行 Form2 的 Show 方法。

如果要让应用程序在刚开始就运行 Form2 窗体，就必须将 Form2 设置为启动窗体。启动窗体通过"工程"菜单中的"工程属性"命令来指定。执行该命令后，将打开"工程属性"对话框，单击该对话框中的"通用"选项卡，将显示如图 10-7 所示的对话框。

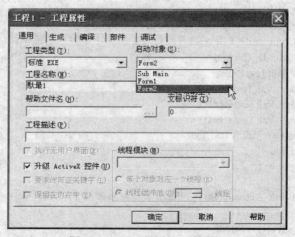

图 10-7 "工程属性"对话框

在对话框的"启动对象"下拉列表框中选择 Form2，单击对话框下面的"确定"按钮，就可以将 Form2 窗体设置为应用程序启动时打开的窗体。

从上图"启动对象"下拉列表框中还可以看到，除了两个窗体外，还有一个 Sub Main 过程的选项。Sub Main 其实是一个用户自己设置的过程，只是它的过程名一定要取为 Main。这个 Main 过程必须放在从"工程"菜单中选择"添加模块"所添加的程序模块中。由于可以在Main 过程中写一些与窗体无关的程序，因此有可能开发出一个没有窗体的应用程序，例如Windows 系统的一些后台应用程序等。

10.2.2　多重窗体程序的保存

单一窗体应用程序的保存比较简单，执行"文件"菜单中的"保存工程"或者"工程另存为"命令，可以把窗体文件以.frm 为扩展名保存下来，工程文件以.vbp 为扩展名保存。多重窗体应用程序的保存要复杂一些。因为每个窗体都要作为一个窗体文件保存，而所有窗体文件又要作为一个工程保存下来。

1. 保存多重窗体应用程序

保存多重窗体工程文件的方法为：

（1）将工程中的工程名和其中各个窗体的名称按照程序设计要求命名，这样可以保证存盘的文件名与之相对应。

（2）如果该工程是建立后的第一次存盘，可以直接执行"文件"菜单中的"保存工程"命令，系统将弹出一个如图 10-8 所示的"文件另存为"对话框，并自动将最后一个建立的窗体以.frm 为扩展名的文件名（图 10-8 中，最后一个窗体的文件名为 Form3.frm）列入到对话框的文件名栏中，用户在选定存储文件的目录路径后，单击"保存"按钮即可完成该窗体的操作。

（3）"文件另存为"对话框在保存完最后建立的窗体后并不关闭，接着还将在文件名栏中显

图 10-8　保存窗体文件对话框

示出最后建立的窗体前一个窗体的窗体名，扩展名依然为.frm，让用户进行保存操作。依此类推，直到所有的窗体都保存完毕。

（4）最后，"文件另存为"对话框的文件名栏中将会出现一个"工程 1.vbp"的文件名，这时，单击"保存"按钮，就可以完成多重窗体全部文件的保存了。如果程序中还建立了标准模块文件，则系统会在上述操作过程中，以.bas 为扩展名进行存盘。

需要注意的是，窗体或者工程文件存盘后，如果需要进行重新修改，则可以执行"文件"菜单中的"保存工程"命令把修改后的文件存盘。此时，不再显示对话框，而是将窗体文件和工程文件以原来命名的文件名存盘。

2. 装入多重窗体程序

工程保存后，当需要再次打开时，可以有两种方法。

● 方法一：直接使用"资源管理器"，找到工程文件（.vbp）后，双击该文件则进入 Visual
　　Basic 集成环境并调入目标工程。

● 方法二：执行 Visual Basic 集成环境中"文件"菜单的"打开工程"命令，在"打开
　　文件"对话框中选择工程文件打开。

需要注意的是，在多重窗体工程中，存盘后生成多个窗体文件，如果将其中某个窗体打

开，将产生一个新的工程，该工程只有一个窗体。因此，打开工程必须打开其工程文件。

3. 多重窗体程序的编译

多重窗体程序可执行文件（.exe）的生成方法如下：

（1）执行"文件"菜单中的"生成 xxxx.exe"命令，其中"xxxx"代表着当前工程的名称。系统将弹出一个"生成工程"对话框，如图 10-9 所示，可以生成一个与工程同名的可执行文件，如果要修改可执行文件的文件名，可以直接在文件名栏中修改。

（2）如果想要设置关于生成的可执行文件的属性，可以单击"生成工程"对话框右下角的"选项"按钮，打开一个"工程属性"对话框进行设置。

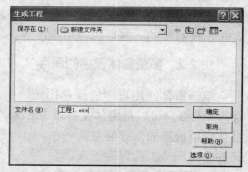

图 10-9　"生成工程"对话框

10.3　Visual Basic 工程结构

在 Visual Basic 的工程结构中，处于最顶层的是由工程组成的工程组（扩展名为.vbg），次一级结构是组成工程组的工程（扩展名为.vbp），工程又是由若干个窗体模块（扩展名为.frm）、标准模块（.bas）和类模块（.cls）组成。这些模块都是相对独立的，各自都需要用一个单独的文件来保存。各个模块内又分别包含着自己的一些声明和过程。例如，窗体模块中就有窗体声明、通用过程和事件过程。Visual Basic 工程的结构如图 10-10 所示。

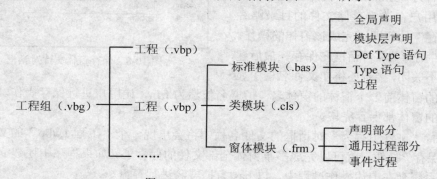

图 10-10　Visual Basic 工程的结构图

10.3.1　模块

模块（Module）是相对独立的单元，是用于存放一般性过程、函数、变量的地方。将不同属性、不同功能的程序单元（即模块）分开设计和管理，可以使程序变得更加有条理性。

Visual Basic 中主要有三种模块：窗体模块、标准模块和类模块。

1. 窗体模块

窗体模块包括 3 部分内容：声明部分、通用过程部分和事件过程部分。在声明部分中，用 Dim 语句声明窗体模块所需要的变量，其作用域为整个窗体模块，包括该模块内的每个过程。注意，在窗体模块代码中，声明部分一般放在最前面，而通用过程和事件过程的位置没有严格限制。

在声明部分执行之后，Visual Basic 在事件过程部分查找启动窗体中的 Sub Form_Load 过程。该过程发生在把窗体载入内存时所发生的事件中。如果存在这个过程，则自动执行。在执行完 Sub Form_Load 过程之后，如果窗体模块中还有其他事件过程，则暂停程序的执行，并等待激活事件过程。

在 Visual Basic 中，Sub Form_Load 可以含有语句，也可以不含有任何指令。当该过程为空时，Visual Basic 将显示相应的窗体。如果在该过程中含有可由 Visual Basic 触发的事件，则执行触发事件过程。在执行 Sub Form_Load 过程之后，将暂停指令执行，等待用户触发下一个事件。从表面上看，此时程序似乎什么事也没做，但应用程序仍处于运行（Run）状态，而不是中断（Break）状态。在 Visual Basic 中，可以运行一个不含有任何源代码的应用程序。程序运行后，在屏幕上显示一个空窗体（通常为 Form1）。这样的程序称为零指令程序。

窗体模块中的通用过程可以被本模块或其他窗体模块中的事件过程调用。

在窗体模块中，可以调用标准模块中的过程，也可以调用其他窗体模块中的过程，被调用的过程必须用 Public 定义为公用过程。标准模块中的过程可以直接被调用（当过程名唯一时），而如果要调用其他窗体模块中的过程，则必须加上过程所在窗体的名字，其格式为：

窗体名.过程名（参数表列）

2. 标准模块

标准模块也称全局模块，由全局变量声明、模块层声明及通用过程等几部分组成。其中全局变量声明放在标准模块的首部，因为每个模块都可能要求有它自己具有唯一名字的全局变量，因此全局变量声明总是在启动时执行。模块层声明包括在标准模块中使用的变量和常量。

当需要声明的全局变量较多时，可以把全局变量声明放在一个单独的标准模块中，这样的标准模块中仅含有全局变量声明而不含任何过程，因此 Visual Basic 解释程序不对它进行任何指令解释。这样的标准模块在所有基本指令开始之前处理。在标准模块中，全局变量用 Public 声明，模块层变量用 Dim 或 Private 声明。

在大型应用程序中，主要操作在标准模块中执行，窗体模块用来实现与用户之间的通信。但在只使用一个窗体的应用程序中，全部操作通常用窗体模块就能实现。在这种情况下，标准模块不是必需的。

标准模块通过"工程"菜单中的"添加模块"命令来建立或打开。执行该命令后，显示"添加模块"对话框，如图 10-11 所示。利用这个对话框，可以建立新模块（选择"新建"选项卡），也可以把已有模块添加到当前工程中（选择"现存"选项卡，打开文件对话框）。单击"打开"按钮，即可打开标准模块代码窗口，可在该窗口内键入或修改代码。在编辑完代码之后，可以用"文件"菜单中的"保存文件"命令存盘。标准模块作为独立的文件存盘，其扩展名为.bas。

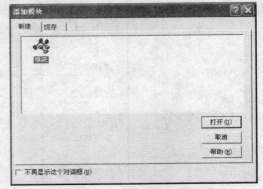

图 10-11 "添加模块"对话框

一个工程文件可以有多个标准模块，也可以把原有的标准模块加入工程中。当一个工程中含有多个标准模块时，各模块中的过程不能重名。当然，一个标准模块内的过程也不能重名。

　　Visual Basic 通常从启动窗体指令开始执行。在执行启动窗体的指令前，不会执行标准模块中的 Sub 或 Function 过程，只能在窗体指令（窗体或控件事件过程）中调用。

10.3.2　Sub Main 过程

　　在一个含有多个窗体或多个工程的应用程序中，有时候需要在显示多个窗体之前对一些条件进行初始化，这就需要在启动程序时执行一个特定的过程。在 Visual Basic 中，这样的过程称为启动过程，并命名为 Sub Main，它类似于 C 语言中的 Main 函数。

　　一般情况下，整个应用程序从设计时的第一个窗体开始执行，需要首先执行的程序代码放在第一个窗体或其控件的事件过程中。如果需要从其他窗体开始执行应用程序，则可通过"工程"菜单中的"工程属性"命令（"通用"选项卡）指定启动窗体。但是，如果有 Sub Main 过程，则可以首先执行 Sub Main 过程。

　　Sub Main 过程位于标准模块中。要想建立该过程，需要按照以下步骤进行：

　　（1）执行"工程"菜单中"添加模块"命令，在"添加模块"对话框中选择"模块"图标，单击"打开"按钮，即打开标准模块窗口，在该窗口中键入：

　　　　Sub Main

　　（2）然后按回车键，将显示该过程的开头和结束语句，即可在两个语句之间输入程序代码。

　　Sub Main 过程位于标准模块中。一个工程可以含有多个标准模块，但 Sub Main 过程只能有一个。Sub Main 过程通常是作为启动过程编写的，也就是说，程序员编写 Sub Main 过程，总是希望该过程成为第一个被执行的过程。但是在 Visual Basic 中，Sub Main 过程不能被自动识别，也就是说，Visual Basic 并不能自动把它作为启动过程，必须通过与设置启动窗体类似的方法把它指定为启动过程。其操作步骤需要按照以下顺序进行。

　　（3）执行"工程"菜单中的"工程属性"命令，在打开的对话框中单击"通用"选项卡，将显示一个"工程属性"对话框。

　　（4）单击该对话框中"启动对象"下拉列表框右端的箭头，将显示窗体模块内的窗体名列表，Sub Main 过程出现在列表的第一位，如图 10-12 所示。

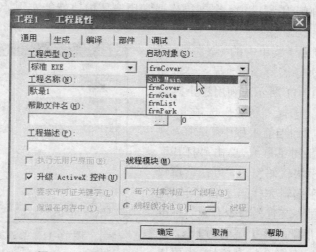

图 10-12　指定 Sub Main 为启动的第一个过程

　　（5）单击"确定"按钮，即可把 Sub Main 指定为启动过程。

10.4　闲置循环与 DoEvents 语句

Visual Basic 是事件驱动型的程序设计语言。在一般情况下，只有发生事件时才执行相应的程序。也就是说，如果没有事件发生，则应用程序将处于"闲置"（idle）状态。另一方面，当 Visual Basic 执行一个过程时，将停止对其他事件（如鼠标事件）的处理，直到执行完 End Sub 或 End Function 指令为止。也就是说，即使在 Windows 的多任务环境下，如果 Visual Basic 处于"忙碌"状态，事件过程只能在队列中等待，直至当前过程结束。

如果想在应用程序中实现在运行长循环时也能响应外部事件，那么，理解操作系统如何处理各种应用程序中的任务显得尤其重要。Windows 是抢先式多任务操作系统，这意味着后台任务可以有效地共享空闲的 CPU 时间。这些后台任务可能来自正在使用的应用程序，也可能来自其他应用程序，或许还可能来自某些系统控制的事件。但是正在使用的应用程序总是处于优先的地位，这就保证鼠标和键盘总是直接做出响应。

在长时间任务运行期间，应用程序无法响应用户的输入。因此应为鼠标事件或键盘事件编写代码，使用户能够中断或取消后台处理。Visual Basic 提供了 DoEvents 语句和闲置循环（idle loop）作为取消任务的方法。

10.4.1　DoEvents 语句

所谓闲置循环，就是当应用程序处于闲置状态时，用一个循环来执行其他操作。但是，当执行闲置循环时，将占用全部 CPU 时间，不允许执行其他事件过程，使系统处于无限循环中，没有任何反应。为此，Visual Basic 提供了一个 DoEvents 语句。当执行闲置循环时，可以用它把控制权交给周围环境使用，然后回到原来程序继续执行。

DoEvents 既可以作为语句使用，也可以作为函数使用，一般格式为：

[变量名=] DoEvents [( )]

DoEvents 当作为函数使用时，将返回当前装入 Visual Basic 应用程序工作区的窗体数目；DoEvents 当作语句使用时，可以省略前、后的选择项。以下将通过两个实例来说明 DoEvents 语句的作用。

首先，编写一个简单的长时间循环程序。在运行该程序后，计算机在循环时间内不对其他事件响应。程序代码如下：

```
'开始长时间的循环过程
Private Sub Command1_Click()
    Dim I As Integer
    For I = 1 To 25000
        Cls            '清除窗体中的文本
        Print I        '在窗体中显示循环次数
    Next I
End Sub
'Label 控件上显示时间的事件
Private Sub Timer1_Timer()
    Label1.Caption = Time
End Sub
```

运行以上代码，在程序界面上单击命令按钮执行循环时，它将取得应用程序的控制权。由于 Windows 是个多任务环境，所以也能切换到另一个应用程序。但此时，Form_Load 应用程序仿佛被冻结了，无法缩放或移动应用程序的主窗体，并且标签框显示的时间是循环开始时间。这是因为执行循环的代码不让 Windows 有处理显示事件和移动窗体的机会。可见，运行长时间的循环会占用 CPU 很多的时间，以至于不能及时响应其他事件的发生。读者可以自行验证以上过程。

这时，如果在长时间的循环过程中放入一个 DoEvents 语句，现在再运行应用程序，在循环运行当中应用程序不再冻结，可移动窗体、标签中也能够显示当前的时间了。因此，加入 DoEvents 语句后，可以在执行循环的过程中进行其他操作。如果没有 DoEvents，则在程序运行期间不能进行任何其他操作。代码如下所示：

```
Private Sub Command1_Click()
    Dim I As Integer
    For I = 1 To 25000
        Cls            '清除窗体中的文本
        Print I        '在窗体中显示循环次数
    DoEvents
    Next I
End Sub
```

10.4.2 闲置循环

编写"闲置循环"的方法很简单。以下将编写一个简单的小程序来试验闲置循环和 DoEvents 语句。

例 10.2 编写程序，试验闲置循环和 DoEvents 语句。

（1）运行 VB，新建一个应用程序。在窗体上添加两个命令按钮、一个 Label 控件和一个文本框控件。将命令按钮的 Caption 属性分别设置为"暂停循环"和"退出"。设计好的窗体，如图 10-13 所示。

（2）执行"工程"菜单中的"添加模块"命令，打开标准模块容器，添加如下代码：

图 10-13　程序设计界面

```
Dim i As Long
Sub Main()
    Form1.Show
    Do While DoEvents
        Form1.Label1.Caption=i
        i = i + 1
    Loop
End Sub
```

（3）为 Form1 添加如下代码：

```
'处理命令按钮的 Click 事件
Private Sub Command1_Click()
    Text1.Text = "现在闲置循环暂停，单击确定后，又将进入循环"
    MsgBox "进入循环？"
End Sub
'退出应用程序
Private Sub Command2_Click()
    End
End Sub
```

（4）将 Sub Main 设置为启动过程。

按 F5 键运行程序，由于没有事件发生，应用程序进入闲置循环，程序界面上 Label 控件中的内容在不断变化。当单击"暂停循环"命令按钮时，循环暂停，文本框显示"现在闲置循环暂停，单击确定后，又将进入循环"，单击消息框中的"确定"按钮，继续循环，如图 10-14 所示。如果单击"退出"按钮，则退出程序。

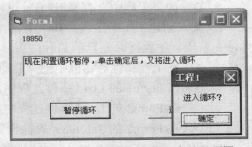

图 10-14 闲置循环暂停后程序的界面图

需要说明的是，DoEvents 给程序执行带来一定的方便，但不能不分场合地使用。有时候，应用程序的某些关键部分可能需要独占计算机时间，以防止被键盘、鼠标或其他程序中断，在这种情况下，不能使用 DoEvents 语句。例如，当程序从调制解调器接收信息时，就不能用 DoEvents。

习题十

一、选择题

1. 在 Visual Basic 集成环境中，要添加一个窗体，可以单击工具栏上的一个按钮，这个按钮是（   ）。（2010.9）

    A. ⬚   B. ⬚   C. ⬚   D. ⬚

2. 以下不属于 Visual Basic 系统的文件类型是（   ）。（2003.9）

    A. .frm   B. .bat   C. .vbg   D. .vbp

3. 在多窗体的应用程序中，当前窗体模块的 Form_Click 事件过程中包含如下语句，单击该窗体，其中（   ）一定可以将 Hello 显示在当前窗体上。（2002.4）

    A. Form1.Print "Hello"   B. Me.Print "Hello"

    C. Debug.print "Hello"   D. Form2.Print "Hello"

4. 下面关于标准模块的叙述中错误的是（   ）。（2010.3）

    A. 标准模块中可以声明全局变量

    B. 标准模块中可以包含一个 Sub Main 过程，但此过程不能被设置为启动过程

    C. 标准模块中可以包含一些 Public 过程

    D. 一个工程中可以含有多个标准模块

5. 下面关于标准模块的叙述中，错误的是（   ）。（2009.9）

    A. 标准模块不完全由代码组成，还可以有窗体

    B. 标准模块中的 Private 过程不能被工程中的其他模块调用

    C. 标准模块的文件扩展名为.bas

    D. 标准模块中的全局变量可以被工程中的任何模块引用

6. 如果一个工程含有多个窗体及标准模块，则以下叙述中错误的是（   ）。（2005.9）

    A. 任何时刻最多只有一个窗体是活动窗体

    B. 不能把标准模块设置为启动模块

    C. 用 Hide 方法只是隐藏一个窗体，不能从内存中清除该窗体

D．如果工程中含有 Sub Main 过程，则程序一定首先执行该过程

7．某人创建了 1 个工程，其中的窗体名称为 Form1；之后又添加了 1 个名为 Form2 的窗体，并希望程序执行时先显示 Form2 窗体，那么，他需要做的工作是（　　）。（2007.4）

A．在工程属性对话框中把"启动对象"设置为 Form2

B．在 Form1 的 Load 事件过程中加入语句 Load Form2

C．在 Form2 的 Load 事件过程中加入语句 Form2.Show

D．在 Form2 的 TabIndex 属性设置为 1，把 Form1 的 TabIndex 属性设置为 2

8．假定一个 Visual Basic 应用程序由一个窗体模块和一个标准模块构成。为了保存该应用程序，以下正确的操作是（　　）。（2005.9）

A．只保存窗体模块文件

B．分别保存窗体模块、标准模块和工程文件

C．只保存窗体模块和标准模块文件

D．只保存工程文件

9．以下关于多重窗体程序的叙述中，错误的是（　　）。（2004.9）

A．用 Hide 方法不但可以隐藏窗体，而且能够清除内存中的窗体

B．在多重窗体程序中，各窗体的菜单是彼此独立的

C．在多重窗体程序中，可以根据需要指定启动窗体

D．对于多重程序窗体程序中，而且单独保存每个窗体

10．以下叙述中错误的是（　　）。（2006.9）

A．打开一个工程文件，系统自动装入与该工程有关的窗体文件

B．保存 Visual Basic 程序时，应分别保存窗体文件及工程文件

C．Visual Basic 应用程序只能以解释方式执行

D．窗体文件包含该窗体及其控件的属性

11．以下叙述中错误的是（　　）。（2003.9）

A．在工程资源管理器窗口中只能包含一个工程文件及属于该工程的其他文件

B．以.BAS 为扩展名的文件是标准模块文件

C．窗体文件包含该窗体及其控件的属性

D．一个工程中可以含有多个标准模块文件

12．以下叙述中，错误的是（　　）。（2006.4）

A．一个 Visual Basic 应用程序可以含有多个标准模块文件

B．一个 Visual Basic 工程可以含有多个窗体文件

C．标准模块文件可以属于某个指定的窗体文件

D．标准模块文件的扩展名是.bas

13．以下叙述中错误的是（　　）。（2006.9）

A．一个工程中可以包含多个窗体文件

B．在一个窗体文件中用 Public 定义的通用过程不能被其他窗体调用

C．窗体和标准模块需要分别保存为不同类型的磁盘文件

D．用 Dim 定义的窗体层变量只能在该窗体中使用

14．设工程文件包含两个窗体文件 Form1.frm、Form2.frm 及一个标准模块文件 Module1.bas，两个窗体上分别只有一个名称为 Command1 的命令按钮。

Form1 的代码如下：

```
Public X As Integer
Private Sub Form_load()
    x=1
    y=5
End sub
```

Form2 的代码如下：

```
Private Sub Command1_Click()
    Print Form1.x,y
End Sub
```

Module1 的代码如下：

```
Public y As Integer
```

运行以上程序，单击 Form1 的命令按钮 Command1，则显示 Form2；再单击 Form2 上的命令按钮 Command1，则窗体上显示的是（　　　）。(2008.4)

    A．1　5　　　　　B．0　5　　　　　C．0　0　　　　　　　D．程序有错

二、填空题

设工程中有 Form1、Form2 两个窗体。Form1 窗体外观如图 1 所示。程序运行时，在 Form1 中名称为 Text1 的文本框中输入一个数值（圆的半径），然后单击命令按钮"计算并显示"（其名称为 Command1），则显示 Form2 窗体，且根据输入的圆的半径计算圆的面积，并在 Form2 的窗体上显示出来，如图 2 所示，如果单击命令按钮时，文本框中输入的不是数值，则用信息框显示"请输入数值数据！"请填空。(2009.9)

```
Private Sub Command1_Click()
If Text1.Text = "" Then
    MsgBox "请输入半径！"
ElseIf Not IsNumeric_____(1)_____Then
    MsgBox "请输入数值数据！"
Else
    r = Val_____(2)_____
    Form2.Show
    _____(3)_____.Print "圆的面积是" & 3.14 * r * r
End If
End Sub
```

图 1

图 2

第 11 章　键盘与鼠标事件过程

键盘与鼠标是用户与计算机进行交互操作的重要工具。在 Visual Basic 应用程序中，通过键盘事件过程的使用，可以处理当按下或释放键盘上某个键（或者键组合）时所执行的操作；通过鼠标事件过程的使用，可以处理与鼠标光标的移动和位置有关的操作。本章主要介绍键盘与鼠标事件过程。

11.1　键盘事件

在 VB 中，重要的键盘事件有三个，其分别为 KeyPress 事件，KeyDown 事件和 KeyUp 事件。

11.1.1　KeyPress 事件

当用户在程序中按下键盘上的某个会产生 ASCII 码的键时，Windows 将在当前的焦点窗口（活动窗口）触发一个 KeyPress 事件，然后传递给拥有焦点的控件。该事件可用于窗体、复选框、组合框、命令按钮、列表框、图片框、文本框、滚动条以及其他控件。在某个时刻，输入焦点只能位于某个控件上，如果窗体上没有活动的或者可见的控件，则输入焦点位于窗体上。

需要说明的是，并不是按下键盘上的任意一个键都会触发 KeyPress 事件，只有会产生 ASCII 码的按键才能触发该事件，包括数字、大小写的字母、Enter、Backspace、Esc、Tab 等键。比如，方向键（↑、↓、←、→）不会产生 ASCII 码，不能触发 KeyPress 事件。

KeyPress 事件的典型过程如下：

```
Private Sub ControlName_KeyPress (KeyAscii As Integer)
    语句块
End Sub
```

其中：

- ControlName 是被触发事件的控件名称。
- KeyPress 是事件的名称。
- KeyAscii 是按下字符所对应的 ASCII 码。
- KeyPress 与被按键相连。当该事件被触发时，Visual Basic 把被按键的 ASCII 码传送给 KeyAscii 参数，从而在事件过程中可以对该值进行处理。

上述模板的参数形式主要用于单个控件。KeyPress 事件的参数还有一种适用于控件数组的形式，如下所示：

```
Private Sub ControlName_KeyPress (Index as Integer, KeyAscii as Integer)
    语句块
End Sub
```

从以上代码可以看出，控件数组比单个控件多了一个参数 Index（数组序号），它主要用来识别 KeyPress 事件是发生在控件数组的哪一个元素上，而它的 KeyAscii 参数作用与单个控件的完全相同。

定义 KeyPress 事件过程的方法是在窗体上画一个可以触发 KeyPress 事件的控件，然后双击该控件，打开程序代码窗口，再从代码窗口右上侧的过程框中选取 KeyPress 事件，系统会在下方的代码编写框中显示出该事件过程的代码框架，这时，用户就可以在该框架中输入自己需要的过程代码了。

例 11.1　假定窗体上有一个文本框，只允许输入 0～9 的数字，如果输入了其他字符，则响铃（Beep），并且消除该字符。

（1）首先，创建一个窗体，并在窗体上添加一个 TextBox 控件，该控件的 Name 属性值为 Text1。

（2）在 TextBox 控件的 KeyPress 的事件过程中添加如下代码：

```
Private Sub Text1_KeyPress(KeyAscii As Integer)
    If KeyAscii<48 Or KeyAscii>57 Then
        Beep
        KeyAscii=0
    End If
End Sub
```

11.1.2　KeyDown 和 KeyUp 事件

KeyDown 事件是用户按下键盘上某个键时产生的事件。KeyUp 事件是用户松开被按下的键盘上某个键时产生的事件。这两个事件的适用范围和定义事件过程的方法，与 KeyPress 事件的基本相同。以下是一个命令按钮控件的 KeyDown 和 KeyUp 事件过程的模板：

```
Private Sub ControlName_KeyDown(KeyCode As Integer, Shift As Integer)
    语句块
End Sub
```

和

```
Private Sub ControlName_KeyUp(KeyCode As Integer, Shift As Integer)
    语句块
End Sub
```

其中：

- Private 为事件的作用范围。
- Sub 表示一个过程。
- ControlName 是被触发事件的控件名称。
- KeyDown 和 KeyUp 是事件的名称。
- KeyCode 是按键的实际 ASCII 码。该码以"键"为准，而不是以"字符"为准。也就是说，大写字母和小写字母使用同一个键，它们的 KeyCode 相同。但是，大键盘上的数字键与数字键盘上相同的数字键的 KeyCode 是不一样的。对于有上档字符和下档字符的键，其 KeyCode 为下档字符的 ASCII 码。
- Shift 是一个整数，它指的是 3 个转换键的状态，包括 Shift、Ctrl 和 Alt，这 3 个键分别以二进制形式表示，每个键有 3 位，即 Shift 键位 001、Ctrl 键位 010、Alt 键位 100。当 Shift 键被按下时，Shift 参数值为 001；当 Ctrl 键被按下时，Shift 参数值为 010；当 Alt 键被按下时，Shift 参数值为 100。如果同时按下这两个或者三个转换键，则 Shift 参数值为上述两者或者三者之和。因此，Shift 参数一共可取 8 个值，见表 11-1。

表 11-1　Shift 参数的值

二进制数	十进制数	按下的转换键
000	0	无
001	1	Shift 键
010	2	Ctrl 键
011	3	Ctrl 键+Shift 键
100	4	Alt 键
101	5	Alt 键+Shift 键
110	6	Alt 键+Ctrl 键
111	7	Alt 键+Shift 键+Ctrl 键

　　跟 KeyPress 事件相类似，KeyDown 和 KeyUp 事件的参数也有一种适用于控件数组的形式。下面是命令按钮控件数组的 KeyDown 和 KeyUp 事件过程的模板：

```
Private Sub ControlName_KeyDown(Index as Integer, KeyCode As Integer, Shift As Integer)
    语句块
End Sub
```

和

```
Private Sub ControlName_KeyUp(Index as Integer, KeyCode As Integer, Shift As Integer)
    语句块
End Sub
```

　　同样，跟 KeyPress 事件相类似，KeyDown 和 KeyUp 事件的控件数组模板只比其单个控件多了一个用来识别事件是发生在控件数组的哪一个元素上的 Index（数组序号）参数。

　　例 11.2　编写一个程序，当按下 Ctrl+E 或 Ctrl+e 组合键时终止程序的运行。

```
Private Sub Form_KeyDown(KeyCode As Integer, Shift As Integer)
    If (KeyCode = 69) And (Shift = 2) Then
        End
    End If
End Sub
```

11.2　鼠标事件

　　在 Visual Basic 中，常用的鼠标事件有单击鼠标时发生的 Click 事件、双击鼠标时发生的 DblClick 事件、按下鼠标任意键发生的 MouseDown 事件、松开鼠标任意键发生的 MouseUp 事件和移动鼠标时发生的 MouseMove 事件。许多对象，如控件、窗体等，都有这五个鼠标事件。需要说明的是，鼠标事件被什么对象识别，即事件发生在什么对象上，取决于当前鼠标指针所在的区域。如果鼠标指针位于窗体中没有控件的区域，窗体识别鼠标事件。当鼠标指针位于某个控件上方时，该控件将识别鼠标事件。下面是窗体对象的这五个鼠标事件过程的模板，控件与窗体类似，就不一一陈述了。

```
'单击鼠标事件过程
Private Sub Form_Click()
    语句块
End Sub
'双击鼠标事件过程
```

```
Private Sub Form_DblClick()
    语句块
End Sub
'按下鼠标事件过程
Private Sub Form_MouseDown(Button As Integer, Shift As Integer, X As Single, Y As Single)
    语句块
End Sub
'鼠标移动事件过程
Private Sub Form_MouseMove(Button As Integer, Shift As Integer, X As Single, Y As Single)
    语句块
End Sub
'松开鼠标事件过程
Private Sub Form_MouseUp(Button As Integer, Shift As Integer, X As Single, Y As Single)
    语句块
End Sub
```

从以上五个事件过程的模板可以发现：前面两个比较简单，而后三个都使用相同的参数，即 Button、Shift 和 X、Y。以下将详细解释这三个参数。

11.2.1　鼠标键状态参数（Button）

鼠标键状态由参数 Button 来设定，它是一个预定义的整型变量，用三位二进制数表示。最低位表示左键，第二位表示右键，第三位表示中间键。当某个键按下时，其相应的位被置为 1，否则为 0，3 个二进制位表示按键的不同状态，见表 11-2。在执行过程时，用来接收和识别被按下的鼠标键。即当 Button 返回 1 时，表示鼠标左键被按下；返回 2 时，表示鼠标右键被按下；返回 4 时，表示鼠标中间键被按下。

对于 MouseDown 和 MouseUp 事件来说，只能用鼠标的按键参数判断是否按下或释放某一个键，不能检查两个键被同时按下或释放，因此 Button 参数的值其实只有 3 种，即 1、2 和 4；而对于 MouseMove 事件来说，则可通过 Button 参数判断按下一个或同时按下两个、三个键。

表 11-2　Button 参数的值

十进制数	二进制数	按下的转换键
0	000	无
1	001	左键
2	010	右键
3	011	左键+右键
4	100	中间键
5	101	左键+中间键
6	110	右键+中间键
7	111	左键+右键+中间键

以下示例代码用来判断到底单击哪个按键。

```
Private Sub Form_MouseDown(Button As Integer, Shift As Integer, X As Single, Y As Single)
    If Button = 1 Then Print "左键"
    If Button = 2 Then Print "右键"
    If Button = 4 Then Print "中间键"
End Sub
```

11.2.2　鼠标键转换参数（Shift）

Shift 参数的用法和 Button 十分类似，它也是一个整数值，只是它用 3 个位来代表用户是否按住 Shift（位 0）、Ctrl（位 1）或 Alt（位 2）键。实际应用时，这些位中可能有一些、全部或者一个也没有被设置。具体的组合情况见表 11-3。

表 11-3　Shift 参数组合

Shift 参数	常量	说明
000(0)	无	未按 Alt 键、Shift 键或 Ctrl 键
001(1)	vbShiftMask	Shift 键
010(2)	vbCtrlMask	Ctrl 键
011(3)	vbShiftMask+vbCtrlMask	Ctrl 键+Shift 键
100(4)	vbAltMask	Alt 键
101(5)	vbAltMask+vbShiftMask	Alt 键+Shift 键
110(6)	vbAltMask+vbCtrlMask	Alt 键+Ctrl 键
111(7)	vbAltMask+vbCtrlMask+vbShiftMask	Alt 键+Shift 键+Ctrl 键

11.2.3　鼠标的位置参数（X，Y）

X，Y 参数是当前鼠标光标所在位置的坐标。这里的 X，Y 不需要给出具体的数值，它随鼠标光标在窗体上的移动而变化。当移到某个位置时，如果按下键，则产生 MouseDown 事件；如果松开键，则产生 MouseUp 事件。（X，Y）通常指接收鼠标事件的窗体或控件上的坐标。

与 X，Y 关系密切的属性是 CurrentX，CurrentY。CurrentX 及 CurrentY 的默认值均为 0。CurrentX 及 CurrentY 会记录上一次绘图命令运行完毕时 X、Y 的坐标值。例如，执行 Line-(1000, 1000)命令将画出一条(0, 0)到(1000, 1000)的直线，同时 CurrentX 和 CurrentY 将更新为 1000 和 1000。

例 11.3　显示鼠标指针的位置：用窗体上的两个文本框来显示鼠标指针所指的位置，文本框名称分别为 txtX 和 txtY。

```
Private Sub Form_MouseMove(Button As Integer, Shift As Integer, X As Single, Y As Single)
        txtX.Text=X
        txtY.Text=Y
    End Sub
```

了解了鼠标事件的三个参数后，下面通过一个程序来熟悉 Button、Shift 和 X、Y 参数在实际程序中的应用。

例 11.4　编写一个图片移动程序。

（1）运行 VB，在窗体上添加一个 Picture 控件，命名为 Picture1。

（2）设置 Picture1 控件的 Picture 属性，添加一张图片。

（3）打开代码编辑器，添加 MouseDown 事件过程和代码，如下所示：

```
Private Sub Form_MouseDown(Button As Integer, Shift As Integer, X As Single, Y As Single)
    If (Button = 1) And (Shift = 1) Then Picture1.Move X, Y
End Sub
```

按 F5 键运行程序，只要按住 Shift 键不放，再按左键就可以将图片移到当前光标所在的位置，并且当前光标的坐标为图片的左上角坐标，如图 11-1 所示。

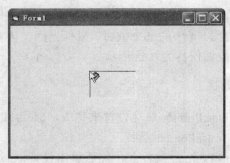

图 11-1　图片移动程序

11.3　鼠标光标的形状

在 Windows 应用程序中，用户可以发现，当鼠标光标位于不同的窗口时，其形状可以不一样，如箭头状、十字形和竖线等。在 Visual Basic 应用程序中，可以通过 MousePointer 属性的设置来改变鼠标光标的形状。

11.3.1　MousePointer 属性

鼠标光标的形状通过 MousePointer 属性来设置。该属性可以在属性窗口中设置，也可以在程序代码中设置。

MousePointer 属性的取值范围、符号常量及可设置的形状见表 11-4。

表 11-4　MousePointer 属性说明

常量	值	形状说明
vbDefault	0	（默认值）几何图形由对象决定
vbArrow	1	箭头
vbCrosshair	2	十字线（crosshair 指标）
vbIbeam	3	I 型
vbIconPointer	4	图示（矩形内的小矩形）
vbSizePointer	5	尺寸线（指向东、南、西和北四个方向的箭头）
vbSizeNESW	6	右上一左下尺寸线（指向东北和西南方向的双箭头）
vbSizeNS	7	垂一直尺寸线（指向南和北两个方向的双箭头）
vbSizeNWSE	8	左上一右下尺寸线（指向东南和西北方向的双箭头）
vbSizeWE	9	水平尺寸线（指向东和西两个方向的双箭头）
vbUpArrow	10	向上的箭头
vbHourglass	11	沙漏（表示等待状态）
vbNoDrop	12	不允许放下
vbArrowHourglass	13	箭头和沙漏（只用在 32 位 Visual Basic 中）
vbArrowQuestion	14	箭头和问号（只用在 32 位 Visual Basic 中）
vbSizeAll	15	四向尺寸线（只用在 32 位 Visual Basic 中）
vbCustom	99	通过 MouseIcon 属性所指定的自定义图示

需要注意的是，MousePointer 属性是在窗体或控件对象中设置的。只有当某个对象的 MousePointer 属性被设置为表 11-4 中的某个值时，鼠标光标在该对象内才以相应的形状显示。而在该对象之外，鼠标光标依旧保持为默认形状。

11.3.2   设置鼠标光标形状

鼠标光标的形状通过 MousePointer 属性设置来完成，MousePointer 属性设置方法如下：

1. 在属性窗口中设置 MousePointer 属性

单击属性窗口中的 MousePointer 属性条，然后单击设置框右端向下的箭头，在下拉菜单中显示 MousePointer 的 15 个属性值，单击某个属性值，就可以把该值设置为当前对象所对应的鼠标悬停形状，如图 11-2 所示。

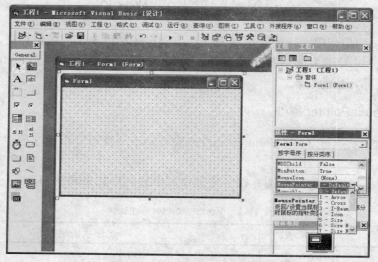

图 11-2   MousePointer 属性值的设置

2. 程序代码中设置 MousePointer 属性

在程序代码中设置 MousePointer 属性的一般模板为：

        对象名.MousePointer=设置值

这里的"对象名"指的是窗体及除直线与形状、计时器外的大部分标准控件的名称。"设置值"见表 11-4。

例 11.5   编写一个在窗体上显示鼠标光标形状的程序。

（1）运行 VB，为 Form1 窗体添加一个 Click 事件过程。

（2）在 Click 事件过程中添加如下代码：

```
Private Sub Form_Click()
    Static A As Integer
    Print "当前鼠标光标形状的 MousePointer 属性值是："; A
    Form1.MousePointer = A
    A = A + 1
    If A > 15 Then A = 0
End Sub
```

按 F5 键运行程序，把鼠标光标移到窗体内，每单击一次，光标的形状发生一次变化，同时，窗体上将显示出该光标形状所对应的属性值，如图 11-3 所示。

图 11-3　鼠标光标在窗体上的显示

3. 自定义鼠标光标

MousePointer 属性中有一个 "99" 的值，该值是用来定义用户自己的鼠标光标形状的。定义的方法也有在属性窗口中设置和程序代码设置两种。

在对象的属性窗口中设置 MousePointer 属性时，将其值设为 "99-Custom"。再利用对象的 MouseIcon 属性载入一个自定义的图标文件。

如果要从程序代码中进行设置，可以先把 MousePointer 的属性设置为 99，然后利用 LoadPicture 函数给 MouseIcon 属性赋值。如，

```
Form1.MousePointer = 99
Form1.MouseIcon = LoadPicture("图标文件名")
```

如图标文件名为（"c:\example\mail01a.ico"），即将鼠标在窗体上的形状修改为一个邮件的模样。

11.4　鼠标拖放

Visual Basic 的 "拖放"（Drag and Drop）功能让用户很轻松地移动窗体上的对象，使程序的设计变得越来越简单、快捷。

拖放的一般过程是，把鼠标光标移到一个控件对象上，按下鼠标键，不要松开，然后移动鼠标，该对象将随鼠标的移动而在屏幕上拖动，松开鼠标键后，对象即被放下。通常把原来位置的对象叫做源对象，而拖动后所处位置的对象叫做目标对象。在拖动的过程中，被拖动的对象变为灰色。

在 Visual Basic 中，当拖放一个对象时，仅仅需要关心 "拖放哪个对象" 和 "拖放到什么地方" 这两件事情，完全不必操心拖放过程中所需要处理的各项细节。下面将逐个讨论与 "拖放" 相关的属性、事件和方法。

11.4.1　与拖放有关的属性、事件和方法

除了菜单、计时器和通用对话框外，其他控件均可在程序运行期间被拖放。

1. 属性

与拖放有关的属性有 DragMode 和 DragIcon。

（1）DragMode 属性。DragMode 属性用于设置一个对象的自动或手动拖动模式。在默认的情况下，该属性值为 0（人工手动拖放模式）。此时，若要拖动该对象，就必须在 MouseDown

事件过程中，用 Drag 方法启动"拖"操作；在停止拖动时，也使用 Drag 实现"放"操作。

如果要启用自动拖放模式，则 DragMode 属性必须设置为 1。此时，若要拖动该对象，就只需在源对象上按下鼠标左键，拖动鼠标并将其移到目标上；当释放鼠标按键时，在目标对象上产生 DragDrop 事件，完成"放"操作。如果一个对象的 DragMode 属性被设置为 1，则该对象就不能再接收 Click 事件和 MouseDown 事件了。

DragMode 属性可以在属性窗口中设置，也可以在程序代码中设置。在程序代码中设置的一般格式是：

对象名.DragMode=1

DragMode 属性中的 0 和 1 不是逻辑值，而是一个标志，所以不能把它设为 True 或者 False。

（2）DragIcon 属性。DragIcon 属性值是一个图标的文件名。若设置 DragIcon 属性的值，则在拖动一个对象移动过程中，控件就变成了该图标；放下后恢复成原状。如 DragIcon 属性的值设置为空，则在拖动时，对象只是变成灰色的边框。DragIcon 属性可以在属性窗口中设置，也可以在程序代码中设置。在程序代码中设置的一般格式是：

对象名.DragIcon = LoadPicture("图标文件名")，例如：

Picture1.DragIcon = LoadPicture("c:\example\hand.ico")

用图标文件"hand.ico"作为图片框 Picture1 的 DragIcon 属性。当拖动该图片框时，图片框变成由 hand.ico 所表示的图标。

2. 事件

与拖放有关的事件有 DragDrop 和 DragOver。

（1）DragDrop 事件。当把源对象拖动到目标对象后，并释放鼠标时，或者在程序采用 Drag 方法结束拖放时，目标对象会产生一个 DragDrop 事件。以 Form1 窗体为例，该事件过程的格式如下：

Private Sub Form_DragDrop(Source As Control, X As Single, Y As Single)
End Sub

其中，Source 是一个对象变量，可以将正在被拖动对象的属性包含在事件过程中。例如代码：

Source.Visible=0

X，Y 参数是松开鼠标键放下对象时，鼠标光标的位置。

（2）DragOver 事件。当把源对象拖动到某个目标对象上时，在该目标对象上就会触发 DragOver 事件。该事件主要用于监控被拖动对象在目标对象上的状态。

以窗体对象为例，DragOver 事件过程的格式如下：

Private Sub Form_DragOver(Source As Control, X As Single, Y As Single, State As Integer)
End Sub

其中 Source 参数，X、Y 参数的含义与 DragDrop 相同，这里只介绍 State 参数。State 参数是一个整数值，共有三个值可取：

0—源对象被拖动进入目标对象的区域；

1—源对象被拖动离开目标对象的区域；

2—源对象在目标对象的区域内移动。

在上述两个事件中，DragOver 事件的优先级要高于 DragDrop 事件。

3. 方法

与拖放有关的方法有 Drag 和 Move。

（1）Drag 方法。如前所述，当对象的 DragMode 属性设置为 0（即手工拖放）时，需要用 Drag 方法来控制对象的启动拖放及结束拖放操作。

Drag 方法的格式如下：

　　　对象.Drag 参数

其中，参数可以是 0、1 或者 2，其含义为：

0－取消指定对象的拖放操作；

1－启动指定对象的拖放操作，允许拖放指定的控件；

2－结束并停止指定对象的拖放操作，并发出一个 DragDrop 事件。

从总体上来说，不论控件的 DragMode 属性如何设置，都可以用 Drag 方法来人工启动或者停止一个拖放过程。

（2）Move 方法。如前所述，当把源对象拖动到某个目标对象后，并释放鼠标时，或者在程序中采用 Drag 方法结束拖放时，就会触发一个 DragDrop 事件。但这时的源对象本身并不移动到新的位置上，而必须在该事件过程中使用 Move 方法实现对象的移动。

Move 方法的格式如下：

　　　对象.Move X, Y

11.4.2　自动拖放

所谓自动拖放，是指将一个对象的 DragMode 属性设置为 1，使对象成为一个不用通过 Drag 方法就可以直接用鼠标操作来对其进行拖放的控件。而与之对应的手动拖放，则不必把 DragMode 属性设置为 1，任其保持默认的 0；但是使用的时候，需要通过 Drag 方法来拖放对象。

例 11.6　编写一个程序，实现自动拖放操作。

程序要求：在窗体上建立两个文本框。鼠标置于其中的一个文本框上方，按下左键，拖动鼠标并将其移动到另外一个文本框上。鼠标在进入另外一个文本框上方时，将变成一个自定义的小图标。当释放左键时，第一个文本框中的内容将被拷贝到第二个文本框中。步骤和代码如下所示：

（1）运行 VB，新建一个工程，往窗体上添加 1 个 Label 控件和 2 个文本框控件，设置 Label 控件的 Caption 属性，如图 11-4 所示。

（2）打开代码编辑器，添加窗体初始化的代码：

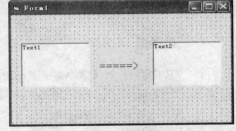

图 11-4　程序主界面

```
Private Sub Form_Load()
        '将 Text1 文本框的 DragMode 属性设为 1（自动拖放模式）
        Text1.DragMode = 1
        Text1.Text = "拖动内容"
        Text2.Text = ""
End Sub
```

（3）编写 Text2 文本框的 DragOver 事件。该事件过程将监控被拖动对象在目标对象上的状态。当 State 参数为 0 时，表示源对象被拖进目标对象的区域，鼠标将变成一个自定义的图标。State 参数为 1 时，表示源对象被拖出目标对象的区域，鼠标恢复原状。

```
Private Sub Text2_DragOver(Source As Control, X As Single, Y As Single, State As Integer)
        Select Case State
        Case 0
        Source.DragIcon=LoadPicture("C:\Program Files\Microsoft Visual Studio\VB98\Wizards\ PDWizard
\Setup1\SETUP1.ICO")
```

```
                Case 1
                    Source.DragIcon = LoadPicture()
                End Select
            End Sub
```

（4）在 Text2 文本框的 DragDrop 事件中编写鼠标释放过程。该过程将实现把 Text1 文本框中的内容拷贝到 Text2 文本框中。

```
        Private Sub Text2_DragDrop(Source As Control, X As Single, Y As Single)
            Text2.Text = Text1.Text
        End Sub
```

按 F5 键运行程序，在 Text1 文本框上按下左键，拖动鼠标并移动到 Text2 文本框上，鼠标在进入 Text2 文本框时，变成一个图标，如图 11-5 所示。

释放左键，在 Text2 文本框中将显示出与 Text1 文本框中相同的文字，读者可以自行尝试，此处就不赘述了。

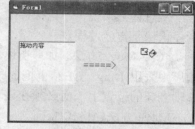

图 11-5　鼠标进入目标文本框中

11.4.3　手动拖放

如前所述，手动拖放不需要把 DragMode 属性设置为 1，任其保持默认状态的 0 值。用户通过 Drag 方法的使用，可以自行决定何时拖拉，何时停止。该方法的操作值为 1 时可以拖放指定的控件；为 0 或者 2 时，则取消或停止控件的拖放，如为 2 则在停止拖放后产生 DragDrop 事件。Drag 方法与 MouseDown 和 MouseUp 事件过程结合使用，可以实现手动拖放。例如当按下鼠标键时开始拖拉，松开键时停止拖拉。也就是说，按下和松开鼠标键分别产生 MouseDown 和 MouseUp 事件。

习题十一

一、选择题

1. VB 中有 3 个键盘事件：KeyPress、KeyDown、KeyUp，若光标在 Text1 文本框中，则每输入一个字母（　　）。（2010.3）

    A．这 3 个事件都会触发　　　　　　　　B．只触发 KeyPress 事件

    C．只触发 KeyDown、KeyUp 事件　　　D．不触发其中任何一个事件

2. 设窗体的名称为 Form1，标题为 Win，则窗体的 MouseDown 事件过程的过程名是（　　）。（2010.3）

    A．Form1_MouseDown　　　　　　　　B．Win_MouseDown

    C．Form_MouseDown　　　　　　　　　D．MouseDown_Form1

3. 要求当鼠标在图片框 P1 中移动时，立即在图片框中显示鼠标的位置坐标。下面能正确实现上述功能的事件过程是（　　）。（2010.3）

```
        A.  Private Sub P1_MouseMove(Button AS Integer,Shift As Integer,X As Single, Y As Single)
                Print X,Y
            End Sub

        B.  Private Sub P1_MouseDown(Button AS Integer,Shift As Integer,X As Single, Y As Single)
                Picture.Print X,Y
            End Sub
```

C.　Private Sub P1_MouseMove(Button AS Integer,Shift As Integer,X As Single, Y As Single)
　　　　P1.Print X,Y
　　　End Sub

D.　Private Sub Form_MouseMove(Button AS Integer,Shift As Integer,X As Single, Y As Single)
　　　　P1.Print X,Y
　　　End Sub

4.　在窗体上画一个命令按钮和两个文本框，其名称分别为 Command1、Text1 和 Text2，在属性窗口中把窗体的 KeyPreview 属性设置为 True，然后编写如下程序：

```
Dim S1 As String, S2 As String
Private Sub Command1_Click()
    Text1.Text = S1
    Text2.Text = S2
    S1 = ""
    S2 = ""
End Sub
Private Sub Form_Load()
    Text1.Text = ""
    Text2.Text = ""
    Text1.Enabled = False
    Text2.Enabled = False
End Sub
Private Sub Form_KeyDown(KeyCode As Integer, Shift As Integer)
    S2 = S2 & Chr(KeyCode)
End Sub
Private Sub Form_KeyPress(KeyAscii As Integer)
    S1 = S1 & Chr(KeyAscii)
End Sub
```

程序运行后，先后按"a"、"b"、"c"键，然后单击命令按钮，在文本框 Text1 和 Text2 中显示的内容分别为（　　　）。(2010.9)

A．abc 和 ABC　　　B．空白　　　　　C．ABC 和 abc　　　D．出错

5.　以下说法中正确的是（　　　）。(2009.3)

A．当焦点在某个控件上时，按下一个字母键，就会执行该控件的 KeyPress 事件过程

B．因为窗体不接受焦点，所以窗体不存在自己的 KeyPress 事件过程

C．若按下的键相同，KeyPress 事件过程中的 KeyAscii 参数与 KeyDown 事件过程中的 KeyCode 参数的值也相同

D．在 KeyPress 事件过程中，KeyAscii 参数可以省略

6.　在窗体上画一个命令按钮和一个文本框（名称分别为 Command1 和 Text1），并把窗体的 KeyPreview 属性设置为 True，然后编写如下代码：

```
Dim SaveAll As String
Private Sub Form_Load()
    Show
  Text1.Text = ""
  Text1.SetFocus
End Sub
Private Sub Command1_Click()
  Text1.Text = LCase(SaveAll) + SaveAll
End Sub
```

```
Private Sub Form_KeyPress(KeyAscii As Integer)
    SaveAll = SaveAll + Chr(KeyAscii)
End Sub
```

运行程序，输入：VB，再单击命令按钮则文本框中显示的内容为（　　）。（2009.3）

 A．vbVB   B．不显示任何信息

 C．VB   D．出错

 7．以下关于 KeyPress 事件过程中参数 KeyAscii 的叙述中正确的是（　　）。（2005.9）

  A．KeyAscii 参数是所按键的 ASCII 码

  B．KeyAscii 参数的数据类型为字符串

  C．KeyAscii 参数可以省略

  D．KeyAscii 参数是所按键上标注的字符

 8．设窗体上有一个名为 Text1 的文本框，并编写如下程序：

```
Private Sub Form_Load()
    Show
    Text1.Text = ""
    Text1.SetFocus
End Sub
Private Sub Form_MouseUp(Button As Integer, _
    Shift As Integer, X As Single, Y As Single)
    Print "程序设计"
End Sub
Private Sub Text1_KeyDown(KeyCode As Integer, Shift As Integer)
    Print "Visual Basic";
End Sub
```

运行程序，如果在文本框中输入字母"a"，然后单击窗体，则在窗体上显示的内容是（　　）。
（2005.9）

 A．Visual Basic   B．程序设计   C．Visual Basic 程序设计   D．a 程序设计

 9．在窗体上画一个名称为 Command1 的命令按钮，然后编写如下程序：

```
Dim SW As Boolean
Function func(X As Integer) As Integer
    If X < 20 Then
        Y = X
    Else
        Y = 20 + X
    End If
    func = Y
End Function
Private Sub Form_MouseDown(Button As Integer, Shift As Integer, X As Single, Y As Single)
    SW = False
End Sub
Private Sub Form_MouseUp(Button As Integer, Shift As Integer, X As Single, Y As Single)
    SW = True
End Sub
Private Sub Command1_Click()
    Dim intNum As Integer
    intNum = InputBox("")
    If SW Then
        Print func(intNum)
```

```
            End If
        End Sub
```

　　程序运行后，单击命令按钮，将显示一个输入对话框，如果在输入对话框中输入 25，则程序的执行结果为（　　）。（2005.4）

　　　　A．输出 0　　　　　　B．输出 25　　　　　　C．输出 45　　　　　　D．无任何输出

　　10．把窗体的 KeyPreview 属性设置为 True，然后编写如下事件过程：

```
        Private Sub Form_KeyPress(KeyAscii As Integer)
            Dim ch As String
            ch = Chr(KeyAscii)
            KeyAscii = Asc(UCase(ch))
            Print Chr(KeyAscii + 2)
        End Sub
```

　　程序运行后，按键盘上的"A"键，则在窗体上显示的内容是（　　）。（2005.4）

　　　　A．A　　　　　　　　B．B　　　　　　　　C．C　　　　　　　　D．D

　　11．在窗体上画一个名称为 Text1 的文本框，要求文本框只能接收大写字母的输入。以下能实现该操作的事件过程是（　　）。（2004.4）

```
        A.  Private Sub Text1_KeyPress(KeyAscii As Integer)
            If KeyAscii < 65 Or KeyAscii > 90 Then
                MsgBox "请输入大写字母"
                KeyAscii = 0
            End If
            End Sub

        B.  Private Sub Text1_KeyDown(KeyCode As Integer, Shift As Integer)
            If KeyCode < 65 Or KeyCode > 90 Then
                MsgBox "请输入大写字母"
                KeyCode = 0
            End If
            End Sub

        C.  Private Sub Text1_MouseDown(Button As Integer, Shift As Integer, X As Single, Y As Single)
            If Asc(Text1.Text) < 65 Or Asc(Text1.Text) > 90 Then
                MsgBox "请输入大写字母"
            End If
            End Sub

        D.  Private Sub Text1_Change()
            If Asc(Text1.Text) > 64 And Asc(Text1.Text) < 91 Then
                MsgBox "请输入大写字母"
            End If
            End Sub
```

　　12．以下叙述中错误的是（　　）。（2002.9）

　　A．在 KeyUp 和 KeyDown 事件过程中，从键盘上输入 A 或 a 被视作相同的字母（即具有相同的 KeyCode）

　　B．在 KeyUp 和 KeyDown 事件过程中，将键盘上的"1"和右侧小键盘上的"1"视作不同的数字（具有不同的 KeyCode）

　　C．KeyPress 事件中不能识别键盘上某个键的按下与释放

　　D．KeyPress 事件中可以识别键盘上某个键的按下与释放

第 12 章　数据文件

输入与输出是应用程序中重要的基本操作。前面章节中所涉及到的输入和输出对象均为计算机终端，即从键盘上输入数据，在显示器（窗体）或打印机上输出数据。本章将介绍 Visual Basic 的数据文件处理功能，即如何通过文件来直接创建、操作及保存数据。

Visual Basic 具有较强的文件处理能力。为用户提供了多种处理方法。它既可以直接读写文件，同时又提供了大量与文件管理有关的语句和函数以及用于制作文件系统的控件。用户可以使用这些手段开发出功能强大的应用程序。

12.1　文件的结构和分类

在计算机学科中，常用"文件"一词描述输入、输出操作的对象。所谓文件，是指记录在外部介质上的数据的集合，是程序设计中一个重要的概念。通常情况下，计算机处理的大量数据都是以文件的形式存放在外部介质（如磁盘）上的，操作系统也是以文件为单位对数据进行管理。如果想访问存放在外部介质上的数据，必须先按文件名找到所指定的文件，然后再从该文件中读取数据；要向外部介质存储数据也必须先建立一个文件（以文件名标识），才能向它输出数据。例如，用记事本程序编辑的文本就是一个文件，把它存放到磁盘上就是一个磁盘文件，输出到打印机上就是一个打印机文件。广义地说，任何输入输出设备都是文件。计算机以这些设备为对象进行输入输出，对这些设备统一按"文件"进行处理。

文件从逻辑形式上可以分为两类：有结构的记录式文件和无结构的流式文件。记录式文件由记录组成，即文件内的信息划分为若干个相关的记录，以记录为单位组织和使用信息。记录式文件又按其各个记录的长度是否相同，分为定长记录文件和变长记录文件。流式文件的内部不再划分记录，由一组相关信息组成有序字符流，其长度按字节计算。文件的存取以字符或二进制为单位，输入输出的数据流的开始和结束只受程序而不受物理符号（如回车键等）的控制。

12.1.1　文件的结构

为了有效地存取数据，数据必须以某种特定的方式存放，这种特定的方式称为文件结构。VB 文件由记录组成，记录由字段组成，字段由字符组成。

- 字符（Character）：是构成文件的最基本单位。字符可以是：数字、字母、标点符号、特殊符号或单一字节。这里所说的"字符"一般为西文字符，一个西文字符用一个字节存放。如果为汉字字符，包括汉字和"全角"字符，则通常用两个字节存放。
- 字段（Field）：也称域。字段是文件中一个重要的概念，它由若干个字符组成，用来表示一项数据。每个字段都有一个字段名，每个字段中具体的数据值称为该字段的字段值。一般字段很少由单一字符组成，如数据库的字段有学号、姓名等数据项。
- 记录（Record）：由一组相关字段组成的一个逻辑单位。一条记录中，各个字段之间应该有一定的相互关系。在数据处理中，表示一件事或一个人的某些属性就可构成一条记录。每条记录有一个记录名，用来表示一个唯一的记录结构。记录是计算机进行信息处理过程中的基本单位。例如，每个学生的成绩数据可视为一条记录，其中包含学号、姓名以及各科成绩。

- 文件（File）：文件由记录构成，是记录的集合，一个文件含有一条以上的记录。例如，某个班有 50 个学生，这 50 个学生的成绩记录就构成了一个学生成绩文件。每个文件都有其自己的文件名，通过文件名可以访问文件。文件名一般由文件名和扩展名两部分组成。

12.1.2　文件的分类

根据文件所存储的数据性质、数据的存/取方式和文件数据的存储格式的不同进行不同的分类。现分别概述如下：

1．依据文件数据的性质分类

根据文件中数据性质的不同，可分为两种：

（1）程序文件（可执行文件）。这类文件中存储的是一个计算机的执行程序，其文件的扩展名为.COM、.EXE 和.MAK。这类文件是由 Visual Basic 自动生成的，它不属于本章所讨论的范围。

（2）数据文件。这类文件主要是存放各种应用程序在运行时需要使用或产生的数据，诸如学生的成绩、职工的信息、工作薪水等。为了能方便准确地存取和处理这类数据，每个应用程序就应根据具体需求按照预定的规则来组织和操作这些数据文件。这类文件是本章讨论的重点。

2．依据存/取方式分类

根据对数据文件的存/取方式的不同，数据文件可分为顺序文件（Sequential File）、随机存取文件（Random Access File）和二进制存取文件（Binary File）。

（1）顺序存取文件。这种文件结构最简单。它是将一个一个的数据记录按存储的先后次序顺序地记录到磁介质（如磁盘、磁带）上，其每个逻辑记录的长度（字节数）允许不同。

存储在顺序存取文件中的记录不允许任意存取。如果需要读取某一指定的记录，那么必须从文件的第一条记录开始，顺序地读过处在这一特定记录前面的每条记录，直至读到所指定的记录为止。顺序存取文件也由此得名。顺序存取文件是普通的文本文件，每一行字符串就是一条记录，每一条记录可长可短，并且记录与记录之间是以"换行"字符为分隔符号。由于受顺序文件顺序存取这一特点所限，如果应用程序要对顺序文件中某一记录进行修改，或者要增加或删除一条记录，那么其处理过程相当麻烦，必须另外建立一个更新文件，从旧的文件中读出每一条记录，进行修改或更新后再依次存入到更新文件中。即如果一个应用程序要对数据文件的记录进行频繁的修改或增删，用顺序文件效率过低。

但是，顺序文件结构简单，不需要增加额外的信息，所占的存储空间相对较少，使用与操作都比较容易。顺序文件适用于存放有一定规律但是不经常修改的数据。

例如，某单位人事数据文件，每个员工的记录包括工号、姓名、性别、年龄四个字段，顺序文件只提供第一条记录的存储位置，要找其他记录必须从头读取，直到找到为止。

（2）随机存取文件。随机存取文件（也称随机文件或者直接文件）的每条记录的长度是固定的，记录中每个字段的长度也是固定的，记录与记录之间不需要特殊的分隔符号，使用前每个字段所占字节必须事先定好。如图 12-1 所示。类似于数组那样，通过指定下标就可以直接使用数组中某一指定的元素。随机存取文件的每个记录都附加了一条记录号，应用程序可以用记录号来直接存取文件中某一指定的记录，这样操作读/写记录自然要比顺序文件方便、快捷。

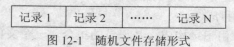

图 12-1　随机文件存储形式

　　假如有一个班级的成绩要处理，每个同学的数据项长度一样，则采用随机存取模式比较合适。随机存取文件适用于读写有固定长度记录结构的文本文件、二进制文件或用户定义类型字段组成记录的文件。但是，必须强调指出，随机存取文件只能建立在磁盘上。由于在每个记录中引入了记录号的附加信息，使得它的结构要比顺序文件复杂，并且占用较多的存储空间。

　　（3）二进制存取文件。二进制存取文件是最原始的文件类型，它直接把二进制码存放在文件中，没有固定格式。二进制存取文件是以字节数来定位数据，允许程序按所需的任何方式组织和访问数据，也允许对文件中各字节数据进行存取访问和改变，即适用于读写任意结构的文件。

　　事实上，任何文件都可以用二进制模式访问。二进制模式与随机模式很类似，如果把二进制文件中的每个字节看作是一条记录的话，则二进制模式就成了随机模式。

　　3．依据数据在文件中的存储格式分类

　　依据数据在文件中的存储格式，文件可分为 ASCII 码文件和二进制文件两种：

　　（1）ASCII 码文件。这种文件是将记录所表示的数据按一定格式转换为用户可读的 ASCII 码字符存储在文件中。除某些控制字符外，用户可利用编辑环境直接阅读文件中的内容。这类数据文件占用较多的存储空间。

　　（2）二进制文件。这类文件是将记录中的数据按其在内存中的二进制表示的映像直接复制到磁盘上。可以说它就是数据的内存映像。这类文件的优点是：

- 节省存储空间。若存储一个整数 123 需要三个字节的存储空间，而用二进制文件存储，只需两个字节，如图 12-2 所示。

31H	32H	33H

整数 123 的 ASCII 码存储形式

00H	7BH

整数 123 的二进制存储形式

图 12-2　ASCII 码文件和二进制文件的数据存储形式

- 在文件读/写过程中，不必进行数据格式的转换，节省了处理时间，提高应用程序的效率。

二进制文件的唯一不足是用户不能直接阅读它。

Visual Basic 提供了顺序存取文件、随机存取文件和二进制文件这三种文件供用户选用，所以 Visual Basic 提供的大部分语句和函数对于三种文件类型都适用。表 12-1 列出可用于三种文件存取类型的语句和函数。

表 12-1　语句和函数

语句和函数	顺序型	随机型	二进制型
Close	√	√	√
Get		√	√
Input()	√		√

续表

语句和函数	顺序型	随机型	二进制型
Input #	√		
Line Input #	√		
Open	√	√	√
Print #	√		
Put		√	√
Type···EndType		√	
Write #	√		

以下各节将分别介绍如何使用和操作这些文件。

12.2　文件操作与函数

12.2.1　文件操作

通常，一个应用程序使用数据文件读入初始数据，进行处理后再将处理结果记录到另一个数据文件之中，供以后使用。一个应用程序可以使用一个或多个数据文件，但对每一个数据文件的使用步骤分以下三步，如图 12-3 所示。

（1）打开（或创建）数据文件。

（2）从文件中读入数据进行处理或将处理结果写到数据文件中去。

（3）程序结束前关闭所有已打开的文件。

打开文件时，系统为文件在内存中开辟了一个专门的数据存储区域，称为文件缓冲区。对文件的操作主要有两类：一是读操作，也称为输入；二是写操作，也称为输出。将数据写入文件时，先是将数据写入文件缓冲区暂存，文件缓冲区已满或文件关闭时才一次性输出到文件；反之，从文件读数据时，先是将数据送到文件缓冲区，然后再提交给变量，如图 12-4 所示。

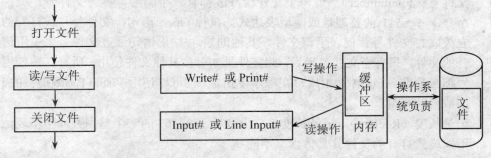

图 12-3　处理数据文件的流程　　　　　图 12-4　文件读/写与文件缓冲区

文件操作结束后一定要关闭文件，因为有部分数据仍在文件缓冲区，若不关闭文件数据会丢失。可见，无论使用哪一种文件，使用之前必须要把文件打开；使用完毕后，必须要将文件关闭。VB 提供了 Open 和 Close 语句来完成这两种操作。本节主要介绍 Open 和 Close 语句。

1．Open（打开）语句

Open 语句用来创建或打开一个数据文件，为读/写操作做准备。其语法格式如下：

　　　　Open 文件名[For 文件模式][Access 存取方式][锁定]As[#]文件号[Len=记录长度]

Open 语句各部分参数描述如下。

- 文件名（Filename）。它指明一个要打开的文件名（包括路径），可以是字符串表达式或者字符串变量。
- 文件模式（Mode），它指定文件的访问方式。

　　Input－顺序文件，对文件进行读操作；

　　Output－顺序文件，对文件进行写操作；

　　Append－顺序文件，在文件末尾追加记录、扩充输出；

　　Random－随机存取文件，它是 For 子句的缺省值，当执行一个无 Access 子句的 Open 语句时，按"可读可写→只写→只读"的存取方式顺序试着打开文件；

　　Binary－二进制文件，可使用 Get 和 Put 语句读/写文件中任意字节位置的信息。当 Open 语句无 Access 子句时，按与随机存取文件一样的存取方式顺序试着打开文件。

注意：

（1）如果省略此参数（即无 For 子句），其缺省值为 Random；

（2）对于使用 Append、Binary、Output 或 Random 模式，当打开一个不存在的文件时，就自动创建一个新文件。

- 存取方式（Access），指定对被打开的文件进行允许的操作。

　　Read－只读；

　　Write－只写；

　　ReadWrite－可读可写。这种方式只对 Random、Binary 或 Append 模式打开的文件有效。

- 锁定（Lock），指定打开的文件是否允许其他进程操作。

　　Shared－共享；

　　LockRead－防止读出；

　　LockWrite－防止写入；

　　LockReadWrite－防止读出或写入。

- 文件号（Filenumber）。每一个文件缓冲区都有一个编号，称为文件号。文件号是一个介于 1～511 的整型数或整型表达式。执行 Open 语句，文件号与被打开的文件建立关联。文件号就代表了该文件，其他的输入/输出语句通过文件号来引用这一已打开的文件，只有当文件关闭后，此文件号才可被其他文件使用。所有当前使用的文件号都必须唯一，文件号由用户在程序中指定，也可以使用 Visual Basic 提供的 FreeFile 函数自动获得。
- 记录长度（RecLen）。记录长度是小于或等于 32767 的一个整型数或整型表达式。对不同模式打开的文件其具体含义不同：

　　对顺序存取文件，表示缓冲区的大小，其缺省值是 512 个字节；

　　对随机存取文件，指明记录长度，其缺省记录长度为 128 个字节；

　　对二进制文件，此参数可忽略。

以上介绍了 Open 语句中各参数的意义和取值范围，在使用 Open 语句的过程中需要注意以下两点：

- 为满足不同存取方式的需要，同一个文件可以用几个不同的文件号打开，每个文件号有自己的缓冲区。针对不同的访问方式，可以使用不同的缓冲区。但当使用 OutPut 或 Append 方式时，在关闭前不能用不同的文件号打开同一个文件，必须先关闭文件后才能重新打开。而使用 Input、Random 或 Binary 方式时，不必关闭文件就可以用不同的文件号打开文件。

- Open 语句兼有打开文件和建立文件两种功能。在对一个数据文件进行读、写、修改或增加数据之前，必须先用 Open 语句打开或建立文件。如果为读打开的文件不存在，则产生"文件未找到"错误；如果为写、追加、随机或二进制访问方式打开的文件不存在，则建立相应的新文件；如果为写访问方式打开的文件已存在，则写入的数据会覆盖原来的数据；此外，在 Open 语句中，任何一个参数的值如果超出了给定的范围，则产生"非法功能调用"错误，文件不能被打开。

下面是打开文件操作的一些例子：

Open "D:\Test.dat" For Input As #1

该语句将以读方式打开一个名为 Test.dat 的顺序文件，供读入数据用，指定其文件号为 1，缓冲区长度是其缺省值 512 字节。

Open   "D:\Testdata.dat" For Output As #5

该语句将以写方式打开 Testdata.dat 的顺序文件，写入数据，指定其文件号为 5。

Open "D:\TestAppend.dat " For Append As # 7

该语句打开数据文件 TestAppend.dat，新写入的记录附加到文件的后面，原来的数据仍在文件中，指定其文件号为 7。若文件名不存在，则 Append 方式可以建立一个新文件。

Open "D:\Test.doc" As #2 Len＝20

该语句将打开 Test.doc 随机存取文件，其文件号为 2，记录长度为 20 个字节。对该文件可进行读/写操作。

Open "D:\Test" For Random Access Read Lock Write As # 1

该语句将以随机存取的方式打开一个名为 Test 的文件，读取该文件，其文件号为 1。该语句设置了写锁定，但在 Open 语句有效时，允许其他进程读。

2．Close（关闭）语句

当文件使用完毕后，用 Close 语句来关闭文件，以结束对文件的输入/输出。Close 语句的语法格式如下：

Close[[#]文件号][,[#]文件号]...

Close 语句关闭文件号指定的文件，终止文件号与指定文件之间的关联。其文件号可以为其他打开文件所用，也可用来再次打开已关闭的文件。不带文件号的 Close 语句表示关闭全部打开的文件。

对于用参数 Append、Output 打开的文件，Close 语句将最后输出到缓冲区中的内容写到文件中去，然后释放所有与文件相关联的 VB 缓冲区空间。

12.2.2　文件操作相关的语句和函数

文件处理的程序设计过程中常常需要知道诸如是否到达文件末尾、文件的长度、文件读/写指针的当前位置、可用的文件号等相关信息。VB 提供了一系列语句和函数，下面将逐一介绍。

1．Seek 语句和函数

文件被打开后，将自动生成一个文件指针，文件的读或写从指针所指的位置开始。用

Append 方式打开一个文件后，文件指针指向文件的末尾，其他几种方式打开文件，文件指针指向文件的开头。完成一次读/写操作后，文件指针自动移到下一个读/写操作的起始位置，移动量的大小由 Open 语句和读写语句中的参数共同决定。随机文件中，文件指针的最小移动单位是一条记录的长度；顺序文件中文件指针移动的长度与它所读写的字符串的长度相同。在 VB 中，与文件指针有关的语句和函数是 Seek。

（1）Seek 语句。文件指针的定位通过 Seek 语句来实现。Seek 语句的格式为：

> **Seek [#]filenumber, position**

其中 filenumber 为任何有效的文件号。position 为介于 1～2147483647 之间的数字，指出下一个读/写操作将要发生的位置，可以是整型或长整型。

Seek 语句也可以用在随机文件中，但是 position 将代表文件中的第几个记录，而不是第几个字节。

（2）Seek 函数。Seek 函数是用来在 Open 语句打开的文件中设置下一个读/写操作的位置的，利用 Seek 函数就可以返回一个长整型数，在 Open 语句打开的文件中指定当前的读/写位置，即文件的当前指针位置。因此，Seek 函数= LOC 函数+1。

Seek 函数的格式为：

> **Seek (filenumber)**

其中 filenumber 为一个包含有效文件号的整型数，执行该函数后将返回一个介于 1～2147483647 之间的值。

Seek 函数对各种文件访问方式的返回值如下：

Random—下一个读/写的记录号；

Binary—下一个操作将要发生时所在的字节位置。文件中的第一个字节位于位置 1，第二个字节位于位置 2，依此类推；

Output—同 Binary；

Append—同 Binary；

Input—同 Binary。

例如，如果以随机方式打开文件，Seek 返回下一条记录的编号：

```
Private Sub Form_Click()
        Dim MyRecord As String*20
        Open "TESTFILE" For Random As #1 Len=Len（MyRecord）
        Do While Not EOF(1)                '循环至文件尾
          Get #1,, MyRecord                '读入一条记录
          Print Seek(1)                    '在窗口中显示记录号
        Loop
        Close #1
    End Sub
```

2．FreeFile 函数

VB 文件系统中，每个已打开的文件均被赋予唯一的文件号，不能与其他任何文件号重复。为了避免指定相同的文件号给不同的文件而造成的错误，函数 FreeFile 自动指定可用的文件号。通过使用 FreeFile 函数可以获取一个在程序中尚未使用的文件号，只需要使用变量保存 FreeFile 函数的返回值，设计者就能避免文件号混淆的错误。其语法结构如下：

> **FreeFile [(rangenumber)]**

可选参数 rangenumber 是一个 Variant，它指定一个文件号范围，以便返回该范围之内下一

个可供 Open 语句使用的文件号。指定 0（缺省值），则返回一个介于 1～255 之间的文件号；指定 1，则返回一个介于 256～511 之间的文件号。

例如，以下一段代码：

```
Dim file_number As Integer
file_number=FreeFile
Open "Testfile.txt" For Input As #file_number
```

运行以上代码，FreeFile 函数将返回一个可用的值，作为 Testfile.txt 的文件号。

3．EOF 函数

EOF 函数的语法格式：

EOF(文件号)

该函数用于测试在读操作时顺序文件是否到达末尾，以避免出现越过文件末尾进行读操作，也是循环读取文件时判别文件是否结束的标志，返回一个表示文件指针是否到达文件末尾的值。当到达文件末尾时，EOF 函数返回 True，否则返回 False。对于顺序文件，EOF 函数告诉用户是否到达文件的最后一个字符或数据项。

对于 Random 和 Binary 文件，如果最后执行的一个 Get 语句无法读到一条完整的记录，则 EOF 函数返回 True，否则返回 False。对于以 Output 方式打开的文件，EOF 函数总是返回 True。EOF 函数的一般结构如下：

```
Do While Not EOF (1)
        文件读写语句
Loop
```

例 12.1　循环输入数据：

```
Dim InputData
Open "MYFILE" For Input As #1          '为输入打开文件
Do While Not EOF(1)                    '检查是否是文件尾
        Line Input #1, InputData       '读入一条记录
        Debug.Print InputData          '在立即窗口中显示
Loop
Close #1                               '关闭文件
```

4．LOF 函数

LOF 函数返回文件的长度，类型为长整型。在 VB 中，文件的基本单位是记录，以随机文件为例，每条记录的默认长度是 128 个字节，因此，对于随机数据文件，LOF 函数返回的将是 128 的倍数，不一定是实际的字节数。例如，假定某个随机文件的实际长度是 257（128 * 2＋1）个字节，用 LOF 函数返回的值是 384（128 * 3）个字节。用其他编辑软件或字处理软件建立的文件，LOF 函数返回的将是实际的长度。若返回值为 0，表示该文件为空文件。其语法格式为：

LOF(文件号)

例如，用下面的程序段可以确定一个随机文件中记录的个数：

```
RecordLength = 60
Open "C:\Temp\Test.txt" For Random As #1
x = LOF (1)
NumberOfRecords = x/RecordLength
```

5．LOC 函数

LOC 函数在已打开的文件中指定最近一次读/写的位置。对随机文件而言，返回上一次对文件进行读/写的记录号，即文件中当前字节位置除以 128 后的值。其格式为：

LOC(文件号)

6. Lock 语句和 Unlock 语句

在网络环境中，有时候几个进程对同一文件同时进行存取，就会引起冲突。利用 Lock 和 Unlock 语句可以实现对文件的"锁定"和"解锁"，从而对用 Open 语句打开的全部文件或部分文件，控制其他进程对其进行的访问。Lock 和 Unlock 的语法格式为：

Lock [#]文件号[,记录/[开始] To 结束]
　…
Unlock [#]文件号[,记录/[开始] To 结束]

说明：

● 文件中的第一条记录为位置 1，第二个记录为位置 2，依此类推。

● Lock 与 Unlock 语句总是成对出现的。所使用的参数在 Lock 和 Unlock 语句中必须完全一致。

● 记录：要锁定的记录号或字节号，其取值范围是 1～2147483647。一条记录的长度最多可达 32767 字节。

● 开始：要锁定或解锁的第一条记录的记录号或第一个字节的字节号。

● 结束：要锁定或解锁的最后一条记录的记录号或最后一个字节的字节号。

● 若已经以顺序输入或输出的方式打开文件，则无论"开始"和"结束"指定什么范围，Lock 和 Unlock 都将影响整个文件。

● 如果只指定了一条记录，则仅对这个记录进行锁定或解锁；如果指定了记录的范围，并且省略了"开始"记录，则作用的范围是从第一条记录到"结束"的全部记录。当只有"文件号"而没有其他参数时，作用于整个文件。

● 在关闭一个文件或退出程序之前，必须要用 Unlock 语句解除对文件进行的所有锁定，否则会产生无法预料的后果。

例 12.2　用以下语句对 1～10 记录锁定：

```
Lock #1, to 5              '锁住 1～5 记录
Lock #1,6 to 10            '锁住 6～10 记录
```

必须有两个解锁语句与之对应：

```
Unlock #1, to 5           '解锁 1～5 记录
Unlock #1,6 to 10         '解锁 6～10 记录
```

如果用"Unlock #1,1 to 10"也会出错。

7. FileAttr 函数

FileAttr 函数返回 Open 语句所打开文件的方式。其语法格式为：

FileAttr(文件号,返回类型)

其中，返回类型指返回信息的类型。当为 1 时，返回代表文件访问方式的数值，返回值含义如表 12-2 所示；当为 2 时，在 16 位系统中返回该文件的句柄，在 32 位系统中不支持 2，会导致错误发生。

例如，返回文件打开方式：

```
Dim FileNum, Mode
FileNum = 1
Open "TESTFILE" For Append As FileNum      '打开文件
Mode= FileAttr（FileNum,1）                '返回 8（Append）
Close FileNum
```

表 12-2　返回值的含义

文件访问方式	返回值
Input	1
Output	2
Random	4
Append	8
Binary	32

12.3　顺序文件

顺序文件是一系列 ASCII 码格式的文本行，数据按顺序排列存放，与文档中出现的顺序相同，是最简单的文件结构。任何文本编辑器都可以读写这种文件。

顺序文件的读写操作与标准输入输出十分相似。读操作是把文件中的数据读到内存，写操作是把内存中的数据输出到屏幕上。

12.3.1　顺序文件的读操作

顺序文件的读操作分 3 步进行，即打开、读取和关闭。读取数据就是将文件中的信息读入到内存中。读数据的操作由 Input #语句、Line Input #语句和 Input $函数实现。

1．Input #语句

Input # 语句用于从已打开的顺序文件中读出数据项，并将数据项分别赋给程序指定的变量。其语法格式为：

Input # 文件号，变量列表

其中，"变量列表"由一个或多个变量组成，这些变量既可以是数值变量、字符串变量也可以是数组元素，用逗号分隔多个变量。从文件中读出的数据赋给这些变量。Input #语句中变量的类型应与文件中数据项的类型相匹配。

例如，Input #1,X,Y

执行该语句将从文件 1 中读出两个数据项，分别赋给 X、Y 两个变量。

说明：

● 用 Input#语句把读出的数据项赋给数值变量时，将忽略前导空格、回车或换行符，遇到的第一个非空格、非回车和换行符作为数值的开始，遇到空格、回车或换行符则认为数值结束。对于字符串数据，同样忽略开头的空格、回车或换行符。如果需要把开头带有空格的字符串赋给变量，则必须把字符串放在双引号中。

● Input #语句与 InputBox 函数类似，但 InputBox 要求从键盘上输入数据，而 Input#语句要求从文件中输入数据，而且执行 Input #语句时不显示对话框。

● Input #语句也可用于随机文件。

注意：

● 读出时变量的数据类型需要与写入时的数据类型一致。

● 数据中的双引号符号读出时将被忽略。

● 为了能够用 Input#语句将文件中的数据正确地读出，在将数据写入文件时，要使用 Write#语句而不是使用 Print#语句。因为 Write#语句能够将各个数据项正确地区分开。

例 12.3   执行下面的程序代码：

```
Private Sub Form_Click()
        Dim x$,y$,z$,a%,b%,c%
        Open "C:\vb\test.dat" For Input As #1
        Input #1, x, y, z
        Input #1, a, b, c
        Print x, y, z
        Print a, b, c
        Print a + b + c
        Close #1
End Sub
```

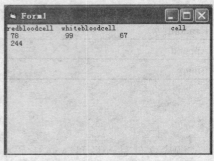

如果顺序文件 test.dat 的内容如下：

"redbloodcell", "whitebloodcell", "cell"

78, 99, 67

执行 Form_Click 过程，运行结果如图 12-5 所示。

图 12-5   Input #语句使用示例

例 12.4   设计一个程序熟悉 Input #语句的使用，该程序将已建立的文件内容输出到屏幕上。

（1）首先利用记事本建立一名为 "D:\Test.txt" 的文件。

（2）运行 VB，新建一个应用程序。往窗体中添加一个命令按钮，将其 Caption 属性设置为 "显示文件"。当单击该按钮时，将已建立的文件内容显示在窗体上。

（3）添加命令按钮的 Click 事件过程，代码如下：

```
Private Sub Command1_Click()
        Open "D:\test.txt" For Input As #1
        FontSize = 16
        Do Until EOF(1)
          Input #1, x
          Form1.Print x
        Loop
        Close #1
End Sub
```

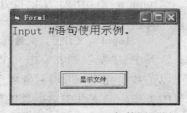

按 F5 键运行程序，在程序界面上单击 "显示文件" 按钮，窗体上将显示 D:\test.txt 文本文件中的内容，如图 12-6 所示。

图 12-6   Input #语句使用示例

2．Line Input #语句

从顺序文件中读取完整的一行数据，并把它赋给一个字符串变量。其语法格式为：

Line Input #文件号，字符串变量

其中，"字符串变量" 可以是一个字符串变量名，也可以是一个字符串数组元素名，用来接收从顺序文件中读出的字符行。

注意：

● Line Input #语句可以读出除了数据行中的回车符或换行符之外的所有字符。

● 通常用 Print #语句将 Line Input #读出的数据写入文件。

在文件操作中，Line Input #语句十分有用，它可以读取顺序文件中一行的全部字符，直至遇到回车符为止。

Line Input #与 Input #语句功能类似。只是 Input #语句读取的是文件中的数据项，而 Line Input #语句读取的是文件中的一行。Line Input #常用来复制文本文件，也可用于随机文件。

例 12.5   如果顺序文件 test.dat 的内容如下：

"redbloodcell", "whitebloodcell", "cell"
78, 99, 67

用 Line Input #语句将数据读出并且把它显示在文本框中。

```
Private Sub Command1_Click()
Dim a$,  b$
Open "C:\vb\test.dat" For Input As #2
Line Input #2，a
Line Input #2，b
Text1.Text = a & b
End Sub
```

执行以上过程，文本框中显示的内容为：

"redbloodcell", "whitebloodcell", " cell"78, 99, 67

例 12.6　设计一个程序熟悉 Line Input #语句的使用，该程序将已建立的文件内容输出到文本框上，该文件中一共有三行文字。

（1）首先利用记事本建立一名为 "D:\Test1.txt" 的文件。

（2）运行 VB，新建一个应用程序。向窗体中添加一个命令按钮和一个 TextBox 控件，将命令按钮的 Caption 属性设置为"显示文件"，将 TextBox 控件的 MultiLine 属性设置为 True。当单击命令按钮时，将已建立的文件内容显示在 TextBox 控件的文本编辑区中。

（3）添加命令按钮的 Click 事件过程，代码如下：

```
Private Sub Command1_Click()
        Open "D:\test1.txt" For Input As #1
        Text1.FontSize = 10
        Do While Not EOF(1)
            Line Input #1, aspect$                '读一行数据送入变量 aspect$
            wz$ = wz$ + aspect$ + Chr$(13) + Chr$(10)   '逐行读取
        Loop
        Text1.Text = wz$
        Close #1
End Sub
```

按 F5 键运行程序，在程序界面上单击"显示文件"按钮，窗体上将显示 D:\test1.txt 文本文件中的内容，如图 12-7 所示。

3. Input $函数

Input $函数返回以 Input 或 Binary 方式打开的文件中读出的 n 个字符的字符串，即它可以从数据文件中读取指定数目的字符，其语法格式如下：

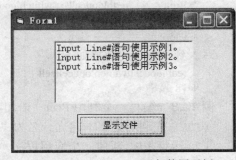

图 12-7　Line Input #语句使用示例

Input $(n,#文件号)

其中，n 表示字符个数。

例如，temp$ = Input $(100, #1)，将从文件号为 1 的文件中读取 100 个字符，并把它赋给变量 temp$。Text1.Text=Input(LOF(2),#2)，将 2 号文件的内容全部复制到文本框中。

Input $函数执行所谓"二进制输入"。它把一个文件作为非格式的字符流来读取。例如，它不把回车－换行序列看作是一次输入操作的结束标志。它返回读出的所有字符，包括逗号、回车符、空白列、换行符、引号和前导空格等。因此，当需要用程序从文件中读取单个字符时，或者是用程序读取一个二进制的或非 ASCII 码文件时，使用 Input $函数较为适宜。

12.3.2　顺序文件的写操作

顺序文件的写操作也分 3 步进行，即打开、写入和关闭。写操作就是将内存变量中的数据写入顺序文件。写数据的操作由 Print #或者 Write #语句来完成。

1. Print #语句

在第 4 章介绍过 Print 方法，Print #语句与 Print 方法的功能是类似的。Print 方法所"写"的对象是窗体、打印机或控件，而 Print #语句所"写"的对象是文件。Print #语句的功能是把格式化显示的一个或多个数据写入顺序文件中，其语法格式为：

  Print #文件号，[[Spc(n)|Tab(n)]|表达式列表][;|,]]

其中，"文件号"的含义同前，数据被写入该文件号所代表的文件中。其他参数，包括 Spc 函数、Tab 函数、"表达式列表"及尾部的分号、逗号等，其含义与 Print 方法中相同。

例如，Print #1, X, Y, Z，将把 X、Y、Z 的值写入文件号为 1 的文件中。Print X, Y, Z，把变量 X、Y、Z 的值输出到窗体上。

说明：

- 格式中的"表达式列表"可以省略。在这种情况下，将向文件写入一个空行。例如：
  Print # 1
  应该对这条语句做进一步解释：其功能是向 1 号文件中写入一个空行。
- Print #语句中的各数据项之间可以用分号或逗号隔开，分别对应紧凑格式和标准格式。
- 实际上，Print #语句的任务只是将数据送到缓冲区，数据由缓冲区写到磁盘文件的操作是由文件系统来完成的。执行 Print #语句后，并不是立即把缓冲区中的内容写入磁盘，只有在满足关闭文件、缓冲区已满或执行下一个 Print #语句时才写入磁盘。

例 12.7　执行下面的程序代码：

```
Open    "D:\test.dat" For Output As #2
Print # 2,  "redbloodcell"; "whitebloodcell"; "cell"
Print # 2，78;99;67
Close #2
```

写入到文件中的数据如下：

```
redbloodcellwhitebloodcellcell
78 99 67
```

例 12.8　编写一个利用 Print #语句，将窗体中文本框中的信息存入到文件中的应用程序。

（1）首先利用记事本建立一名为"D:\Test2.txt"的文件，该文件为空白。

（2）运行 VB，新建一个应用程序。往窗体中添加两个命令按钮，修改命令按钮的 Caption 属性，分别为"保存文件"和"关闭文件"，如图 12-8 所示。

（3）往窗体上添加两个 TextBox 控件，分别用来存放用户输入的姓名和学号。

（4）程序运行时，首先用如下代码通过 Append 方式将已存在的文件打开，如果文件不存在，则建立该文件。代码如下：

```
Private Sub Form_Load()
        Open "D:\test2.txt" For Append As #1
End Sub
```

图 12-8　程序界面

（5）编写"保存文件"和"关闭文件"按钮的 Click 事件，代码如下：

```
'保存文件
Private Sub Command1_Click()
        XM = Text1.Text
        XH = Text2.Text
    Print #1, XM, XH
        Text1.Text = ""
        Text2.Text = ""
        End Sub
'关闭文件
Private Sub Command2_Click()
        Close #1
        MsgBox "文件已经关闭"
End Sub
```

按 F5 键运行程序，在程序界面上输入用户姓名和学号，单击"保存文件"按钮，程序将修改 Test2.txt 文本文件中的内容。

2．Write #语句

Write 语句的格式为：

Write #文件号, [表达式列表]

该语句把数值或字符串表达式写入顺序文件。它自动地用逗号分开每个表达式，并且在字符串表达式端放置双引号。

说明：

- "文件号"和"表达式列表"的含义同前。当使用 Write #语句时，文件必须以 OutPut、Append 方式打开。"表达式列表"中的各项以空格、分号或逗号分开。
- 如果没有表达式列表，将向文件中写入一个空行。
- 在最后一个字符写入文件后会插入一个回车换行符。
- Write #与 Print #语句的功能基本相同，主要区别有以下两点：一是用 Write #语句写数据时，数据以紧凑格式存放，并给字符串加上双引号。一旦最后一项被写入，就插入新的一行。二是用 Write #语句写入的正数的前面没有空格。
- Write #语句常与 Input #语句配合使用，而 Print #语句常与 Line Input #语句配合使用。

12.3.3 顺序文件操作举例

以上学习了随机文件的读/写操作，接下来将通过实例使读者进一步熟悉顺序文件各种操作的实现方法。

例 12.9 编写一个文件加密的应用程序。

（1）运行 VB，新建一个应用程序。在应用程序中添加"打开文件"、"加密"和"保存文件"三个命令按钮，它们的名称分别为 cmdOpen、cmdSave 和 cmdCode，再添加两个文本框，其名称分别为 txtSource 和 txtTarget，另外有一个通用对话框 Common-Dialog1。修改它们的 Caption 属性，调整这些控件的大小和位置，程序界面如图 12-9 所示。

（2）编写相应事件过程。

```
Sub CmdOpen_Click()
        CommonDialog1.Action=1
        txtSource.text=""
```

图 12-9　文件加密程序界面

```
        Open CommonDialog1.FileName For Input As #1
        Do While Not EOF(1)
            Line Input #1, InputData
            txtSource.text= txtSource.text + InputData+vbCrLf
        Loop
        Close #1
    End Sub
    Sub cmdSave_Click()
        CommonDialog1.Action=2
    Open CommonDialog1.FileName For Output As #1
        Print #1, txtTarget.text
        Close #1
    End Sub
'加密事件过程
Sub CmdCode_Click()
strInput=txtSource.text
i=1
Code=""
Length=Len(strInput)
Do While(i<= Length)
strTemp=Mid$( strInput,i,1)
If (strTemp>="A" And strTemp<="Z") Then
    iAsc = Asc(strTemp)+5
    If iAsc>Asc("Z")Then iAsc=iAsc-26
    Code=Left$(code,i-1)+Chr$(iAsc)
ElseIf (strTemp>="a"And strTemp<="z") Then
    iAsc=Asc(strTemp)+5
    If iAsc>Asc("z")Then iAsc=iAsc-26
    code=Left$(code,i-1)+Chr$(iAsc)
Else
    Code=Left$(code,i-1)+ strTemp
End If
i=i+1
Loop
txtTarget.text=Code
End Sub
```

12.4　随机文件的读写操作

　　对随机文件的读写操作实际上是对文件中的记录进行操作，每条记录都有记录号并且记录长度全部相同。无论是读数据还是写数据，都需要事先定义内存空间，而内存空间的分配是靠变量声明来进行的，所以读/写操作都必须事先在程序中定义变量，变量要定义成随机文件中的记录类型，一条记录又是由多个数据项组成的，每个数据项有不同的类型和长度。因此，在程序的变量声明部分采用用户自定义类型声明语句，首先定义记录的类型结构，然后再将变量声明成该类型。

12.4.1　定义随机文件的数据类型

　　从随机文件中读取的是记录中的数据信息，所以用户必须定义一条记录型变量（也称用户自定义数据类型），由若干个标准数据类型组成。参见 3.2.3 节。

例如，定义一个学生信息的数据类型：

```
Type StudentInfo
    Name As String * 15
    Number As String * 10
    Class As String * 10
End Type
Dim StudentInfo1 As StudentInfo
    Name = "张三"
    Number = "200501"
    Class = "93"
```

这样就可以使用自定义的数据类型了。如果要表示 StudentInfo1 变量中的某个元素，形式如下：

变量名.元素名

例如，要表示学生的姓名：StudentInfo1.Name。

如果根据这种自定义类型声明了 100 个记录变量，那么将得到一个随机文件。代码如下：

```
Public StudentInfo(1 to 100) As Record
```

说明：

记录长度是一条记录所占的字节数。可以用 Len 函数获得。

定义的记录可以用下面的语句打开：

```
Open "D:\Test.dat" For Random As #9 Len=Len（StudentInfo）
```

随机文件的数据格式如图 12-10 所示。

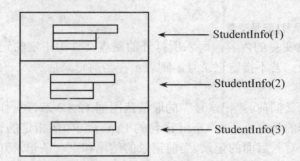

图 12-10　新生成的随机文件

通常对用户定义类型中的各字符串元素都定义为固定的长度，如果实际字符串的字符数比字符串固定长度少，则会用空格来填充；如果字符串比字段的尺寸长，就会被截断。如果使用长度可变的字符串，则任何用 Put 存储的或用 Get 检索的记录总长度，都不能超过在 Open 语句的 Len 中所指定的记录长度。

随机文件与顺序文件的读写操作类似，但通常把需要读写的记录中的各字段放在一条记录类型中，同时应指定每个记录的长度。

12.4.2　随机文件的读操作

随机文件的读操作分为以下 4 步：

1. 定义数据类型

在 12.4.1 节中已经介绍过。

2. 打开随机文件

打开一个随机文件后，可以同时进行读与写操作。打开随机文件的语法格式为：

Open "文件名" For Random As #文件号 [Len = 记录长度]

其中，"记录长度"等于各字段长度之和，以字节为单位。若省略"Len=记录长度"，则记录的默认长度为 128 个字节。

3. 读取随机文件中的数据

随机文件的读操作通过 Get 语句来实现，其语法格式为：

Get [#]文件号, [记录号], 记录变量

其中，#、记录号是可选的。"文件号"的含义同前。"记录变量"是除对象变量和数组变量外的任何变量。Get 语句把由"文件号"所指定的磁盘文件中的一条由记录号指定的记录内容读入"记录变量"中。

"记录号"是整数，取值范围为 1～2147483647。对于用 Random 方式打开的文件，"记录号"是需要写入的编号。如果省略"记录号"，则从当前记录的下一条记录位置起读出数据，省略"记录号"后，逗号不能省略。例如：

Get #2, ,TempVar

4. 关闭随机文件

关闭随机文件的操作与顺序文件相同，仍然使用 Close 语句。

12.4.3　随机文件的写操作

随机文件的写操作与读操作类似，也分为 4 个步骤。向随机文件中写入数据使用 Put 语句，其语法格式如下：

Put [#]文件号,[记录号],记录变量

该语句是将一条记录变量的内容，写入所打开的磁盘文件中指定的记录位置处。记录号表示写入的是第几条记录；若不指定记录号，则表示在当前记录后写入一条记录。

说明：

- "文件号"的含义同前。"记录号"的取值范围同 12.4.2 节读操作中的取值范围。
- 如果所写的数据的长度小于在 Open 语句的 Len 子句中所指定的长度，Put 语句仍然在记录的边界后写入后面的记录，当前记录的结尾和下一条记录开头之间的空间用文件缓冲区现有的内容填充。由于填充数据的长度无法确定，因此最好使记录长度与要写的数据的长度相匹配。
- 如果要写入的变量是一个变长字符串，则除写入变量外，Put 语句还将写入一个两个字节的描述符，因此由 Len 子句所指定的记录长度至少应比字符串的实际长度多两个字节。
- 如果要写入的变量是一个可变数值类型变量，则除写入变量外，Put 语句还要写入两个字节用来标记变体变量的 VarType。因此，在 Len 子句中指出的记录长度至少应比存放变量所需要的实际长度多两个字节。
- 如果要写入的是字符串变体，则 Put 语句要写入两个字节标记 VarType、两个字节标记字符串的长度。在这种情况下，由 Len 子句指定的记录长度至少应比字符串的实际长度多 4 个字节。
- 如果写入的变量是大小固定的数组，则 Put 只写入数据，不插入描述符。如果写入的变量是动态数组，则 Put 写入一个描述符，其长度等于（2+8）*维数。

● 如果要写入的是其他类型的变量，则 Put 语句只写入变量的内容，由 Len 子句所指定的记录长度应大于或等于所要写的数据的长度。

12.4.4 随机文件中记录的增加和删除

1. 记录的增加

要向打开的随机访问文件的末尾添加新记录，首先应找出文件的最后一条记录的记录号，然后将新的记录写在它的后面，使用上面的 Put 语句向随机文件的末尾添加新记录，最后把文件号变量的值设置为比文件中的记录数多 1。

例 12.10 学生成绩的记录变量为 Score，找到最后记录号：

```
Public Score As Student            '定义记录变量
Type Student
        Number As String*4
        Name As String*10
        ChineseScore As Integer
End Type
…
Dim Length As Long，Num As Long
'用随机访问方式打开文件 Filenum
Open "考试成绩"For Random As Filenum Len=Length
Length= Len(Score)
Num=LOF(Filenum)/ Length+1           '找到最后记录号
…
```

2. 记录的删除

删除记录的方法是将被删除记录后面的记录位置向前移动，将被删记录覆盖掉，并将总记录数减 1。通过清除其字段可以删除一条记录，但是该记录仍在文件中存在。通常文件中不能有空记录，所以把剩余的记录拷贝到一个新文件，然后删除旧文件。

例 12.11 要删除记录号为 N 的某条记录。

```
Private Sub Command1_Click()
'recordnum 为文件中记录个数
i=N
DO While i<=recordnum
    Get #1,i+1,recvar
    Put #1,i,recvar
    i=i+1
Loop
'将第 i 个记录即最后一条记录清空
recordnum=recordnum-1
End Sub
```

12.4.5 随机文件操作举例

例 12.12 以上学习了随机文件的读/写、随机文件中记录的添加和删除，接下来将编写一个利用控件显示和修改随机文件的应用程序，使读者进一步熟悉随机文件中各种操作的实现方法。

（1）运行 VB，新建一个应用程序。往应用程序中添加四个 Label 控件、四个 TextBox 控件（采用 Text1 控件数组）和四个命令按钮（"插入记录"、"删除记录"和"显示记录"三个命令按钮使用 Command1 控件数组，"退出程序"命令按钮为 Command2），修改它们的 Caption 属性，调整这些控件的大小和位置，程序设计界面如图 12-11 所示。

（2）首先，定义随机文件中自定义类型的变量，并添加窗体级变量的声明，代码如下：

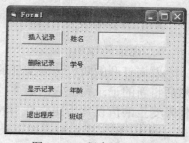

图 12-11   程序设计界面

```
'定义随机文件 studInfo.dat 的结构
Private Type StudentInfo
    Name As String * 10
    Num As String * 4
    Age As Integer
    Class As String * 5
End Type
Dim StudInfo As StudentInfo
Dim Recnum As Integer
```

（3）编写命令按钮控件数组的 Click 事件过程，该过程根据返回的 Index 值，分别进行记录的插入、删除和显示过程。

```
Private Sub Command1_Click(Index As Integer)
    On Error Resume Next
    Recnum = InputBox("输入记录号", "数据输入")
    If Recnum = 0 Then Exit Sub
    Open "StudInfo.dat" For Random As #1 Len = Len(StudInfo)
'插入记录。用户在文本框控件中输入信息后，单击该按钮，并输入记录号，则完成记录的插入
    If Index = 0 Then
        totalrec = LOF(1) / Len(StudInfo)      '计算总记录数
        For i = totalrec To Recnum Step -1
            Get #1, i, StudInfo
            Put #1, i + 1, StudInfo
        Next
        StudInfo.Name = Text1(0).Text
        StudInfo.Num = Text1(1).Text
        StudInfo.Age = Text1(2).Text
        StudInfo.Class = Text1(3).Text
        Put #1, Recnum, StudInfo
    End If
'删除记录。用户输入记录号，单击"删除记录"按钮，即完成记录的删除
    If Index = 1 Then
        totalrec = LOF(1) / Len(StudInfo)      '计算总记录数
        For i = Recnum To totalrec - 1
            Get #1, i + 1, StudInfo
            Put #1, i, StudInfo
        Next
        StudInfo.Num = ""
        StudInfo.Name = ""
        StudInfo.Age = Empty
        StudInfo.Class = ""
        Put #1, i, StudInfo
    End If
'显示记录。用户输入记录号，单击"显示记录"按钮，即完成记录的显示
    If Index = 2 Then
        Get #1, Recnum, StudInfo
        Text1(0).Text = StudInfo.Name
```

```
                Text1(1).Text = StudInfo.Num
                Text1(2).Text = StudInfo.Age
                Text1(3).Text = StudInfo.Class
            End If
            Close
        End Sub
```

（4）编写"退出程序"按钮的 Click 事件过程：

```
Private Sub Command2_Click()
        End
    End Sub
```

至此，程序设计完成。程序能够很好地完成随机文件的打开和关闭、记录的显示、添加和删除等功能。

12.5　二进制文件的读写操作

当使用文件时，二进制访问方式具有极大的灵活性，文件中的内容以字节存取，任何类型的文件都可以用二进制访问的方式打开。

在二进制文件中，可以把文件指针移到文件的任何地方。文件刚刚被打开时，文件指针指向第一个字节，以后将随着文件处理命令的执行而移动。二进制文件打开后，读/写操作可同时进行。当要保持文件大小尽量小时，应使用二进制文件。

1．打开/关闭二进制文件

语法格式如下：

Open 文件名 For Binary As #文件号

可以看出，二进制文件访问中的 Open 语句与随机存取的 Open 语句不同，它没有指定 Len 部分。如果在二进制文件访问的 Open 语句中包括了记录长度，则被忽略。

关闭使用 Close 语句。

2．读写数据

（1）读数据

语法格式如下：

Get #文件号,[位置],变量

该语句从文件读出的字节数等于变量长度，在读/写的过程中，常用到 Seek 函数和 Seek 语句。

（2）写数据

语法格式如下：

Put #文件号,[位置],变量

其中"位置"是按字节计数的读写位置。若默认，则文件指针按照从头到尾的顺序移动。Put 语句向磁盘文件写入的字节数等于变量长度。

3．在长度可变的字段中保存信息

为了更好地了解二进制文件的访问，下面以一个职员记录文件加以说明。文件结构 Employee1 采用长度固定的记录和字段来存储每个职员的信息：

```
Type Employee1
    ID As Integer
    Salary As Currency
```

```
        LastReviewDate As Long
        FirstName As String*15
        LastName As String*15
        Title As String*15
        ReviewComments As String*150
    End Type
```

在这个文件中，不管字段的实际内容如何，每条记录都占用 209 个字节。

通过使用二进制模式访问可使磁盘空间的使用降到最小。因为不需要固定长度的字段，即在长度可变的字段中保存信息。只需类型声明语句省略字符串长度参数即可。

例 12.13　创建一个二进制文件，并在其中存入一个字符串，字符串中包含有数字、小写字母和大写字母。根据不同的要求，可以输出字符串中的数字、小写字母和大写字母。

（1）运行 VB，新建一个应用程序。在程序中添加一个 TextBox 控件和四个命令按钮控件。设置命令按钮控件的 Caption 属性如图 12-12 所示。

（2）首先，创建一个二进制文件，并写入一个字符串。代码如下：

图 12-12　程序界面

```
    Private Sub Form_Load()
        Open "try.dat" For Binary As #1
        mystring = "1234567890"
        Put #1, 1, mystring
        mystring = "abcedfghijklmnopqrstuvwxyz"
        Put #1, , mystring
        mystring = "ABCDEFGHIJKLMNOPQRSTUVWXYZ"
        Put #1, , mystring
    End Sub
```

（3）编写读取二进制文件中数字、大小写字母的过程。代码如下：

```
    '读取数字
    Private Sub Command1_Click()
        mystring = String$(10, " ")
        Get #1, 1, mystring
        Text1.Text = mystring
    End Sub
    '读取小写字母
    Private Sub Command2_Click()
        mystring = String$(26, " ")
        Get #1, 11, mystring
        Text1.Text = mystring
    End Sub
    '读取大写字母
    Private Sub Command3_Click()
        mystring = String$(26, " ")
        Get #1, 37, mystring
        Text1.Text = mystring
    End Sub
```

（4）编写关闭文件，并退出程序过程，代码如下：

```
    Private Sub Command4_Click()
        Close #1
        End
    End Sub
```

运行程序，单击"数字"按钮，文本框中将显示二进制文件中的一连串数字；单击"小写字母"按钮，文本框中将显示二进制文件中的"小写字母"；单击"大写字母"按钮，文本框中将显示二进制文件中的"大写字母"，如图 12-13 所示。

图 12-13 显示二进制文件中的大写字母

例 12.14 编写一个复制文件的程序。

```
Dim char As Byte
Dim FileNum1,FileNum2 As Integer
FileNum1=FreeFile
'打开源文件
Open "C:\STUDENT.DAT"For Binary As #FileNum1
FileNum2= FreeFile
'打开目标文件
Open "C:\STUDENT.BAK"For Binary As #FileNum2
Do While Not EOF(FileNum1)
'从源文件读出一个字节
Get #1,,char
'将一个字节写入目标文件
Put #2,,char
Loop
Close #FileNum1
Close #FileNum2
```

12.6 文件基本操作

文件的基本操作指的是文件的删除、拷贝、移动和改名等。VB 提供了执行这些操作的相应语句。本节将简要地介绍这些语句的格式和使用。

1. 文件的删除（Kill 语句）

VB 删除文件的操作是通过使用 Kill 语句来完成的。使用 Kill 语句可以删除磁盘中的文件。其语法格式如下：

Kill Pathname

其中，Pathname 参数是必要的，它是用来指定一个文件名（含路径）的字符串表达式。Kill 语句还支持通配符"*"和"?"来指定多重文件。

2. 文件的拷贝（FileCopy 语句）

VB 提供了一个 FileCopy 语句来拷贝一个文件。其语法格式为：

FileCopy 源文件名，目标文件名

其中，源文件名是指定被拷贝文件的文件名的字符串，不支持含通配符的字符串，字符串中可以包含驱动器和路径信息。该语句可以把源文件拷贝到目标文件，拷贝后两个文件的内容完全一样。注意不能拷贝已经由 VB 打开的文件。例如以下一段代码：

```
Private Sub Command1_Click()
    Dim DestFile As String
    Dim SrcFile As String
    DestFile = InputBox("复制到哪个文件？", "复制文件")
    SrcFile = File.FileName
    FileCopy SrcFile, DestFile
End Sub
```

文件的移动过程实际上也就是文件的拷贝和删除过程，要实现文件的移动，只需将源文件拷贝到新文件中，然后删除源文件即可。

3. 文件的重命名（Name 语句）

在 VB 中，文件的重命名是很容易的，只需要使用 Name 语句就可以实现，Name 语句的语法格式如下：

    Name 原文件名 As 新文件名

其中，

- 原文件名是一个字符串表达式，指定已存在的文件及路径，可包括目录或文件驱动器。
- 新文件名也是一个字符串表达式，它确定新文件的路径，也可包括目录、文件夹和驱动器。

执行 Name 语句过程中，如果新文件名指定的路径存在并且不同于原文件名指定的路径，则 Name 语句移动文件到新的目录或文件夹中并更改文件名。如果新文件名和原文件名指定不同的路径和同一文件名，则 Name 语句移动文件到新的地点并保持文件名不改变。从这里可以看出，Name 语句不仅有重命名的能力，而且还有移动文件的能力。但是，Name 语句不能移动目录和文件夹。使用 Name 时，需要注意以下几点：

- "原文件名"不存在或者"新文件名"已经存在时，都将发生错误。
- 在原文件名和新文件名中不能使用通配符"*"和"？"。
- Name 语句不能跨越驱动器移动文件。
- 如果一个文件已经打开，则当用 Name 语句对其进行重命名时，将产生错误。

例 12.15   编写一个修改文本文件的应用程序，实现文件的拷贝和删除功能。

（1）运行 VB，新建一个应用程序。往窗体上添加一个 TextBox 控件和三个命令按钮控件。TextBox 控件的 MultiLine 属性设置为 True，ScrollBars 属性设置为 3-Both，Text 属性设置为空。三个命令按钮控件的 Caption 属性分别设为"打开…"、"保存…"、"退出程序"，程序界面如图 12-14 所示。

图 12-14   程序界面设计

（2）首先，编写"打开…"按钮的 Click 事件过程。该过程将打开一个用户指定的文本文件，并将文件内容显示到 TextBox 控件上。代码如下：

```
Dim filename As String              '窗体级变量，用于存放原文件的文件名
Private Sub Command1_Click()
    filename$ = InputBox("请输入文件的完整路径名", "路径名输入")
    Open filename For Input As #1       '打开一个文本文件
    Dim i As Integer
    Do While Not EOF(1)
        Line Input #1, temp$            '显示文本文件中的内容
        Text1.Text = Text1.Text + temp$ + Chr(13) + Chr(10)
    Loop
    Close #1
End Sub
```

（3）接下来，编写"保存…"按钮的 Click 事件过程。该过程分两部分：直接修改原文件并保存；修改文件后另存为一个新的文件，并删除原文件。代码如下：

```
Dim newfilename As String                        '定义一个窗体级变量，用于存放新的文件路径名
Private Sub Command2_Click()
    On Error Resume Next                         '出错提示
    Dim x As Integer
    '选择保存文件的模式
    x = MsgBox("是否另存为其他文件名，并删除原文件？ ", vbOKCancel)
    If x = 1 Then                                '保存为一个新的文件名，并删除原文件
        newfilename$ = InputBox("输入新的文件完整路径名： ", "输入新文件名")
        FileCopy filename, newfilename           '文件的拷贝
        Kill (filename)                          '删除原文件
        Open newfilename For Output As #1        '将修改后的文本内容保存在新文件中
        Print #1, Text1.Text
        Close #1
    ElseIf x = 2 Then
        Open filename For Output As #1           '将修改后的文本内容保存在原文件中
        Print #1, Text1.Text
        Close #1
    End If
    If Err Then                                  '出错提示
        MsgBox (Error$(Err))
        MsgBox ("程序出错，请关闭程序。 ")
        End
    End If
End Sub
```

（4）最后，编写"退出程序"按钮的 Click 事件过程。代码如下：

```
Private Sub Command3_Click()
    End
End Sub
```

程序运行后，单击"打开…"按钮，在 InputBox 对话框中输入完整的文件名（如"D:\Test4.txt"），该文件中的内容将在文本框中显示出来，如图 12-15 所示。在文本框中修改文本内容，修改完毕，单击"保存…"按钮，选择一种保存方式即可保存文件。

此外，为了方便用户对文件系统的开发，VB 还提供了文件系统控件，如 DriveListBox 控件、

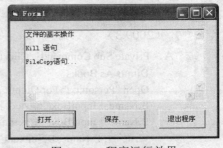

图 12-15　程序运行效果

DirListBox 控件、FileListBox 控件（参见第 5 章）和 CommDialog（参见第 9 章）控件，它们可以实现相应不同的功能，只要协调好这几个控件的关系，就可以进行初步的文件处理。

习题十二

一、选择题

1. 下列可以打开随机文件的语句是（　　）。（2010.9）

　　A．Open "file1.dat" For Input As#1

　　B．Open "file1.dat" For Append As#1

　　C．Open "file1.dat" For Output As#1

　　D．Open "file1.dat" For Random As#1 Len=20

2. 某人编写了下面的程序，希望能把 Text1 文本框中的内容写到 out.txt 文件中：

```
Private Sub Comand1_Click()
    Open "out.txt" For Output As #2
    Print "Text1"
    Close #2
End Sub
```

调试时发现没有达到目的，为实现上述目的，应做的修改是（　　）。（2010.3）

A．把 Print "Text1"改为 Print #2,Text1

B．把 Print "Text1"改为 Print Text1

C．把 Print "Text1"改为 Write "Text1"

D．把所有#2 改为#1

3. 下列有关文件的叙述中，正确的是（　　）。（2009.9）

A．以 Output 方式打开一个不存在的文件时，系统将显示出错信息

B．以 Append 方式打开的文件，既可以进行读操作，也可以进行写操作

C．在随机文件中，每个记录的长度是固定的

D．无论是顺序文件还是随机文件，其打开的语句和打开的方式都是完全相同的

4. 设在工程文件中有一个标准模块，其中定义了如下记录类型：

```
Type Books
    Name As String*10
    TelNum As String*20
End Type
```

在窗体上画一个名为 Command1 的命令按钮，要求当执行事件过程 Command1_Click 时，在顺序文件 Person.txt 中写入一条 Books 类型的记录，下列能够完成该操作的事件过程是（　　）。（2009.3）

A．
```
Private Sub Command1_Click()
    Dim B As Books
    Open "Person.txt" For Output As #1
    B.Name = InputBox("输入姓名")
    B.Name = InputBox("输入电话号码")
    Write #1, B.Name, B.TelNum
    Close #1
End Sub
```

B．
```
Private Sub Command1_Click()
    Dim B As Books
    Open "Person.txt" For Output As #1
    B.Name = InputBox("输入姓名")
    B.Name = InputBox("输入电话号码")
    Print #1, B.Name, B.TelNum
    Close #1
End Sub
```

C．
```
Private Sub Command1_Click()
    Dim B As Books
    Open "Person.txt" For Output As #1
    B.Name = InputBox("输入姓名")
    B.Name = InputBox("输入电话号码")
```

```
      Write #1, B
      Close #1
      End Sub
D.  Private Sub Command1_Click()
      Dim B As Books
      Open "Person.txt" For Output As #1
      B.Name = InputBox("输入姓名")
      B.Name = InputBox("输入电话号码")
      Print #1, Name,TelNum
      Close #1
      End Sub
```

5. 在窗体上有两个名称分别为 Text1、Text2 的文本框，一个名称为 Command1 的命令按钮。运行后的窗体外观如右图所示。

设有如下的类型和变量声明：

```
Private Type Person
  name As String * 8
  major As String * 20
End Type
Dim p As Person
```

设文本框中的数据已正确地赋值给 Person 类型的变量 p，当单击"保存"按钮时，能正确地把变量中的数据写入随机文件 Test2.dat 中的程序段是（　　　）。（2008.9）

```
A.  Open "C:\Test2.dat" For Output As #1
    Put #1,1,p
    Close #1

B.  Open "C:\Test2.dat" For Random As #1
    Get #1,1,p
    Close #1

C.  Open "C:\Test2.dat" For Random As #1 Len=Len(p)
    Put #1,1,p
    Close #1

D.  Open "C:\Test2.dat" For Random As #1 Len=Len(p)
    Get #1,1,p
    Close #1
```

6. 窗体上有一个名称为 Text1 的文本框和一个名称为 Command1 的命令按钮。要求程序运行时，单击命令按钮，就可以把文本框中的内容写到文件 out.txt 中，每次写入的内容附加到文件原有内容之后。下面能够实现上述功能的程序是（　　　）。（2007.4）

```
A.  Private Sub Command1_Click()        B.  Private Sub Command1_Click()
      Open "out.txt" For Input As#1           Open "out.txt" For Output As#1
        Print#1,Text1.Text                      Print#1,Text1.Text
        Close#1                                 Close#1
      End Sub                                 End Sub

C.  Private Sub Command1_Click()        D.  Private Sub Command1_Click()
      Open "out.txt" For Append As#1          Open "out.txt" For Random As#1
        Print#1,Text1.Text                      Print#1,Text1.Text
        Close#1                                 Close#1
      End Sub                                 End Sub
```

7. 设有如下的用户定义类型：

```
Type Student
    number As String
    name As String
    age As Integer
End Type
```

则以下正确引用该类型成员的代码是（   ）。(2006.9)

A．Student. name= "李明"

B．Dim s As Student
　　s.name= "李明"

C．Dim s As Type Student
　　s.name= "李明"

D．Dim s As Type
　　s.name= "李明"

8. 设有语句：Open "D:\Text.txt" For Output As #1，以下叙述中错误的是（   ）。(2006.9)

A．若 D 盘根目录下无 Text.txt 文件，则该语句创建此文件

B．用该语句建立的文件的文件号为 1

C．该语句打开 D 盘根目录下一个已存在的文件 Text.txt，之后就可以从文件中读取信息

D．执行该语句后，就可以通过 Print# 语句向文件 Text.txt 中写入信息

9. 以下叙述中错误的是（   ）。(2006.9)

A．顺序文件中的数据只能按顺序读写

B．对同一个文件，可以用不同的方式和不同的文件号打开

C．执行 Close 语句，可将文件缓冲区中的数据写到文件中

D．随机文件中各记录的长度是随机的

10. 在窗体上画一个名称为 Command1 的命令按钮和一个名称为 Text1 的文本框，在文本框中输入以下字符串 "Microsoft Visual Basic Programming"，然后编写如下事件过程：

```
Private Sub Command1_Click()
        Open "D:\temp\outf.txt" For Output As #1
        For i = 1 To Len(Text1.Text)
        c = Mid(Text1.Text, i, 1)
        If c >= "A" And c <= "Z" Then
        Print #1, LCase(c)
End If
        Next i
        Close
        End Sub
```

程序运行后，单击命令按钮，文件 outf.txt 中的内容是（   ）。(2005.4)

A．MVBP

C．M
　V
　B
　P

B．mvbp

D．m
　v
　b
　p

11. 假定在窗体（名称为 Form1）的代码窗口中定义如下记录类型：

```
Private Type animal
    AnimalName As String*20
    AColor As String*10
End Type
```

在窗体上画一个名称为 Command1 的命令按钮，然后编写如下事件过程：

```
Private Sub Command1_Click()
    Dim rec As animal
    Open "C:\vbTest.dat" For Random As #1 Len = Len(rec)
    rec.animalName = "Cat"
    rec.aColor = "White"
    Put #1, , rec
    Close #1
End Sub
```

则以下叙述中正确的是（　　）。（2004.4）

A．记录类型 animal 不能在 form1 中定义，必须在标准模块中定义

B．如果文件 C:\vbtest.dat 不存在，则 open 命令执行失败

C．由于 put 命令中没有指明记录号，因此每次都把记录写到文件的末尾

D．语句"put #1, , rec"将 animal 类型的两个数据元素写到文件中

12．以下能正确定义数据类型 TelBook 的代码是（　　）。（2003.9）

A．Type TelBook
Name As String*10
TelNum As Integer
End Type

B．Type TelBook
Name As String*10
TelNum As Integer
End TelBook

C．Type TelBook
Name String*10
TelNum Integer
End Type TelBook

D．Typedef TelBook
Name String*10
TelNum Integer
End Type

二、填空题

1．在窗体上画一个文本框，其名称为 Text1，在属性窗口中把该文本框的 MultiLine 属性设置为 True，然后编写如下的事件过程：

```
Private Sub Form_Click()
    Open "D:\test\smtext1.Txt" For Input As #1
    Do While Not _____
    Line Input #1, aspect$
    Whole$=whole$+aspect$+Chr$(13)+Chr$(10)
    Loop
    Text1.Text=whole$
    _____
    Open "D:\test\smtext2.Txt" For Output As #1
    Print #1,_____
    Close #1
End Sub
```

运行程序，单击窗体，将把磁盘文件 smtext1.txt 的内容读到内存并在文本框中显示出来，然后把该文本框中的内容存入磁盘文件 smtext2.txt。请填空。（2010.3）

2．在当前目录下有一个名为"myfile.txt"的文本文件，其中有若干行文本。下面程序的功能是读入此文件中的所有文本行，按行计算每行字符的 ASCII 码之和，并显示在窗体上。请填空。（2009.3）

```
Private Sub Command1_Click()
    Dim ch$, ascii As Integer
    Open "myfile.txt" For _____ As #1
    While Not EOF(1)
```

```
            Line Input #1, ch
            ascii = toascii(_____)
            Print ascii
        Wend
        Close #1
    End Sub
    Private Function toascii(mystr$) As Integer
      n = 0
      For k = 1 To _____
        n = n + Asc(Mid(mystr, k, 1))
      Next k
      toascii = n
    End Function
```

3．在窗体上画一个文本框，名称为 Text1，然后编写如下程序：

```
    Private Sub Form_Load()
        Open "D:\temp\dat.txt" For Output As #1
        Text1.Text = ""
    End Sub
    Private Sub Text1_KeyPress(KeyAscii As Integer)
        If KeyAscii = 13 Then
            If UCase(Text1.Text) = _____  Then
                Close #1
                    End
            Else
                Write #1, _____
                Text1.Text = ""
            End If
        End If
    End Sub
```

以上程序的功能是：在 D 盘 temp 文件夹下建立一个名为 dat.txt 的文件，在文本框中输入字符，每次按回车键都把当前文本框中的内容写入文件 dat.txt，并清除文本框中的内容：如果输入 "END"，则不写入文件，直接结束程序。请填空。（2008.9）

4．以下程序的功能是：把程序文件 smtext1.txt 的内容全部读入内存，并在文本框 Text1 中显示出来。请填空。（2008.4）

```
    Private Sub Command1_Click()
        Dim inData As String
        Text1.Text=" "
        Open "smtext1.txt" _____  As _____
        Do While _____
          Input#2, inData
          Text1.Text=Text1.Text& inData
        Loop
        Close #2
    End Sub
```

5．下面程序的功能是把文件 file1.txt 中重复字符去掉后（即若有多个字符相同，则只保留 1 个）写入文件 file2.txt。请填空。（2007.4）

```
    Private Sub Command1_Click()
        Dim inchar As String, temp As String, outchar As String
        outchar = ""
```

```
        Open "file1.txt" For Input As #1
        Open "file2.txt" For output As _____
        n = LOF(_____)
        inchar = Input$(n, 1)
        For k = 1 To n
            temp = Mid(inchar, k, 1)
            if instr(outchar,temp)=_____ then
                outchar = outchar & temp
            End If
        Next k
        Print #2,_____
        Close #2
        Close #1
    End Sub
```

6. 在窗体上先画一个名为 Text1 的文本框和一个名为 Label1 的标签，再画一个名为 Op1 的有 4 个单选按钮的单选按钮数组，其 Index 属性按季度顺序为 0～3（见图 1）。在文件 sales.txt 中按月份顺序存有某企业某年 12 个月的销售额。要求在程序执行时，鼠标单击 1 个单选按钮，则 Text1 中显示相应季度的销售总额，并把相应的文字显示在标签上。图 2 是单击"第 3 季度"单选按钮所产生的结果。请填空。（2007.4）

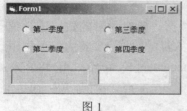
图 1

图 2

```
Dim sales(12) As Long
Private Sub Form_Load()
    Open "sales.txt" For Input As #1
    For k = 1 To 12
        Input #1, sales(k)
    Next k
    Close #1
End Sub
Private Sub _____ (Index As Integer)
    Dim sum As Long, k As Integer, month As Integer
    sum = 0
    month = index * _____
    For k = 1 To 3
        month = month + 1
        sum = sum + sales(month)
    Next k
    Label1.Caption = Op1(Index)._____ & "销售总额："
    Text1 = sum
End Sub
```

第 13 章　数据库应用

随着计算机应用的不断深入，各行业信息管理进程在不断加快，随之出现了学生信息管理系统、选课系统等。而数据库系统是管理信息系统的核心，数据库技术是信息技术中一个重要的支撑。所谓数据库（DataBase，DB）就是存储有组织、有结构的大量数据的集合。数据库中的数据允许用户进行修改、添加、打印等操作，用户也可以从数据库中检索出符合一定条件的数据。为此，Visual Basic 提供了强大的数据库操作功能，包含数据管理器（Data Manager）、数据控件（Data Control）以及 ADO（Active Data Object）控件等，将 Windows 的各种先进性与数据库有机地结合在一起，以便开发出实用便利的数据库应用程序，实现对数据库存取的人机交互界面。

本章将为读者介绍数据库的基本知识、Access 数据库的建立、SQL 查询语句的使用以及 ADO 数据控件的使用。

13.1　数据库基本知识

现代社会是信息社会，每时每刻都会产生大量的数据。要对大量的数据进行统一、集中和独立的管理，就要采用数据库技术。数据库中可存放大量的数据，要将大量数据组织成易于读取的格式，则要通过数据库管理系统（DataBase Management System，DBMS）来实现。

13.1.1　数据库的基本概念

1. 数据库

数据库通俗地讲就是存储数据的仓库。准确地说，数据库是以一定的组织方式存储的相互关联的数据集合。

数据库具有数据的共享性、数据的独立性、数据的完整性和数据冗余少等特点。

2. 数据处理

存储在数据库中的数据，可以进行相关处理，数据处理是指对原始数据进行收集、整理、存储、分类、排序、加工、统计和传输等一系列活动的总称。

3. 数据库管理系统

一个完整的数据库系统是由硬件系统、数据库集合、数据库管理系统及相关软件、数据库管理员和用户等五个部分组成。其中在这五个部分中数据库管理系统是为数据库建立、使用和维护而配置的软件，是数据库系统的核心组成部分。

数据库管理系统具有如下几方面的功能：

（1）数据库的定义功能。提供了数据定义语言或者操作命令，以便对各级数据模式进行精确的描述以及完整性约束和保密限制等约束。

（2）数据操作。提供了数据操作语言，供用户实现对数据的操作。

（3）数据库运行控制功能。数据库中的数据能够提供给多个用户共享使用，用户可以对数据进行并发的存取，多个用户能够同时使用同一个数据库。

（4）数据字典。数据字典是对数据库结构的描述和管理手段，对数据库使用的操作都要通过查阅数据字典进行。它是在系统设计、实现、运行和扩充各个阶段管理和控制数据库的工具。

另外，一个完整的数据库管理系统还具备对数据库的保护、维护和通信等功能。

常见的数据库管理系统有 Oracle、Sybase、Informix、Microsoft SQL Server、MySQL、Visual FoxPro 和 Microsoft Access 等产品。其中 MySQL 和 Visual FoxPro 是中小型数据库管理系统，而 Microsoft Access 是主要用于程序调试的数据库管理系统。

本章主要使用 Microsoft Access 数据库管理系统。

4. 数据库应用系统

数据库应用系统（DataBase Application System，DBAS）是在 DBMS 支持下根据实际问题，利用某种程序设计开发平台（如 Visual Basic），开发出来的数据库应用软件。一个 DBAS 通常由数据库和应用程序两部分组成，它们都需要在 DBMS 支持下开发。

一个数据库应用程序的体系结构由用户界面、数据库引擎（接口）和数据库三部分组成，如图 13-1 所示。其中，数据库引擎位于应用程序与数据库文件之间，是一种管理数据如何被存储和检索的软件系统。Visual Basic 使用 Microsoft Access 的数据引擎 Microsoft Jet 和 ADO 技术。Jet 主要用于连接一些小型数据库，如 Access、Visual FoxPro、Paradox 等；ADO 技术是通过 OLE DB 来实现数据的访问。

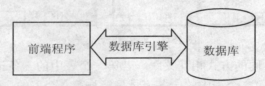

图 13-1　数据库应用程序的体系结构

一个数据库应用程序的基本工作流程就是用户通过用户界面向数据库引擎发出服务请求，再由数据库引擎向数据库发出请求，并将所需的结果返回给应用程序。

5. 关系数据库

数据库按其存储的数据结构，可分为层次数据库、网状数据库和关系数据库。关系数据库提供了结构化查询语言（SQL），它功能强大、性能稳定，是目前应用最广泛的一种数据库。

在关系数据库中，数据库由若干个有关联的二维数据表（Table）组成。二维数据表用于存储数据，通过关系（Relation）将这些表联系在一起。

数据表是由行和列组成的数据集合，每一行数据称为一个（条）记录（Record）。每一条记录又包含若干个数据项，每一个数据项称为一个字段（Field），每一个字段具有不同或相同的数据类型，如图 13-2 所示。

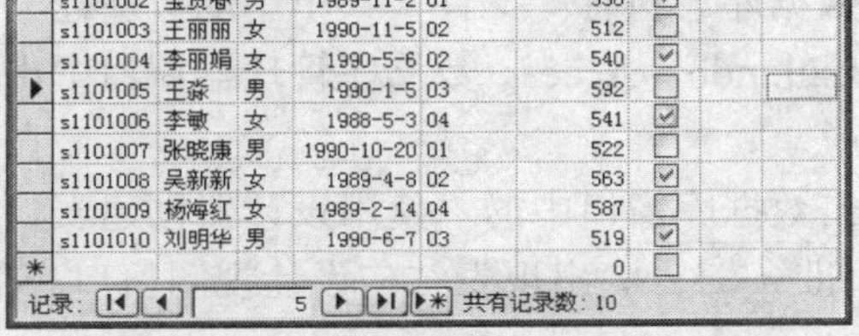
xsqk : 表

学号	姓名	性别	出生日期	专业号	入学总分	团员	备注	照片
s1101001	刘雪松	男	1988-10-23	01	525	☐		
s1101002	宝贵春	男	1989-11-2	01	530	☑		
s1101003	王丽丽	女	1990-11-5	02	512	☐		
s1101004	李丽娟	女	1990-5-6	02	540	☑		
s1101005	王淼	男	1990-1-5	03	592	☐		
s1101006	李敏	女	1988-5-3	04	541	☑		
s1101007	张晓康	男	1990-10-20	01	522	☐		
s1101008	吴新新	女	1989-4-8	02	563	☑		
s1101009	杨海红	女	1989-2-14	04	587	☐		
s1101010	刘明华	男	1990-6-7	03	519	☑		
					0	☐		

记录: 5　共有记录数: 10

图 13-2　xsqk 数据表

为了在数据表中设置一个能够唯一标识一条记录的字段，可为数据表设置一个主键。主键是数据表中某个字段或某些字段的组合，做主键的字段要求字段中的内容不能有重复且不能有空值。

表中的记录按一定的顺序录入，如 xsqk 表中的数据以学号排序。为了提高数据的访问效率，如查询“入学总分”字段中的一个数据，则要求数据表的顺序不是按学号而是按入学总分的顺序重新排序，查询速度才可得到提高。为此，数据表中可设置一个或多个排序的字段（或关键字），这样的关键字称为索引标识。以索引标识名建立的排序称为索引。

多个相互关联的数据表组成一个数据库。例如，一个学生管理数据库（xsgl.mdb）由 xsqk（学生情况）表、xscj（学生成绩）表和 zymc（专业名称）表组成。

xscj 和 zymc 表的结构和部分数据，如图 13-3 所示。

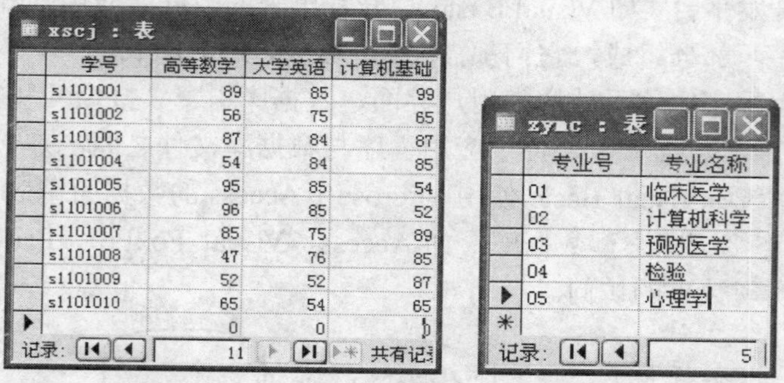

学号	高等数学	大学英语	计算机基础
s1101001	89	85	99
s1101002	56	75	65
s1101003	87	84	87
s1101004	54	84	85
s1101005	95	85	54
s1101006	96	85	52
s1101007	85	75	89
s1101008	47	76	85
s1101009	52	52	87
s1101010	65	54	65
	0	0	0

专业号	专业名称
01	临床医学
02	计算机科学
03	预防医学
04	检验
05	心理学

图 13-3　xscj 和 zymc 表

表与表之间可以用不同的方式相互关联。若第一个表中的一条记录内容与第二个表中多条记录的数据相对应，但第二个表中的一条记录只能与第一个表的一条记录的数据相对应，这样的表间关系类型叫做一对多关系；若第一个表的一条记录的数据内容可与第二个表的多条记录的数据相对应，反之亦然，这样的表间关系类型叫做多对多关系；若第一个表的一条记录的数据内容只能与第二个表的一条记录的数据相对应，反之亦然，这样的表间关系类型叫做一对一关系。

13.1.2 建立 Access 数据库

要使用 Access 数据库，首先要建立数据库，同时还要创建数据库中的多个数据表。建立数据库可以使用 Microsoft Office Access 2003，也可以使用 Visual Basic 自带的可视化数据管理器（Visual Data Manager）来创建所需要的数据库 xsgl.mdb 以及数据库中的三张表，即 xsqk 表、xscj 表和 zymc 表。

1. Access 数据库管理器

在 Windows 系统下，依次执行“开始”→“所有程序”→Microsoft Office→Microsoft Office Access 2003 命令，可打开 Access 数据库管理器窗口。

（1）新建或打开一个数据库。执行“文件”菜单中的“新建”命令或“打开”命令，新建或打开一个数据库，如 xsgl.mdb。Access 数据库管理器窗口中出现一个新建或打开的“数据库”窗口。

（2）建立数据表。双击数据库窗口中的“使用设计器创建表”快捷选项命令（或“数据库”工具栏上的“设计”按钮 设计(D)，出现表结构设计视图窗口。在表结构设计视图窗口中，可建立数据表所需要的结构。

例 13.1 利用 Access 数据库程序建立 xsqk 表的结构见表 13-1。

表 13-1 xsqk 表的结构

字段名	字段类型	字段长度	是否索引
学号	文本	8	主键，索引：有（无重复）
姓名	文本	8	
性别	文本	2	
出生日期	日期/时间	短日期	
专业号	文本	2	索引：有（有重复）
入学总分	数字	整型	
团员	是/否		
备注	备注		
照片	OLE 对象		

（3）录入和维护记录。数据表的结构建立好以后，就可以输入和维护记录。在"数据库"窗口的"对象"列表框中，找到要输入和维护数据的表名，双击该表名（或单击"数据库"工具栏中的"打开"按钮）。

在该窗口中，用户就可以将需要的数据输入到数据表中，同时，用户也可以进行修改、添加、删除等操作。数据修改后，可直接关闭该窗口，对数据进行保存。

2. 创建查询

有了数据库和其中的各个表以后，就可以对数据进行查询。设计一个数据查询的操作步骤如下：

（1）在"数据库"窗口左侧的"对象"列表框中，单击"查询"按钮，弹出"查询"对象选项卡。

（2）在"查询"对象选项卡中，双击"在设计视图中创建查询"命令。

新建查询将出现"显示表"对话框，从中可选择要查询的数据表。单击"关闭"按钮，完成数据表的添加。如果没有"显示表"对话框，则执行 Access 窗口"查询"主菜单中的"显示表"命令（或在"查询设计器"上方窗口中单击鼠标右键，选择快捷菜单中的"显示表"命令）。

（3）如图 13-4 所示，在"查询设计器"窗口下方窗体中，在"字段"行的一列，单击鼠标，这时该列的右侧出现下拉列表框符号✓。单击，将列出已添加所有表的所有字段，选择一个字段名，如 xsqk.学号，"表"行对应的列出现该字段所在表名。选择的字段名将出现在查询结果中。类似地，选择 xsqk.姓名、xsqk.性别、zymc.专业名称和 xscj.计算机基础等字段。

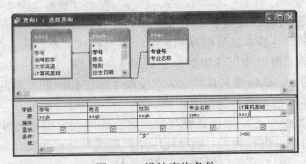

图 13-4 设计查询条件

（4）在字段“xsqk.性别”的“条件”行处，输入“女”，表示查询结果是所有女同学。

如果在“xscj.计算机基础”的“条件”行处，输入“>=80”，则表示查询结果是计算机基础大于等于 80 分的所有女同学。

如果将“xscj.计算机基础”放在“或”行上，则表示既显示女同学，又显示满足计算机基础大于等于 80 分的所有同学。

（5）单击 Access 窗口“查询”主菜单中的“运行”命令（或单击“查询”工具栏上的“运行”按钮），Access 系统执行查询，得到如图 13-5 所示的查询结果。

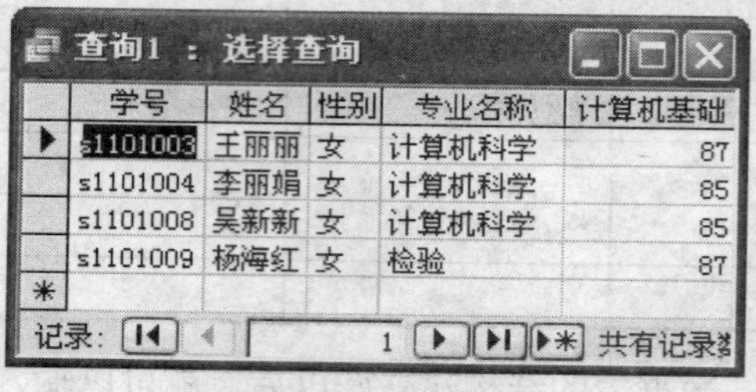
查询1 : 选择查询

学号	姓名	性别	专业名称	计算机基础
s1101003	王丽丽	女	计算机科学	87
s1101004	李丽娟	女	计算机科学	85
s1101008	吴新新	女	计算机科学	85
s1101009	杨海红	女	检验	87

记录: 1 共有记录

图 13-5　查询结果

单击图 13-5 查询结果窗口右上角的“关闭”按钮，可将查询结果进行保存。生成的查询结果，称为“记录集”（Recordset）。

3. 记录集

所谓记录集就是由数据库中的一个表或几个表中的数据组合而成的一种数据集合（也可以是一个查询的结果），这种数据集合类似于一张新表，称为记录集对象。

记录集也由行和列构成，它与表类似，可以由一个表的数据组成，也可以是多张表中不同字段的组合。打开记录集对象时，当前记录位于第一个记录，如果没有记录，当前记录位于数据集合的开始，此时结尾与开始是同一位置，所以也位于记录集中的结尾处。

使用记录集对象的原因是 Visual Basic 不能直接访问数据库中的记录，只能通过记录集对象进行记录的操作和浏览。因此，记录集是实现对数据库记录操作和浏览的桥梁。

记录集对象有三种类型：表（Table）类型、动态集（DynaSet）类型和快照（SnapShot）类型。

（1）表类型。表类型的记录集对象是当前数据库真实的数据表，因此记录集的数据完全等于一个完整的表。表类型记录集比其他两种类型的记录集在处理速度上要快，但内存要求大。

（2）动态集（DynaSet）类型。动态集类型的记录集对象是可以更新的数据集，它实际上是对一个或几个表中记录的引用，如图 13-5 所示的记录集是对三张表的记录引用，该记录集从 xsqk 表选取了“学号”、“姓名”和“性别”字段，从 xscj 表和 zymc 表选取了“专业名称”和“计算机基础”，三张表通过关键字“学号”和“专业名称”建立了表间的关系。

动态集和产生动态集的基本表可以互相更新，但操作速度不如表类型的记录集。

（3）快照类型。快照类型的记录集对象是数据表的拷贝，它记录某一瞬间数据库的状态。它包含的数据是固定的，记录集为只读状态，它反映了产生快照的一瞬间数据库的状态。快照类型的记录集，只能浏览记录而不能修改记录。

Visual Basic 操作数据库时，如果需要对数据进行排序或索引，可使用表类型的记录集，如果能够对查询选定的记录进行更新，则可使用动态集类型的记录集。但一般来说，尽可能使用表类型的记录集对象，因为它的性能通常最好。

在 Visual Basic 中使用如下命令，可以产生如图 13-5 所示的记录集对象。

```
SELECT xsqk.学号, xsqk.姓名, xsqk.性别, zymc.专业名称, xscj.计算机基础
FROM (xsqk INNER JOIN xscj ON xsqk.学号 = xscj.学号) INNER JOIN zymc ON xsqk.专业号 = zymc.专业号
WHERE (((xsqk.性别)="女"))
ORDER BY xsqk.学号
```

上面的语句，称为 SQL 查询语句。

13.1.3　使用 SQL 查询数据库

SQL（Structured Query Language）是结构化查询语言，SQL 是关系型数据库的标准查询语言，它被用到了各种不同种类的关系型数据库中如 Oracle、SQL Server、Access、Visual FoxPro）。

SQL 起始于 20 世纪 70 年代美国 IBM 研究中心的 E.F.Codd 所建立的关系数据库理论，并利用了早期关系型数据库管理系统（DBMS）上所配置的查询语言 SQUARE。在 SQL 逐步发展成为关系型数据库标准语言的过程中，ISO、ANSI 等标准机构为其制定了各种标准，如 SQL-86、SQL-92 等。

SQL 虽然名称上叫做查询语言，可实质上它涉及到了对数据库更多方面的操作，包括：数据定义、更新、查询和权限控制等。

尽管 SQL 语言成为了关系型数据库的标准操作接口，但是，对于各种实际的 DBMS，SQL 语言在格式、功能上还是会有所差别。

SQL 的主要语句，如表 13-2 所示。

表 13-2　SQL 的主要语句

语句	分类	功能
SELECT	数据查询	在数据库中查询满足指定条件的记录
DELETE	数据操作	删除记录
INSERT…INTO	数据操作	向表中插入一条记录
UPDATE	数据操作	更新记录

下面主要介绍 SQL 的 SELECT 语句的各种用法，读者可借用 Access 数据库来验证。其验证的步骤如下：

（1）首先进入 Access 程序主窗口，然后在相关数据库窗口的"查询"对象选项卡中，双击"在设计视图中创建查询"命令，打开"查询"设计器窗口，并弹出"显示表"对话框。

（2）由于 SQL 语句中已包括要打开的表，不需要使用"显示表"对话框来指定，故可以直接单击"关闭"按钮将该对话框关闭，建立一个空查询。

（3）执行"视图"主菜单中的"SQL 视图"命令，打开显示 SQL 视图窗口，并在其中键入 SQL 语句。

（4）单击数据库窗口工具栏中的"运行"按钮，立即显示查询结果。也可执行"视图"菜单中的其他命令，切换到查询设计视图等其他视图中。

SELECT 语句的语法格式如下：

SELECT [ALL|DISTINCT|TOP <数值表达式>[PERCENT]]
{ *| 表名.* | [表名.]表达式 1 [AS 别名 1] [, [表名.]|表达式 2 [AS 别名 2] [, …]]}

[INTO <表名>]
FROM 表名 1 [,表名 2[, ...]] [IN 外部数据库名]
[[INNER|LEFT|RIGHT JOIN] <表名> [ON <联接条件>]…],…
[WHERE <搜索条件>]
[GROUP BY <组表达式 1>[,<组表达式 2>...]] [HAVING <搜索条件>]
[UNION [ALL] <SELECT 语句>
[ORDER BY <关键字表达式 1>[ASC|DESC][, <关键字表达式 2>[ASC|DESC]...]]

说明：

（1）FROM 子句。用于指定查询的表与联接类型。其中，<表名>指出要打开的表；JOIN 关键字用于联接左右两个表；INNER|LEFT|RIGHT JOIN 选项指定两表的联接类型，分别表示内部联接、左和右外部联接；ON 子句用于指定联接条件。

（2）SELECT 子句。用于指定输出表达式和记录范围。<表达式>既可以是字段名，也可以包含聚合函数。<别名>用于指定输出结果中的列标题。

当<表达式>中包含聚合函数时，输出行数不一定与表的记录相同。

在 SELECT 语句中主要使用的聚合函数如表 13-3 所示。

表 13-3　几种聚合函数

函数	功能	说明
Sum	求字段值的总和	用于对数字、日期/时间、货币等
Avg	求字段的平均值	
Min/Max	求字段的最小值和最大值	
Count	求记录的个数	

若用一个"*"号表示 SELECT 子句所有的<表达式>，则指所有的字段。

ALL 选出的记录中包括重复记录，是默认值，可以不写；DISTINCT 选出的记录不包括重复记录。

TOP 子句中的<数值表达式>，表示在符合条件的记录中选取的起始记录数。含 PERCENT 选项时表示<数值表达式>为百分比，如子句"TOP 30 PERCENT"。TOP 子句通常与 ORDER BY 子句同时使用。

（3）INTO 子句。用于将查询结果生成新表，<表名>为新表的名称。例如下面语句：

SELECT 学号,姓名,性别,入学总分 INTO xs1 FROM xsqk

（4）WHERE 子句。若已用 JOIN…ON 子句指定了联接，WHERE 子句中只须指定搜索条件，表示从已有联接条件下产生的记录中搜索记录。也可省略 JOIN…ON 子句，一次性地在 WHERE 子句中指定联接条件和搜索条件，此时的"联接条件"通常为内部联接。

在 WHERE 子句中也可以使用关系运算符和逻辑运算符，如表 13-4 所示。

表 13-4　WHERE 子句中的运算符

运算符类型	符号	含义
关系运算符	<	小于
	<=	小于等于
	>	大于
	>=	大于等于

运算符类型	符号	含义
关系运算符	=	等于
	<>	不等于
	BETWEEN…AND	指定值的范围
	LIKE	在模式匹配中使用
	IN	指定可选项
逻辑运算符	NOT	逻辑非
	AND	逻辑与
	OR	逻辑或

例如，以下语句可查询女生的计算机基础成绩。

SELECT 计算机基础 FROM XSCJ WHERE 学号 IN (SELECT 学号 FROM XSQK WHERE 性别='女')

注意：条件 WHERE 性别='女'也可写成 WHERE 性别="女"，建议使用一对单引号'。

（5）GROUP BY 子句。对记录按<组表达式>值分组，常用于分组统计。

（6）HAVING 子句。含有 GROUP BY 子句时，HAVING 子句用作记录查询的限制条件。

（7）UNION 子句。UNION 子句用于在一个 SELECT 语句中嵌入另一个 SELECT 语句，使两个 SELECT 语句的查询结果合并输出。例如，以下查询语句用于显示所有计算机基础成绩和男生的学号。

SELECT 计算机基础 FROM xscj UNION SELECT 学号 FROM XSqk Where 性别="男";

UNION 子句默认从组合的结果中删除重复行，若使用 ALL 选项则允许包含重复行。

（8）ORDER BY 子句。指定查询结果中记录按<关键字表达式>排序，默认为升序。<关键字表达式>只可以是字段名，或表示查询结果中列所在位置的数字。选项 ASC 表示升序，DESC 表示降序。

13.2　ADO 数据库访问技术

在 Visual Basic 中，用户可用的数据访问技术有三种，即 ADO ActiveX 数据对象（Active Data Object）、DAO 数据访问对象（Data Access Object）和 RDO 远程数据对象（Remote Data Object）。数据访问技术是一个对象模型，它代表了数据访问的各个方面。使用 Visual Basic 可以在应用程序中通过编程来访问及控制数据库连接及其命令语句并获取访问数据。

ADO 是 Microsoft 处理数据库信息的最新技术，它是一种 ActiveX 对象，采用了被称为 OLE DB 的数据访问模式。它是数据访问对象 DAO、远程数据对象 RDO 和开放数据库互连 ODBC 三种方式的扩展。ADO 对象模型更为简化，不论是存取本地还是远程数据，都提供了统一接口，是连接应用程序和 OLE DB 数据源之间的一座桥梁。

ADO 数据控件是可视的 ADO 对象，由三个对象成员（Connection、Command 和 Recordset）和几个集合对象（Errors、Parameters 和 Fields）组成，可以快速建立数据绑定的控件和数据提供者之间的连接。

ADO 数据控件使用灵活、适应性强，建议用户在开发新的数据库应用程序时使用 ADO 数据控件来替代内嵌的 Data 控件。

13.2.1　ADO 数据控件使用基础

要使用 ADO 数据控件访问数据库，其过程通常为以下步骤：

（1）在窗体上添加 ADO 数据控件"Adodc" 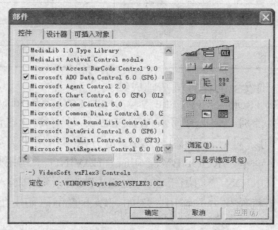。

在使用 ADO 数据控件前，必须先通过"工程"→"部件"菜单命令，在"控件"选项卡下选择 Microsoft ADO Data Control 6.0(SP6)(OLEDB)选项，将 ADO 数据控件添加到工具箱，如图 13-6 所示。

图 13-6　"部件"对话框

ADO 数据控件与 Visual Basic 的内部数据控件很相似，它允许使用 ADO 数据控件的基本属性快速地创建与数据库的连接。

（2）设置 ConnectionString 属性，即 ADO 使用连接对象通过什么方式连接数据库。当创建连接时，可以使用 3 种数据源：即 OLE DB 文件（.UDL）、ODBC 数据源（.DSN）或连接字符串。本书使用连接字符串，即 ConnectionString 属性。如果创建 OLE DB 数据连接，则打开"Windows 资源管理器"，新建一个.UDL 文件，设置属性与数据库连接；如果需要创建 ODBC 数据源，则通过在 Windows 系统的"控制面板"中使用"ODBC 数据源管理器"来实现。

（3）使用 ADO 命令对象操作数据库，从数据库中产生记录集并存放在内存中。

（4）设置 ADO 绑定控件及其属性，即建立记录集与 ADO 绑定控件的关联，在窗体具体显示数据。

13.2.2　ADO 数据绑定控件

ADO 数据控件本身只能进行数据库中数据的操作，不能独立进行数据的浏览，所以需要把具有数据绑定功能的控件同 ADO 数据控件结合起来使用，共同完成数据的显示、查询等。这样的控件称为数据绑定控件。

下面以一个例子，介绍数据绑定控件的使用方法。

例 13.2　利用数据库 xsgl.mdb 中的三张数据表 xsqk、xscj 和 zymc，建立学生信息查询界面，实现浏览学生信息功能，如图 13-7、图 13-8 所示。

分析：在创建控件之前，需要将部件 Microsoft ADO Data Control 6.0(OLE DB)和 Microsoft DataGrid Control 6.0(OLE DB)添加到工具箱中。

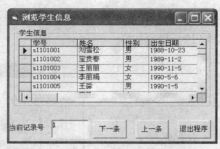

图 13-7　设计界面　　　　　　　　　　　图 13-8　执行界面

设计方法和步骤如下：

（1）创建一个标准 EXE 新工程。右击工具箱，选择"部件"命令，弹出"部件"对话框。在"控件"选项卡中，分别选择 Microsoft ADO Data Control 6.0(SP6)(OLE DB)和 Microsoft DataGrid Control 6.0 (SP6)(OLE DB)，单击"确定"按钮，将 Adodc 控件和 DataGrid 控件添加到工具箱中。

（2）在窗体 Form1 添加一个 ADO 控件 Adodc1、一个标签控件 Label1、一个文本框控件和三个命令按钮控件 Command1～3；再添加一个框架控件 Frame1，在框架控件中添加一个数据表格控件 DataGrid1。

（3）窗体及各控件的属性值设置见表 13-5。

表 13-5　窗体及各控件属性设置

控件名称	属性	属性值	说明
Form1	Caption	浏览学生信息	设置窗体的标题名
Frame1	Caption	学生信息	设置框架的标题名
Adodc1	Caption	学生信息	设置标签的标题名
	Visible	False	窗体运行不可见
DataGrid1	名称	DataGrid1	控件名称
	DataSource	Adodc1	和 Adodc1 关联
Label1	Caption	当前记录号	设置标签的标题
Command1～3	Caption	下一条/上一条/退出程序	设置命令按钮的标题

（4）右击窗体的 Adodc 控件，在弹出的快捷菜单中选择"ADODC 属性"命令，弹出"属性页"对话框，如图 13-9 所示。

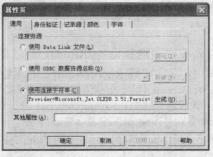

图 13-9　"ADODC 属性页"对话框

（5）选择"使用连接字符串"单击其后的"生成"按钮，打开如图 13-10 所示的"数据链接属性"对话框中。

图 13-10　"提供程序"列表框

（6）从"OLE DBJ 提供程序"列表框中选择"Microsoft Jet 4.0 OLE DB Privider"。单击"下一步"按钮，弹出如图 13-11 所示的"连接"选项卡。

（7）在"选择或输入数据库名称"文本框中，输入数据库名"f:\VB\xsgl.mdb"，单击"确定"按钮。

（8）在 Adodc 控件"属性"窗口中，找到 RecordSource 属性，单击右侧的"[...]"按钮，打开如图 13-12 所示的"属性页"对话框（或直接单击图 13-9 中的"记录源"选项卡）。

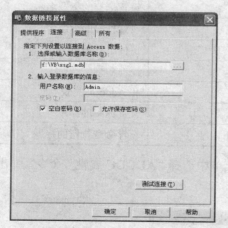

图 13-11　"连接"选项卡

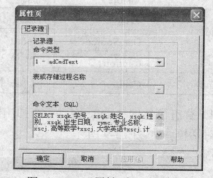

图 13-12　"属性页"对话框。

（9）在"命令类型"下拉列表框中选择"1-adCmdText"，在"命令文本（SQL）"文本框中输入如下代码并单击"确定"按钮，完成 RecordSource 的属性设置。

　　SELECT xsqk.学号, xsqk.姓名, xsqk.性别, xsqk.出生日期, zymc.专业名称, xscj.高等数学+xscj.大学英语+xscj.计算机基础 as 课程总分 FROM zymc,xsqk,xscj

　　where zymc.专业号 = xsqk.专业号 and xsqk.学号 = xscj.学号

（10）单击 DataGrid 控件，在其属性窗口中，找到 DataSource 属性，在其列表框中选择Adodc1。

（11）为命令按钮编写相关事件过程。

- "下一条"按钮 Command1 的 Click 事件代码如下：

```
Private Sub Command1_Click()
        Adodc1.Recordset.Move 1                              '记录指针向下移动
        Command2.Enabled = True
        If Adodc1.Recordset.EOF Then                          '判断是否到达记录的尾部
            Adodc1.Recordset.Move -1
            Text1.Text = Adodc1.Recordset.AbsolutePosition
            Command1.Enabled = False
        Else
            Text1.Text = Adodc1.Recordset.AbsolutePosition    '显示记录号
        End If
        DataGrid1.Refresh
End Sub
```

- "上一条"按钮 Command2 的 Click 事件代码如下：

```
Private Sub Command2_Click()
        Adodc1.Recordset.Move -1
        Command1.Enabled = True
        If Adodc1.Recordset.BOF Then
            Adodc1.Recordset.Move 1
            Text1.Text = Adodc1.Recordset.AbsolutePosition
            Command2.Enabled = False
        Else
            Text1.Text = Adodc1.Recordset.AbsolutePosition
        End If
        DataGrid1.Refresh
End Sub
```

- "退出程序"按钮 Command3 的 Click 事件代码如下：

```
Private Sub Command3_Click()
        End
End Sub
```

- 窗体 Form1 的 Load 事件代码如下：

```
Private Sub Form_Load()
        Text1 = ""
        Me.Show
        Text1.Text = Adodc1.Recordset.AbsolutePosition
End Sub
```

运行程序，得出如图 13-8 所示的结果。

通过本例，可以看出，数据绑定的作用是能够感知数据连接控件，并能够对数据连接控件获取的记录集进行显示和编辑。在通过数据绑定控件感知数据时，需要设置数据绑定控件的属性，主要有：

（1）DataSource 属性。用于设置数据绑定控件和数据连接控件之间的联系。

（2）DataField 属性。用于确定数据绑定控件显示或编辑的字段。需要设置该属性的控件有 PictureBox、Label、TextBox、CheckBox、Image、ListBox、ComBox 等标准控件，此外需要设置该属性的还有 DataList、DataComboDTPicker、ImageCombo 等 ActiveX 控件。

DataGrid 等控件的 DataField 属性不用设置，因为它本身代表一张表格，只需要和记录集相连，也就是设置好 DataSource 属性即可。

13.2.3　ADO 数据控件的属性、方法和事件

添加到窗体上的 ADO 数据控件的默认名称为 Adodc1，其外观如图 13-13 所示。

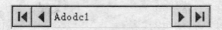

图 13-13　ADO 数据控件对象

1.　ADO 数据控件的属性和方法

ADO 数据控件的常用属性主要有以下 6 种，如表 13-6 所示。

表 13-6　ADO 数据控件的常用属性

属性	说明
ConnectonString	设置到数据源的连接信息，可以是一个 OLE DB 文件（.udl）、ODBC 数据源（.dsn）或连接字符串
RecordSource	返回或设置一个记录集的查询，用于决定从数据库中查询什么信息
CommnadType	设置或返回 RecordSource 的类型
Mode	设定当前被打开的连接中的模式。有以下 9 种模式： 0-adModeUnknown 1-adModeRead 2-adModeWrite 3-adModeReadWrite 4-adModeShareDenyRead 8-adModeShareDenyWrite 12-adModeShareExclusive 16-adModeShareDenyNone 4194304- adModeRecursive
UserName	用户名称，当数据库受密码保护时，需要指定该属性
Password	设置 Recordset 对象创建过程所使用的口令。与 UserName 一样，这个属性可在设置 ConnectonString 属性时设置。该属性是只写的，不能从 Password 属性中读出

ADO 数据控件的大多数属性，可以通过该控件的"属性页"对话框进行设置。设置方法请读者参考例 13.2 所给出的步骤和方法。

常用 ADO 数据控件的其他属性还有：

（1）EOFAction 和 BOFAction 属性。当记录指针指向 Recordset 对象的开始（第一个记录前）或结束（最后一个记录后）时，数据控件的 EOFAction 和 BOFAction 属性的设置或返回值决定了数据控件要采取的操作。当设置 EOFAction 为 2（AdoAddNew）时，可向记录集中添加新的空记录，在输入数据后，只要移动记录指针就可将新记录写入数据库。

（2）Recordset 属性。产生 ADO 数据控件实际可操作的记录集对象。ADO 产生的 Recordset 是一个像电子表格的集合。记录集对象中的每个字段值用 Recordset.Fields("字段名")获得。

ADO 数据控件的常用方法是 Refresh 方法。

Refresh 方法用于刷新 ADO 数据控件的连接属性，并能重建控件的 Recordset 对象。使用的语法格式如下：

对象名.Refresh

当在运行状态改变 ADO 数据控件的数据源连接属性后，必须使用 Refresh 方法激活这些变化。例如，在程序中执行了 Adodc1.RecordSource= "xscj"，必须再执行 Adodc1.Refresh 命令，才能使记录集的内容从 "xsqk" 改变为 "xscj"。如果不使用 Refresh 方法，记录集的内容还是来源于 "xsqk" 表中的数据。

2. 记录集对象的属性

ADO 数据控件记录集对象的主要属性如下：

（1）AbsolutePosition 属性。测试当前记录的位置。若当前显示的是第一条记录，则 AbsolutePosition=1。例如，要在 Adodc1 控件上显示当前记录的位置，可用如下语句。

  Adodc1.Caption = Adodc1.Recordset.AbsolutePosition

（2）BOF 和 EOF 属性。这两个属性是反映记录指针是否到记录头部和记录尾部的标志。如果记录指针位于第一条记录之前，则 BOF=True；否则 BOF=False。如果记录指针位于最后一条记录之后，则 EOF=True；否则 EOF=False。

BOF 和 EOF 属性具有以下两个特点：

- 如果记录集是空的，则 EOF 和 BOF 的值都是 True。
- EOF 和 BOF 的值成为 True 之后，只有当记录指针移到实际存在的记录上，二者的值才会变为 False。

（3）Bookmark 属性。系统为当前记录生成一个称为书签的标识值，包含在 Recordset 对象的 Bookmark 属性中，每个记录都有唯一的书签（用户无法查看书签的值）。

要保存当前记录的书签，可将 Bookmark 属性的值赋给一个变体类型的变量。反之，通过设置 Bookmark 属性，可将 Recordset 对象的当前记录快速移动到设置为由有效书签所标识的记录上。

（4）RecordCount 属性。测试记录集中记录的总数。例如，要在 Adodc1 控件上显示记录总数，可用如下语句：

  Adodc1.Caption = Adodc1.Recordset.RecordCount

3. 记录集的方法

ADO 数据控件对数据的操作主要由记录集对象 Recordset 的属性与方法来实现，常用的方法有以下 8 种。

（1）AddNew 方法。AddNew 方法用于添加一条新记录。新记录的每一个字段如果有默认值将以默认值表示，如果没有则为空白。语法格式如下：

  对象名.AddNew

（2）Update 和 CancelUpdate 方法。Update 方法用来把添加的新记录或修改的记录保存到数据表中，该方法只能在 AddNew 方法被执行之后才能进行。语法格式如下：

  对象名. Update

增加记录可分为以下三步：

- 调用 RecordSet 对象的 AddNew 方法，增加一个空记录，语句格式如下：
  Adodc1.Recordset.AddNew
- 在数据绑定控件中输入记录值，或用代码给字段赋值，语句格式如下：
  Adodc1.Recordset.Fields("字段名") = 值
- 调用 Update 方法，将输入的新记录值保存到数据表中，语句格式如下：
  Adodc1.Recordset.Update

如果要放弃对数据的所有修改，必须在 Update 前使用 CancelUpdate 方法。

（3）Delete 方法。Delete 方法可以删除当前记录，保存时须调用 Update 方法。语法格式如下：

对象名.Delete

（4）Find 方法。使用 Find 方法可在 Recordset 对象中查找与指定条件相符的一条记录，并使之成为当前记录。如果条件不符合，则记录集指针将设置在记录集的末尾。语法格式如下：

Recordset.Find 搜索条件 [,[位移] , [搜索方向], [开始位置]]

（5）Seek 方法。使用 Seek 方法必须打开表的索引，在表（Table）类型的记录集中查找与指定索引规则相符的第 1 条记录，并使之成为当前记录。其语法格式如下：

对象名. Seek "比较运算符",查找的值 1, 查找的值 1, …

其中，"比较运算符"用于确定比较的类型。当比较运算符为=、>=、<>时，Seek 方法从索引开始向后查找。当比较运算符为<、<=时，Seek 方法从索引尾部向前查找。

"查找的值"可以是一个或多个值，分别对应于记录集当前索引中的字段值。在使用 Seek 方法定位记录时，必须通过 Index 属性设置索引。

例如，设数据库 xsgl.mdb 中 xsqk 表的索引字段为学号，索引名称为 xh，则查找表中满足学号字段值大于 "s1101005" 的第 1 条记录可使用以下代码。

```
Adodc1.CommandType = adCmdTable
Adodc1.RecordSource = "xsqk"
Adodc1.Refresh
Adodc1.Recordset.Index = "xh"
Adodc1.Recordset.Seek ">", "s1101005"
```

（6）Move 方法。利用 ADO 数据控件编程的方法进行数据库浏览时，需要用到 ADO 数据控件的 RecordSet 对象的 Move 方法在记录集之间移动记录指针。主要有以下几种方法。

- MoveFirst 方法。记录指针移动到第一条记录上。
- MoveLast 方法。记录指针移动到最后一条记录上。
- MoveNext 方法。记录指针移动到下一条记录上。
- MovePrevioue 方法。记录指针移动到上一条记录上。
- Move [n]方法。记录指针前移或后移 n 条记录。n 为正数时，表示向后移动；n 为负数时，表示向前移动。

例如，可用 InputBox 输入要移动的记录数，然后在记录集中移动当前记录：

```
With Adodc1.Recordset
    .MoveFirst
    MoveNo = InputBox("请输入移动记录数:", "移动记录")
    If MoveNo = "" Then End
    .Move CLng(MoveNo)
    If .BOF Or .EOF Then MsgBox "移动出界"
End With
```

（7）Requery 方法。Requery 方法用于重新执行 Recordset 对象的查询，更新其中的数据，可刷新全部内容。

（8）Resync 方法。Resync 方法用于从现行数据库刷新当前 Recordset 对象中的数据，使用 Resync 方法将当前 Recordset 对象中的记录与现行数据库同步。其语法格式如下：

对象名.Resync 刷新记录范围，刷新参数

其中：

- 刷新记录范围：adAffect（默认）只刷新当前记录，AlladAffect Currentad 刷新所有记录，AffectGroup 刷新满足当前 Filter 属性设置的记录。

● 刷新参数：adResyncAllValues（默认）覆盖数据，取消挂起的更新，adResyncUnderlying Values 不覆盖数据，不取消挂起的更新。

4．ADO 数据控件的事件

ADO 数据控件的常用事件有下面 5 个，分别是：

（1）WillMove 与 MoveComplete 事件。WillMove 事件在执行记录集对象的 Open、Move、MoveNext、MoveLast、MoveFirst、MovePrevious、Bookmark、AddNew、Delete、Requery、Resync 方法时触发。MoveComplete 事件发生在一条记录成为当前记录后，它出现在 WillMove 事件之后。

（2）WillChangeField 事件。该事件在对记录集对象中的一个或多个字段（Field）对象值进行修改之前触发。

（3）FieldChangeComplete 事件。该事件在对记录集对象中的一个或多个字段（Field）对象值进行修改之后触发。

（4）WillChangeRecord 事件。该事件在对记录集对象中的一个或多个记录（Record）更改之前，执行记录集对象的 Requery、Resync、Close 和 Filter 方法时触发。

（5）RecordChangeComplete 事件。该事件在对记录集对象中的一个或多个记录（Record）更改之后触发。

13.2.4　ADO 数据控件的 Fields 集合

Fields 集合包含记录集对象的所有 Field 对象。在打开记录集对象前通过调用集合上的 Refresh 方法可以填充 Fields 集合。Fields 集合的主要属性和方法如下：

（1）Count 属性。返回一个长整型数值，表示 Fields 集合中的 Field（字段）对象的数目。Count 属性为零时，表示集合中不存在对象。因为集合成员的编号从 0 开始，因此应该始终以零成员开头且以 Count 属性的值减 1 结尾而进行循环编码。

（2）Append 方法。将 Field 对象追加到 Fields 集合中，Field 对象可以是新创建的 Field 对象。使用语法格式如下：

　　　　对象名.Fields.Append 名称, 类型, 大小

说明：

①名称：是一个新 Field 对象的名称，追加时不得与 Fields 集合中的任何其他对象同名。

②类型：用于指定新字段的数据类型，数据类型是一个枚举类型。

③大小：长整型数据，表示新字段定义的大小（以字符或字节为单位）。

（3）Delete 方法。Delete 方法用于从 Fields 集合中删除对象，其使用语法格式如下：

　　　　对象名.Fields.Delete

（4）Item 方法。根据功能或顺序号返回 Fields 集合的特定 Field 对象。语法格式如下：

　　　　对象名.Fields.Item(Index)

其中，Index 是 Fields 集合中对象的名称或顺序号。

（5）Refresh 方法。更新集合中的对象以便反映来自特定提供者的对象，语法格式如下：

　　　　对象名.Fields. Refresh

在 Fields 集合上使用该方法时，如要看到实际效果，需要从现行数据库结构中检索更改，且必须使用 Requery 方法。

13.3 应用举例

1. 基本绑定控件

能与 ADO 数据控件相关联的基本控件，称为基本绑定控件。基本绑定控件的功能如下：

● 文本框：显示或输入数据，可绑定除 OLE 类型和超链接以外的所有类型的字段。

● 标签：用于显示数据，可绑定的数据类型同文本框。

● 复选框：显示逻辑类型字段，即 True（Yes）/False（No）。

● 列表框和组合框：显示数据列表。

● 图像框和图片框：显示图片，要求字段为二进制类型。

使用绑定控件的方法和步骤如下：

（1）将绑定控件添加到窗体上，并调整大小和布局。

（2）设置控件的一般属性，如 Name、BackColor、Enabled、Font、Height、Width 等。

（3）设置控件的 DataSource 属性，即与 ADO 数据控件相绑定，从而可得到记录集中的数据信息。

（4）设置控件的 DataField 属性，即绑定到 ADO 数据控件的记录集对象（Recordset）的某个字段上。

例 13.3 利用 ADO 数据控件编写程序，实现 xsqk 表记录的录入。程序执行界面如图 13-14 所示。

分析：首先，在窗体上添加一个 ADO 数据控件 Adodc1，并将其连接到数据源 xsgl.mdb。在"记录源"选项卡中，选择"命令类型"为 2-adCmdTable，在"表或存储过程名称"中选择 xsqk 表。Adodc1 控件的 Visible 属性设置为 False。

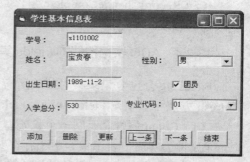

图 13-14 程序执行界面

在窗体上添加四个文本框 Text1～4。分别设置其 DataSource 属性为 Adodc1，DataField 属性为相应的字段名，并给各字段配置合适的标签。

在窗体上再添加两个组合框 Combo1～2，分别设置其 DataSource 属性为 Adodc1，DataField 属性为相应的字段名。组合框 Combo1 的 List 属性值有"男"和"女"两个值；组合框 Combo2 的 List 属性值有 "01"、"02"、"03"、"04" 和 "05"。

程序设计步骤如下：

（1）按照上述分析思路，完成如图 13-14 所示的界面设计。

（2）编写命令按钮控件数组 Command1()的 Click 事件代码如下：

```
Private Sub Command1_Click(Index As Integer)
    Select Case Index
        Case 0 '添加记录
            Adodc1.Recordset.AddNew
        Case 1 '删除记录
            mb = MsgBox("要删除吗?", Visual BasicYesNo, "删除记录")
    If mb = Visual BasicYes Then
        Adodc1.Recordset.Delete
```

```
        Adodc1.Recordset.MoveLast
    End If
Case 2 '更新记录
        Adodc1.Recordset.Update
Case 3 '上一条记录
        Adodc1.Recordset.MovePrevious
        If Adodc1.Recordset.BOF Then Adodc1.Recordset.MoveFirst
Case 4 '下一条记录
        Adodc1.Recordset.MoveNext
        If Adodc1.Recordset.EOF Then Adodc1.Recordset.MoveLast
Case 5 '退出
        Unload Me
    End Select
End Sub
```

提示：Access 数据库的 OLE 型字段中存放的图形是按 OLE 格式存放的图像，而不是 Visual Basic 的 Image 控件或 PictureBox 控件所支持的标准图片格式（.bmp、.rle、.ico、.gif、.jpg、.emf 和.wmf），所以不能使用图像框控件或图片框控件来查看。

由于 ADO 数据控件也不提供对 OLE 控件的支持，因此也不能使用 OLE 控件来查看数据库中的图像。如果想查看图片，必须另想办法。

例 13.4 设计如图 13-15 所示的窗体，将例 13.3 中"结束"按钮改成"查找"按钮，其功能可通过 InputBox() 输入学号，使用 Find 方法查找记录。

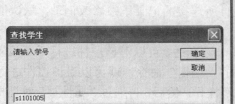
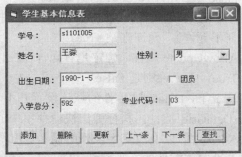

图 13-15 程序执行界面

这里略去程序设计步骤，只给出"查找"按钮的程序代码。

```
......
Case 5 '查找
        Dim xh As String
        xh = InputBox("请输入学号", "查找学生")
        Adodc1.Recordset.Find "学号=" & "'" & xh & "'", , , 1
        If Adodc1.Recordset.EOF Then MsgBox "无此学号！", , "提示"
......
```

2. 复杂绑定控件*

在上节中已经看到，任何具有 DataSourec 属性的控件都可以绑定到 ADO 数据控件上，用于数据的输出和输入。除了基本绑定控件外，Visual Basic 还提供了一些复杂的数据绑定控件，如 DataGrid、DataList、DataCombo、RichTextBox 等。由于这些控件都是 ActiveX 控件，因此在使用前，须使用"工程"菜单中的"部件"命令，然后选择 Microsoft DataGrid Control 6.0(SP6)

及 Microsoft DataList Controls 6.0(SP3)等，将控件对象添加到工具箱上。

（1）DataGrid 控件。DataGrid 控件是一种类似于表格的数据绑定控件，可以通过行和列来显示记录集对象的记录和字段，用于浏览和编辑完整的数据库表和查询。DataGrid 控件在部件 Microsoft DataGrid Control 6.0(SP6) (OLEDB)中定义。

在运行时可以动态地更改表格中的字段，还可以通过在程序中切换 DataSource 来查看不同的表。当有若干个 ADO 数据控件时，每个控件可以连接不同的数据库，或设置为不同的 RecordSource 属性，可以简单地将 DataSource 从一个 ADO 数据控件重新设置为另一个 ADO 数据控件。

DataGrid 控件的常用属性有：

- Caption 属性。设置表格的标题文字。
- HeadFont 属性。设置标头和标题字体。
- Font 属性。设置表格中显示的字体。
- DataSource 属性。指定需要绑定的 ADO 数据控件的名称。
- Col 属性。表示当前列号（从 0 开始）。利用该属性可在 DataGrid 控件"属性页"对话框中，设置用户定义的列标题显示文字和字段显示内容。
- Row 属性。表示当前行号（即当前记录号，从 0 开始）。
- Text 属性。存放选中单元格的文本。
- AllowAddNew 属性。确定是否允许向控件所连接的记录集中增加新记录，默认值是 False（不允许），允许则是 True。
- AllowDelete 属性。确定是否允许在控件所连接的记录集中删除记录，默认值是 False（不允许），允许则是 True。
- AllowUpdate 属性。确定是否允许在控件所连接的记录集中修改记录，默认值是允许 True，不允许则是 False。

一般情况下，DataGrid 控件的默认设置并不一定合适，可以对该控件进行手工设置。方法是，右击 DataGrid 控件，执行弹出快捷菜单中的"编辑"命令，就可以对该控件进行字段列删除、插入、追加，以及改变字段列的显示宽度等操作。然后，再通过"属性页"对话框中"通用"选项卡设置该控件的适当属性。DataGrid 控件"编辑"快捷菜单和"属性页"对话框，如图 13-16 所示。

 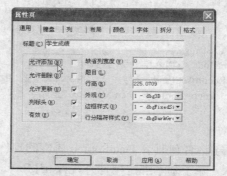

图 13-16   DataGrid 控件的"编辑"快捷菜单与"属性页"对话框

例 13.5   在窗体上添加一个列表框 List1、一个 ADO 数据控件 Adodc、一个数据表格控件 DataGrid 控件。程序运行时，单击右侧列表框中的一个表名，左侧表格中对应显示该表格的记录信息，如图 13-17 所示。

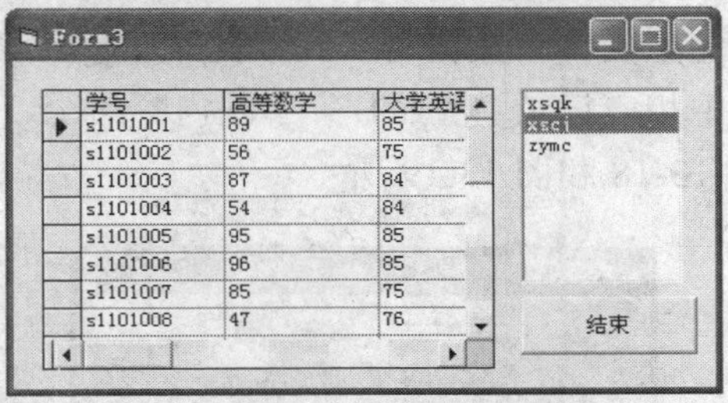

图 13-17　程序运行界面

程序设计的步骤如下：

1）在新建工程窗体上添加所需要的各个控件。

2）设置 Adodc1 控件的 Visible 属性值为 False；设置 Adodc1 控件的 ConnectionString 属性为：Provider=Microsoft.Jet.OLEDB.4.0;Data Source=D:\例题\xsgl\xsgl.mdb;Persist Security Info=False。

3）设置 Adodc1 控件的 CommandType 属性值是：1-adCmdText；RecordSource 属性值是：select * from xsqk。

4）设置 DataGrid1 控件的 DataSource 属性为 Adodc1。

5）在窗体 Form 的 Load 事件代码中，添加 List1 列表框中所需要的数据表名称。其 Load 事件代码如下：

```
Private Sub Form_Load()
    List1.AddItem "xsqk"
    List1.AddItem "xscj"
    List1.AddItem "zymc"
End Sub
```

6）单击列表框 List1 中的一个项目时，表格控件 DataGrid1 可显示对应表的记录，为此编写的列表框 List1 的 Click 事件代码如下：

```
Private Sub List1_Click()
    Adodc1.RecordSource = "select * from " & List1.List(List1.ListIndex)
    Adodc1.Refresh
    DataGrid1.Refresh
End Sub
```

（2）DataList 和 DataCombo 控件。数据列表框控件 DataList 和数据组合框控件 DataCombo 与列表框控件 ListBox 和组合框控件 ComboBox 相似，所不同的是这两个控件不再使用 AddItem 方法填充列表项，而是由这两个控件所绑定的数据字段自动填充，并且还可以有选择地将一个选定的字段传递给第二个数据控件。

DataList 控件和 DataCombo 控件的常用属性有：

● DataSource 属性：设置所绑定的数据控件。

● DataField 属性：用于更新记录集的字段，是控件所绑定的字段。

● RowSource 属性：设置用于填充下拉列表的数据控件。

● ListField 属性：表示 RowSource 属性所指定的记录集中用于填充下拉列表的字段。

● BoundColumn 属性：表示 RowSource 属性所指定的记录集中的一个字段，当在下拉列表中选择回传到 DataField，必须与用于更新列表的 DataField 的类型相同。

● BoundText 属性：BoundColumn 字段的文本值。

　　例 13.6　设计一个程序，实现功能：在浏览记录时能添加照片；单击"照片输入"按钮，打开通用对话框，选择指定图形文件将数据写入到数据库，并通过图像框显示照片。单击"删除照片"按钮，可将数据库中相应记录中"照片"字段内容清空，同时图像框空白。程序设计界面和运行界面，分别如图 13-18 和图 13-19 所示。

图 13-18　窗体设计界面

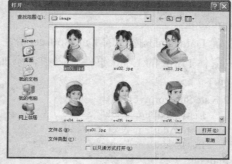

图 13-19　程序执行界面

　　分析：在使用数据库的过程中，除了保存大量的文字信息以外，通常要存储一些较大的二进制数据对象，如图形、长文本、多媒体（视频、音频文件）等，例如：一个人事管理系统，就需要对每个人的照片进行保存，以便可以方便地对每个人的信息进行处理。这些数据被称之为二进制大对象 BLOB（Binary Large Object），亦称为大对象类型数据。

　　对 ADO 控件来说，可以使用 Fields 对象 AppendChunk 和 GetChunk 方法来存取 BLOB 数据。

　　（1）AppendChunk 方法的语法格式如下：

　　　　对象名. Recordset. Fields(字段名). AppendChunk data

　　其中，参数 data 包含追回到数据库中的 BLOB 数据。

　　（2）GetChunk 方法的语法格式如下：

　　　　对象名. Recordset. Fields(字段名). GetChunk(dataSize)

　　其中，参数 dataSize 为长整型表达式，表示读取字段内的数据的字节数。如果 Size 大于数据实际的长度，则 GetChunk 方法仅返回数据，而不填充空白。如果字段为空，则 GetChunk 方法返回一个 Null。每个后续的 GetChunk 方法调用将检索从前一次 GetChunk 方法调用停止处开始的数据。

　　二进制大对象的处理方法如下：

在数据处理中，对于每个大对象字段的数据，首先选择相应的大对象读取方法，把此大对象数据取出后保存在一个临时文件中，然后在目的数据库中插入数据，遇到大对象字段时，选择相应的大对象存取方法，再从临时文件中依次读出数据插入到指定字段中。

下面是使用 Visual Basic 实现 Access 数据库中图片的上传以及保存到数据库的功能。在得到图片数据并将其保存到数据库中时，使用 ADO 的 AppendChunk 方法，同样的，读出数据库中的图片数据，要使用 GetChunk 方法。表中图片字段"照片"的字段类型为 OLE 对象。

程序设计步骤如下：

（1）根据图 13-18 中所示，在窗体上放置一个 ADO 数据控件、六个标签 Label1～6、五个文本框 Text1～5、一个图像框控件 Image1、一个通用对话框控件 CommonDialog1 和两个命令按钮 Command1～2。

（2）设置 Image1 控件的 DataSource 属性为 Adodc1。并设置 Stretch 属性为 True，使图形适应图像框控件的大小。设置文本框控件 Text1～5 的 DataSource 为 Adodc1，DataField 属性为 xsqk 对应字段。根据图 13-19 所示，完成标签控件 Label1～6 和命令按钮的 Caption 属性设置，调整窗体和各控件的大小与布局。

（3）编写窗体与命令按钮相关的事件代码。

- 窗体 Form 的 Activate 事件代码如下：

```
'ADO 控件显示记录号
Private Sub Form_Activate()
    Adodc1.Caption = Adodc1.Recordset.AbsolutePosition
End Sub
```

- 窗体 Form 的 Load 事件代码如下：

```
Private Sub Form_Load()
    Me.Show
    '设置 ADO 控件的 ConnectionString 属性和 CommandType 属性
    Dim mlink As String, mpath As String
    mpath = App.Path    '获取程序所在的路径
    If Right(mpath, 1) <> "\" Then mpath = mpath + "\"    '判断是否为子目录
    mlink = "Provider=Microsoft.Jet.OLEDB.4.0;"
    mlink = mlink + "Data Source=" + mpath & "..\xsgl\xsgl.mdb" '在数据库文件名前插入路径
    Adodc1.ConnectionString = mlink
    Adodc1.CommandType = 2 - adCmdTable
    Adodc1.RecordSource = "xsqk"
    Adodc1.Refresh
End Sub
```

- ADO 控件的 MoveComplete 事件代码如下：

```
'单击 ADO 控件的左右箭头，显示当前记录号
Private Sub Adodc1_MoveComplete(ByVal adReason As ADODB.EventReasonEnum, ByVal pError As
ADODB.Error, adStatus As ADODB.EventStatusEnum, ByVal pRecordset As ADODB.Recordset)
    Adodc1.Caption = Adodc1.Recordset.AbsolutePosition
End Sub
```

- "照片输入"按钮 Command1 的 Click 事件代码如下：

```
Private Sub Command1_Click()
    Dim strb() As Byte
    CommonDialog1.ShowOpen
    Open CommonDialog1.FileName For Binary As #1
    Open App.Path & "\tempFile.jpg" For Binary Access Write As #2
```

```
        f1 = LOF(1)
        ReDim strb(f1)
        Get #1, , strb
        Adodc1.Recordset.Fields("照片").AppendChunk strb
        Put #2, , strb
        Close #1
        Close #2
        Image1.Picture = LoadPicture(App.Path & "\TempFile.jpg")
        Kill (App.Path & "\TempFile.jpg")    '删除临时文件
    End Sub
```

● "删除照片"按钮 Command2 的 Click 事件代码如下：

```
    Private Sub Command2_Click()
        Adodc1.Recordset.Fields("照片").AppendChunk ""   '单击本按钮实现数据库中图片的删除
        Adodc1.Recordset.Update
        Image1.Picture = LoadPicture("")
    End Sub
```

13.4   制作报表*

一个数据库应用系统一般都有数据打印输出的要求，制作打印报表是不可缺少的工作。为此，Visual Basic 提供了一个专门用于设计数据报表的工具——数据报表（DataReport）设计器，它是一个多功能的报表生成器。当报表需要和数据相结合时，其数据源可以由数据环境（Data Environment）设计器提供。

13.4.1   数据环境设计器

在"工程"菜单中，执行"添加 Data Environment"命令，就会打开数据环境设计器，同时在当前工程中添加了一个数据环境 DataEnvironment1，并包含一个连接对象 Connection1，如图 13-20 所示。

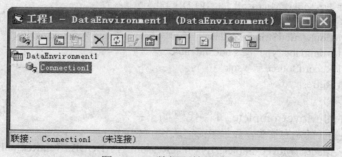

图 13-20   数据环境设计器

数据环境设计器为数据库应用程序提供能够可视化地创建和修改表、表集和报表的数据环境，为建立连接和定义命令提供了很好的图形接口。数据环境设计器保存在.dsr 文件中。

1. 创建连接

数据环境设计器中的 Connection 对象用于管理到数据库的连接，在数据环境设计器中定义 Connection 对象的方法与 ADO Data 控件中定义 ConnectionString 属性的设置相同。

例如，用鼠标右击 Connection1 对象，在快捷菜单中选择"属性"命令，打开"数据连接属性"对话框。在"提供者"选项卡中选择 Microsoft Jet 4.0 OLE DB Provider，在"连接"选项卡中选择数据库名称，如"D:\例题\xsgl\xsgl.mdb"。单击"测试连接"按钮，如果测试连接成功则建立了连接。

2. 定义命令

Command 对象定义了有关数据库数据的详细信息，它可以建立在数据表、视图、SQL 查询基础上，也可在命令对象之间建立一定的关系，从而获得一系列相关的数据集合。命令对象必须与连接对象结合在一起使用。

选中 Connection1 对象，单击工具条上的"添加命令"按钮 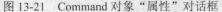（或右击，执行快捷菜单中的"添加命令"，为数据环境添加一个命令对象 Command1）。右击 Command1 对象，执行快捷菜单中的"属性"命令，打开"属性"对话框，如图 13-21 所示。

在"数据库对象"下拉列表框中选择"表"，在"对象名称"下拉列表框中选择"xsqk"。单击"确定"按钮后，在数据环境设计器中就可看到 xsqk 的结构，如图 13-22 所示。

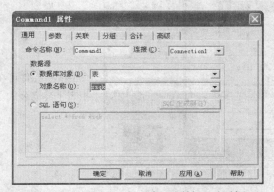

图 13-21　Command 对象"属性"对话框　　图 13-22　数据环境设计器中的"xsqk"表的结构

如果在数据源中选择 SQL 查询作为数据源，则在 SQL 语句框中选择合法的 SQL 查询，也可以单击"SQL 生成器"按钮启动查询设计器来建立一个 SQL 查询。

3. 使用数据环境

一个数据环境对象创建好之后，就可以利用该数据环境对象访问数据库了。例如，可以把 Command1 从数据环境设计器窗口直接拖到一个打开的窗体中，则 Command1 中定义的所有字段都会自动添加到窗体上。并且各控件的相关属性也会自动设置，如"学号"标签的 Name 属性为"lblFieldLabel(0)"，显示"学号"字段的文本框 Name 属性为"txt 学号"，DataSource 属性为"DataEnvironment1"，DataField 属性为"学号"等。

运行应用程序，在窗体上就会显示出第一条记录的数据。控件的属性可以重新设置，也可以只将某个字段从数据环境设计器窗口拖到窗体中。要想应用程序比较完整，还需在窗体上添加一些命令按钮，并编写相应代码。

例如，在窗体上创建一个命令按钮 Command1，用于移动学生基本情况表中的记录：

```
Private Sub Command1_Click()
    With DataEnvironment1.rsCommand1
        .MoveNext
        If .EOF Then .MoveFirst
    End With
End Sub
```

其中，rsCommand1 为 Command1 对象的记录集。Recordset 对象作为 Command 对象的属性，创建一个 Command 对象后，记录集的名称就自动定为"rs+Command 对象名"。

也可用代码来编辑和创建自己的 DataEnvironment 对象。例如，定义 DataEn1 为 Data Environment 对象：

Dim DataEn1 As DataEnvironment1

13.4.2　报表设计器

在"工程"菜单中选择"添加 Data Report"，即可在工程中添加一个 DataReport 对象，同时打开数据报表设计器，如图 13-23 所示。

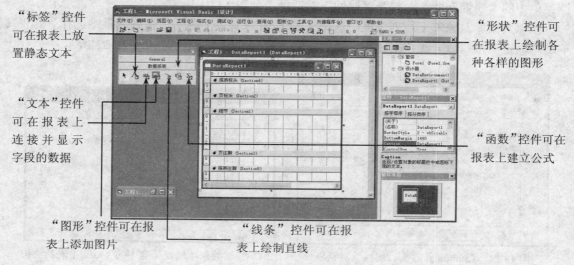

"标签"控件可在报表上放置静态文本

"文本"控件可在报表上连接并显示字段的数据

"图形"控件可在报表上添加图片

"线条"控件可在报表上绘制直线

"形状"控件可在报表上绘制各种各样的图形

"函数"控件可在报表上建立公式

图 13-23　报表设计器

从图中可以看出，数据报表设计器由 DataReport 对象、Section 对象和 DataReport 控件三部分组成。

1. DataReport 对象

DataReport 对象与 Visual Basic 窗体类似，具有一个可视的设计器和一个代码模块。

2. Section 对象

数据报表设计器的每一部分由 Section 对象表示。设计时，每一个 Section 对象由一个窗格表示，可以单击窗格以选择"页标头"，也可以在窗格中放置和定位控件。还可以在程序中，对 Section 对象及其属性进行动态配置。

- 报表标头：指显示在一个报表开始处的文本，如报表标题、作者或数据库名等。一个报表最多只能有一个报表标头，而且出现在数据报表的最上面。
- 页标头：指在每一页顶部出现的信息，如报表的标题、页数和时间等。
- 分组标头/脚注：用于分组的重复部分，每一个分组标头与一个分组注脚相匹配。
- 细节：指报表的最内部的重复部分（记录），与数据环境中最底层的 Command 对象相关联。
- 页注脚：指在每一页底部出现的信息，如页数据、时间等。
- 报表注脚：报表结束时出现的文本，如摘要信息、地址或联系人姓名等。

3．DataReport 控件

在一个工程中添加了一个数据报表设计器以后，Visual Basic 将自动创建一个名为"数据报表"的工具箱，工具箱中列出的 6 个控件的功能如表 13-7 所示。

表 13-7　DataReport 工具箱中的控件及其功能

控件	描述
RptLabel	在报表上放置标签，可用作报表标题，但不能绑定到数据字段上
RptTextBox	显示所有在运行过程中应用程序通过代码或命令提供的数据，可绑定到数据字段上
RptImage	用于在报表上放置图形，该控件不能被绑定到数据字段
RptLine	用于在报表上绘制直线，可用于进一步区分 Section
RptShape	用于在报表上放置矩形、三角形、圆形或椭圆形
RptFunction	用于在报表生成时计算数值，如分组数据的合计，常用于报表汇总

13.4.3　设计报表

数据报表设计器的主要功能就是将数据从数据环境中提取出来，经过组织后生成一张报表。创建报表的一般步骤如下：

（1）在数据环境 DataEnvironment1 中建立数据源，并创建命令对象。

（2）为数据报表 DataReport1 设置属性，使之与命令对象绑定，即设置报表 DataReport1 的以下两个属性。

● DataSource 属性：指定数据环境设计器的名称。

● DataMember 属性：绑定数据环境设计器中的某命令对象名。

（3）设置报表的结构，将命令对象拖放到 DataReport1 的对应区域中，调整报表的外观。

（4）预览和打印报表。

实验一　数据的输入与输出

一、实验目的

1．掌握 Print 方法及相关函数的使用
2．掌握 InputBox 函数的使用
3．掌握 MsgBox 函数和过程的使用

二、实验内容

1．用 Print 方法输出图形，如图 1 所示。

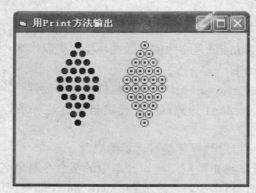

图 1　Print 方法输出图形

2．用 InputBox 输入一个正实数，用 Print 方法在一行上显示出它的平方和平方根、立方和立方根，每个数保留三位小数，其间有间隔。

3．设计一个程序，当程序运行后，在窗体的正中间显示"你好，请输入你的姓名"，焦点定位在其下的文本框中（如图 2 所示），当用户输入姓名并单击"确定"按钮后，在弹出窗体中显示"XXX 同学，你好！祝你学好 VB 程序设计。"（如图 3 所示）。

图 2　文本框输入数据

图 3　MsgBox 函数输出数据

4．编写一个账号和密码检验程序。账号不超过 6 位数字，密码输入时在屏幕上以"*"代替；若密码不正确，显示有关信息，单击"重试"按钮，清除原内容再输入，单击"取消"按钮，停止运行。执行界面如图 4 和图 5 所示。

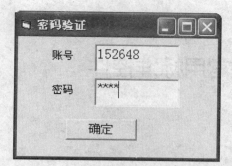

图 4　密码错误界面

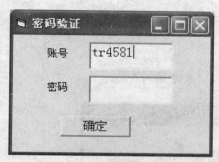

图 5　账号有非数字字符错误界面

实验二 常用标准控件

一、实验目的

1. 掌握常用控件的属性、事件和方法
2. 使用常用控件进行用户界面设计

二、实验内容

1. 设计一个如图 6 所示的应用程序。

提示：当单击"显示"按钮后，显示内容"欢迎使用 Visual Basic!"。

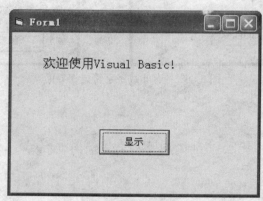

图 6 执行界面

2. 当文本框 Text1 不包含任何文本时，使命令按钮 CmdOk 无效，如图 7 所示。

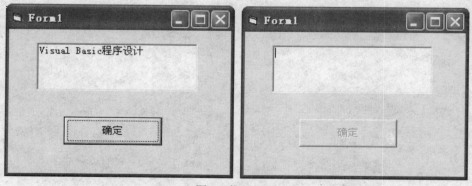

图 7 执行界面

3. 创建人事管理窗体，包括姓名、职称、特长、籍贯、部门等个人基本信息，职称是由 3 个单选按钮控件构成，特长是由 3 个复选框控件构成，籍贯是列表框，部门是组合框。姓名通过文本框输入，特长可以同时有多种选择，职称只能有一种选择。执行界面如图 8 所示。

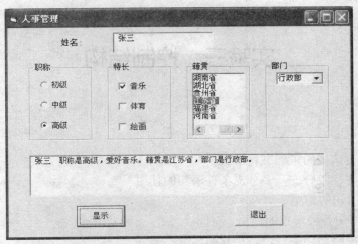

图 8 人事管理窗体

4. 编写一个计时秒表器。

提示：计时秒表由两个按钮控制，一个按钮表示开始，另一个按钮表示停止。设计和执行窗体如图 9 所示。

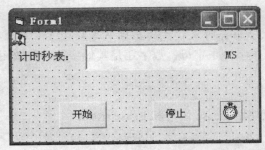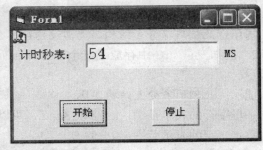

图 9 计时器秒表界面

5. 建立一个水平滚动条和一个垂直滚动条，当单击滚动条的箭头和滚动块时，文本框中显示相应的数字，表示滑块到达的位置。如图 10 所示。

图 10 执行界面

实验三　控制结构

一、实验目的

1. 掌握逻辑表达式的正确书写形式
2. 掌握单分支、双分支及多分支条件语句的使用
3. 掌握 For 语句的使用
4. 掌握 Do 语句各种形式的使用
5. 掌握如何控制循环条件，防止死循环或不循环

二、实验内容

1. 计算分段函数：

$$y = \begin{cases} \sin x + \sqrt{x^2+1} & x \neq 0 \\ \cos x - x^3 + 3x & x = 0 \end{cases}$$

提示：此例用双分支结构实现，注意计算公式和条件表达式的正确书写。

2. 已知变量 strC 中存放了一个字符，判断该字符是字母、数字还是其他字符，并做相应的显示。

提示：此例用多分支结构实现。

字母字符的表示范围：a～z 或 A～Z，可以使用 Ucase 函数和 Lcase 函数。

数字字符的表示范围：0～9。

3. 利用 InputBox 函数输入两个整数，用辗转相除法求它们的最大公约数和最小公倍数。

提示：求最大公约数的算法思想：

（1）对于已知两数 m, n, 使得 $m > n$;

（2）m 除以 n 得余数 r;

（3）若 $r = 0$，则 n 为最大公约数结束；否则执行（4）;

（4）$n \to m$, $r \to n$, 再重复执行（2）。

4. 显示图形，如图 11 所示。

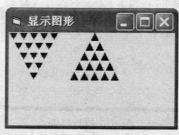

图 11　执行界面

提示：此例用一重 For 循环语句实现。

5. 打印九九乘法表，如图12所示。

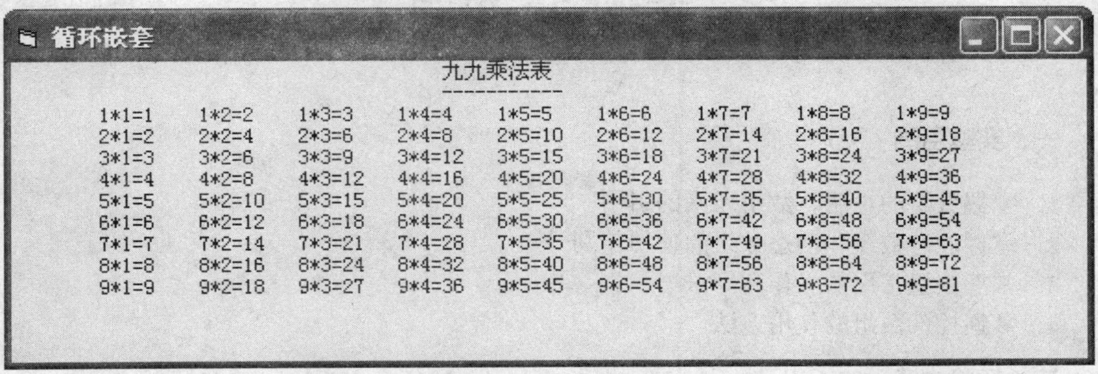

图 12 九九乘法表

提示： 此例用二重 For 循环语句实现。

6. 求自然对数 e 的近似值，要求其误差小于 0.00001，近似公式为：

$$e = 1 + \frac{1}{1!} + \frac{1}{2!} + \frac{1}{3!} + ... + \frac{1}{i!} + ... = \sum_{i=0}^{\infty} \frac{1}{i!} \approx 1 + \sum_{i=1}^{m} \frac{1}{i!}$$

提示： 此例涉及程序设计中两个重要的运算：累加和连乘。累加是在原有和的基础上逐次地加一个数；连乘则是在原有积的基础上逐次地乘一个数。

（1）用循环结构求级数和的问题。本例根据某项值的精度来控制循环的结束与否。

（2）连乘：t=t*i　　　　循环体外对连乘积变量置 1　　　t=1

　　　　累加：e=e+1/t　　　循环体外对累加和的变量清零　　e=0

7. 求出 100～999 之间的"水仙花数"。

提示： 水仙花数是一个三位数，其各位数字立方和等于该数本身。例如：153 是个水仙花数，因为 153=1^3+5^3+3^3

8. 密码验证

提示： 在信息管理系统中，很多时候都需要用户进行登录操作。在登录操作时要求用户输入密码，一般都要给用户三次机会，每次的输入过程和判断过程都相同。

此例使用 Do...Loop 循环完成密码验证过程。

实验四　数组

一、实验目的

1. 掌握数组的声明、数组元素的引用
2. 掌握静态数组和动态数组的使用差别
3. 掌握数组常用的操作和算法
4. 掌握控件数组的使用方法

二、实验内容

1. 求一维数组中各数组元素之和、最小数组元素，并将最小值数组元素与数组中第一个元素交换。

提示：

（1）求数组元素之和，通过循环将每个元素进行累加即可。

（2）在若干个数中求最小值，一般先假设一个较大的数为最小值的初值，若无法估计，则取第一个数为最小值的初值，然后依次将每一个数与最小值比较，若该数小于最小值，将该数替换为最小值。

（3）最小值数组元素与第一个数组元素交换，这就要求在求最小值元素时还得保留最小值元素的下标，最后再交换。

2. 编写一个程序，显示 n 个数的斐波那契数序列，按每行 5 个数显示，n 的值利用 InputBox 函数输入，如图 13 所示。

图 13　显示 n 个数的斐波那契数序列

提示：*斐波那契数序列：序列中的第 1 个数和第 2 个数均为 1，从第 3 个数开始，每个数是前两个数之和。*

此例用动态数组实现。

3. 随机产生 10 个两位数，按从小到大递增的顺序排列，并显示排序结果。

4. 两个一维有序数组合并后仍然有序，并删除相同数据。

5. 随机产生 20 个学生的成绩，统计各分数段人数。即 0~59、60~69、70~79、80~89、90~100，并显示结果。产生的数据在 Picture1 显示，统计结果在 Picture2 显示，如图 14 所示。

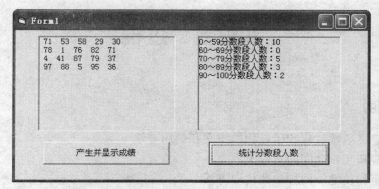

图 14　执行界面

6. 编写一个小计算器程序，如图 15 所示。

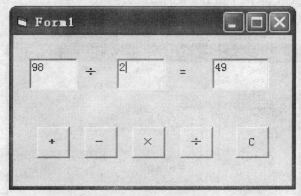

图 15　小计算器程序界面

提示：4 个运算符按钮通过控件数组实现。

实验五　过程

一、实验目的

1. 掌握自定义函数过程和子过程的定义和调用方法
2. 掌握形参和实参之间的对应关系
3. 掌握传值和传地址两种参数传递方式

二、实验内容

1. 编写函数过程 gcd，求两个数 m、n 的最大公约数；主调程序在前两个文本框接收输入数据，在第三个文本框显示结果，如图 16 所示。

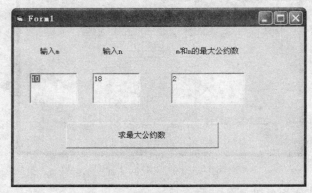

图 16　求两个数的最大公约数

2. 编写一个函数，统计字符串中汉字的个数，如图 17 所示。

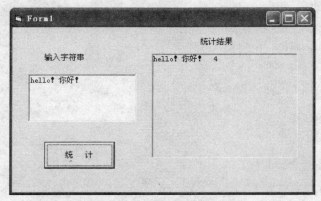

图 17　统计字符串中汉字的个数

提示：在 VB 中，字符以 Unicode 码存放，汉字字符的 ASCII 码值小于 0，西文字符的 ASCII 码值大于 0。

3．编写一个子过程 Prmin(a(),amin)，求一维数组 a 中的最小值 amin。

4．编写一个函数过程 FucH(n)，对于已知正整数 n，判断该数是否是回文数。

提示：从左向右读与从右向左读是完全一样的数称为"回文数"。例如：11，101，131，151，191……。当只有一位数时，也认为是回文数。

5．编写一个过程 Sort，实现三个数的排序并显示排序结果。程序运行时可选择由小到大或由大到小排列，数据的产生由内部函数 rnd 产生。

提示：由于 Sort 过程实现三个数的排序，并显示结果，因此要求 Sort 接受调用过程的三个待排序数和排序方式，排序完成直接显示，不必返回值给调用函数。程序界面如图 18 所示。

6．编写一个函数过程 Area(a,b,c)，求三角形面积，如图 19 所示：

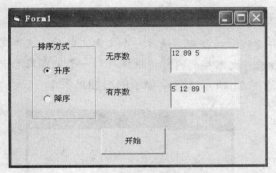

图18　3个数排序

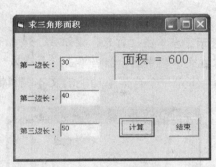

图19　计算三角形面积（1）

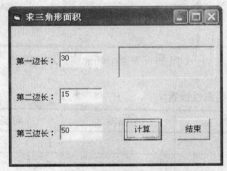

图19　计算三角形面积（2）

提示：文本框中输入三角形的三个边长，计算结果显示在图片框中。求面积之前，需要判断输入的边长是否满足构成三角形的条件。

实验六　对话框与菜单

一、实验目的

1. 掌握通用对话框的编程方法
2. 掌握下拉式菜单和弹出式菜单的设计方法

二、实验内容

1. 设计一个如图 20 所示的应用程序。

提示：当单击"打开"按钮后，弹出"打开文件"对话框，选择一个文本文件后，文本文件的内容在文本框中显示；当单击"另存为"按钮后，文本框的内容将被保存到一个文本文件中。

2. 建立一个有菜单功能的文本编辑器，如图 21 所示。各菜单项的属性见表 1。

图 20　执行界面

图 21　有菜单功能的文本编辑器

表 1　菜单项的属性设置

菜单项	标题	名称	内缩符号	可见性
主菜单项 1	文件	mnuFile		True
子菜单项 1	新建	mnuNew	….	True
子菜单项 2	打开	mnuOpen	….	True
分隔符 1	-	mnuSeperator1	….	True
子菜单项 3	保存	mnuSave	….	True
子菜单项 4	另存为	mnuSave2	….	True
分隔符 2	-	mnuSeperator2	….	True
子菜单项 5	退出	mnuEnd	….	True
主菜单项 2	编辑	mnuEdit		True
子菜单项 1	复制	mnuCopy	….	True
子菜单项 2	剪切	mnuCut	….	True
子菜单项 3	粘贴	mnuStick	….	True

实验七 多重窗体与环境应用

一、实验目的

掌握建立多重窗体应用程序的有关技术

二、实验内容

1. 设计一个如图 22～图 24 所示的应用程序。

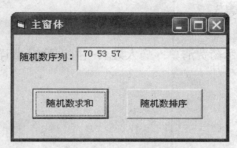

图 22 主窗体

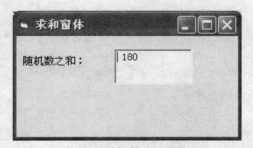

图 23 随机数求和窗体

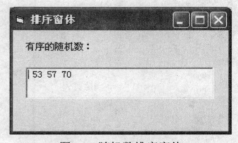

图 24 随机数排序窗体

　　提示：在主窗体中显示随机数序列，单击"随机数求和"按钮后，弹出求和窗体；单击"随机数排序"按钮后，弹出排序窗体。

2. 编写一个药费结算程序，执行界面如图 25～图 28 所示。

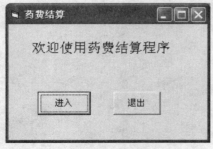

图 25 主窗体

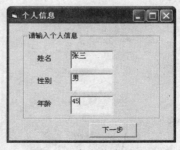

图 26 个人信息录入

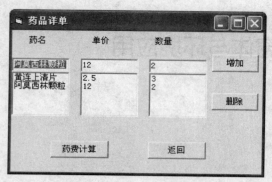

图 27 药品详单

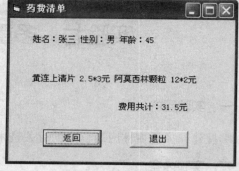

图 28 药费清单

实现以下功能:

（1）病人基本信息的录入。

（2）药费详单的录入。

（3）药费结算，并显示药费清单（病人姓名+住院号+药费详单+合计）。

实验八 键盘与鼠标事件过程

一、实验目的

掌握鼠标和键盘事件及其事件过程的编写

二、实验内容

1. 编写一个程序，当按下 Alt+F5 组合键时终止程序的运行。
提示： 先把窗体的 KeyPreview 属性值设置为 True。

2. 在图形框上任意位置按下鼠标键时，图形框可以被拖动到窗体的指定位置，且中央落在鼠标指针位置上。当把图形框拖动到标签上方时，取消图形框的拖放，如图 29 所示。

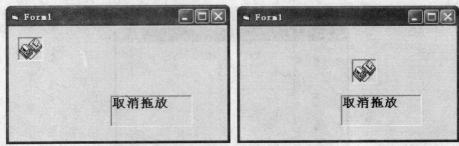

图 29　执行界面

3. 编写一个画图程序。程序运行时，按鼠标右键画圆，按鼠标左键画线，如图 30 所示。

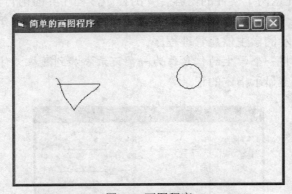

图 30　画图程序

实验九　数据文件

一、实验目的

1. 掌握顺序文件、随机文件及二进制文件的特点和使用
2. 掌握各类文件的打开、关闭和读/写操作
3. 学会在应用程序中使用文件

二、实验内容

1. 编写如图 31 所示的顺序文件读写程序。单击"添加数据"按钮，将学生的学号、姓名和成绩信息添加到文件 result.txt 中；单击"读取数据"按钮，从文件 result.txt 中读取数据到文本框中。

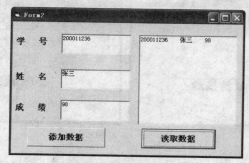

图 31　执行界面

2. 编写一个能将任意两个文件的内容合并的程序，程序界面由自己设计。

提示：若要处理任意类型的文件，则文件必须作为二进制文件打开。

3. 编写如图 32 所示的学生信息管理程序。

提示：追加记录：将一个学生的信息作为一条记录添加到随机文件末尾。

显示记录：在窗体上显示指定的记录。

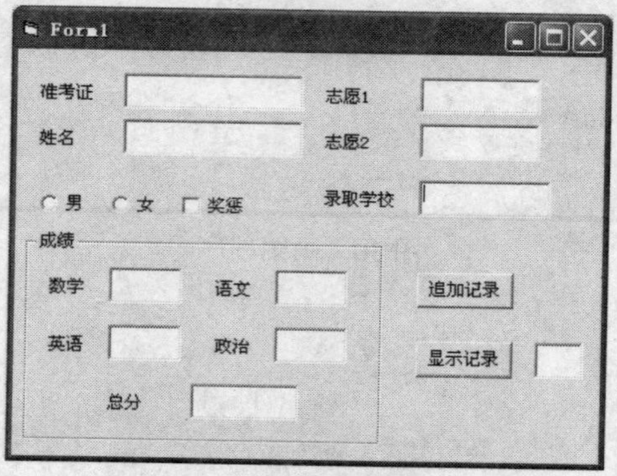

图 32　学生信息管理程序

实验十　数据库应用

一、实验目的

1. 了解数据库应用程序开发过程
2. 掌握 ADO 数据控件的使用
3. 掌握数据绑定控件的使用

二、实验内容

使用 ADO 数据控件连接 Student.mdb 数据库中的"学生基本情况表"，通过简单数据绑定以浏览表的内容，对数据控件属性进行设置，使之可以对记录集直接进行增加和修改操作。执行界面如图 33 所示。

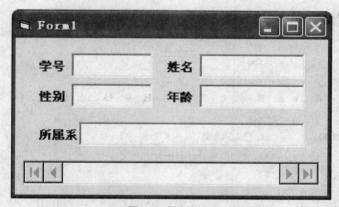

图 33　执行界面

标准答案

习题一

一、选择题

1．C　　2．B　　3．D　　4．A　5．A　　6．A　　7．D　　8．C

二、填空题

1．OOP　　　　　2．.vbp　　　　　3．过程　　对象　　　4．Unicode 字符集　　5．封装

6．面向对象　　7．"中断"按钮　　8．255　　　　　9．Alt+Q　　Alt+F4

习题二

一、选择题

1．C　　2．D　　3．B　　4．D　　5．D　　6．C　　7．C　　8．D　　9．B　　10．B

二、填空题

1．VB 程序设计 VB Programming　　2．计算机　等级考试　　　3．对象

4．_Change　　　　　5．类

习题三

一、选择题

1．D　2．B　3．C　4．D　5．B　6．C　7．A　8．B　9．D　10．D　11．D　12．B

二、填空题

1．x%>=0 and x%<100　　　2．12,345.68　　　　3．0

习题四

一、选择题

1．C　2．C　3．D　4．B　5．A　6．A　7．D　8．D　9．C　10．D

二、填空题

1．66666　　　　　2．005,689.360　　　　3．False　　　　4．MsgBox　　5．S(165)

习题五

一、选择题

1．C　2．B　3．D　4．D　5．C　6．D　7．A　8．D　9．B　10．A

二、填空题

1．Interval　　500　　　　2．Picture1.Picture = LoadPicture("d:\pic\a.jpg")

3．pos　　HScroll1.Value　　4．Combo1.List(Combo1.ListIndex)

5．100　　Line1.X1 或 Line1.X2　　Image1.Left

习题六

一、选择题

1．A　2．C　3．A　4．A　5．D　6．C　7．D　8．D　9．D　10．A　11．A

二、填空题

1．10　　2．计算 1 到 8 的和　　36　　　3．0　　n-1　　　4．9　x　　　5．28

习题七

一、选择题
1. D 2. A 3. B 4. B 5. A 6. D 7. B 8. A 9. A 10. A

二、填空题
1. 变体   2. 4
3. 1 2 3

   2 4 6

   3 6 9
4. Index   5. Redim

习题八

一、选择题
1. A 2. D 3. D 4. D 5. A 6. C 7. B 8. B

二、填空题
1. Private   Public   2. 函数过程
3. 形式 常数 变量 表达式   数组 实际   4. 1
5. 10   6. fun 276   7. a() 或 a   n = n-1

习题九

一、选择题
1. A 2. D 3. D 4. B 5. C 6. A 7. B 8. A 9. A 10. C 11. A 12. B

二、填空题
1. DialogTitle
2. CD1.FileName   ch$
3. All Files(*.*)   d:\temp\tel.txt

习题十

一、选择题
1. A 2. B 3. B 4. B 5. A 6. D 7. A 8. B 9. A 10. C 11. A 12. C 13. B 14. A

二、填空题
（1）Text1.text   （2）(Text1.text)   （3）Form2

习题十一

一、选择题
1. A 2. A 3. C 4. A 5. A 6. A 7. A 8. C 9. D 10. C 11. A 12. C

习题十二

一、选择题
1. D 2. A 3. C 4. A 5. C 6. B 7. B 8. C 9. D 10. D 11. C 12. A

二、填空题
1. EOF(1)close #1   Text1.Text 或 Text1   2. Input ch   len(mystr)
3. END   Text1.Text 或 Text1   4. For Input #2   Not EOF(2)
5. #2 1 0 outchar   6. op1_click 3 Caption

参考文献

[1] 李鑫．Visual Basic 课程设计案例精编．北京：中国水利水电出版社，2006．

[2] 潘晓文．Visual Basic 程序设计．北京：中国水利水电出版社，2008．

[3] 龚沛曾．Visual Basic 程序设计简明教程．第二版．北京：高等教育出版社，2001．

[4] 梁恩主．Visual Basic 编程与实例解析．北京：科学出版社，2000．

[5] Francesco Balena．Visual Basic 编程技术大全．北京：机械工程出版社，2000．

[6] 柴相花．Visual Basic 实例精通．北京：机械工业出版社，2009．

[7] 谭浩强．Visual Basic 程序设计教程．北京：清华大学出版社，2002．

[8] 刘炳文．Visual Basic 程序设计教程．第三版．北京：清华大学出版社，2006．

[9] 谈冉．Visual Basic 高级语言程序设计．北京：清华大学出版社，2011．

[10] 隋丽娜．Visual Basic 范例开发大全．北京：清华大学出版社，2010．

[11] 徐燕华．Visual Basic 2008 编程参考手册．北京：清华大学出版社，2009．